国家出版基金项目
NATIONAL PUBLICATION FOUNDATION

智能工程前沿丛书

通信网络泛在智能设计

许　威　徐锦丹　杨照辉　谢仁杰　著

科学出版社

北　京

内 容 简 介

随着以机器学习为代表的人工智能技术的普及，无线通信与人工智能的结合愈发紧密。智能通信系统将在 6G 网络中扮演至关重要的角色，为全覆盖、高速率、低延时的通信需求提供解决方案。本书聚焦智能通信研究领域，对无线通信网络空口资源配置和信号处理的泛在智能设计技术进行介绍。全书共 7 章，内容包括现代无线通信系统与人工智能方法介绍、未来无线网络资源的智能优化、多维无线信道的自信息表征与智能处理、MIMO 收发机的智能学习、无线设备指纹的解耦表征学习与智能认证，以及无线边缘网络智能。第 2~7 章均包括了人工智能方法理论、智能化设计方法、算法流程、实例仿真分析以及核心代码(扫描二维码下载)展示说明五个方面的内容。

本书适合对智能无线通信感兴趣的研究人员和工程技术人员阅读参考。

图书在版编目（CIP）数据

通信网络泛在智能设计 / 许威等著. -- 北京：科学出版社，2024. 9. -- (智能工程前沿丛书). -- ISBN 978-7-03-079478-9

I. TN915

中国国家版本馆 CIP 数据核字第 2024Q2Z036 号

责任编辑：惠　雪　曾佳佳 ／责任校对：郝璐璐
责任印制：赵　博／封面设计：许　瑞

科学出版社 出版
北京东黄城根北街 16 号
邮政编码：100717
http://www.sciencep.com
北京富资园科技发展有限公司印刷
科学出版社发行　各地新华书店经销
*
2024 年 9 月第 一 版　　开本：720 × 1000　1/16
2025 年 1 月第二次印刷　　印张：15 3/4
字数：315 000
定价：99.00 元
(如有印装质量问题，我社负责调换)

"智能工程前沿丛书"编委会

| "智能工程前沿丛书"序 |

按照联合国教科文组织的定义，工程就是解决问题的知识与实践。通信、电子、建筑、土木、交通、自动化、电力、机器人等工程技术通过长期深入研究，已经在人民生活、经济发展、社会治理、国家管理、军事国防等多个领域得到了广泛而全面的应用。智能工程可定义为工程技术领域引入人工智能来解决问题的知识与实践。工程技术和人工智能交叉融合后诞生的智能工程毫无疑问是近年来工科领域最为活跃的研究方向，同时也代表了当代学科综合、交叉融合、创新发展的全新态势。

自 20 世纪 70 年代以来，计算机技术飞速发展，在工程技术的相关领域发挥越来越重要的作用，使得工程技术不断创新，持续取得突破，新产品层出不穷。在计算机辅助下，传统的工程技术虽然已经获得了长足进步，但是仍然难以满足或适应这些新场景和新需求。一方面，产品的应用场景越来越复杂，功能的诉求越来越综合，性能指标的要求越来越高；另一方面，大规模产品的"零缺陷"要求显著提升，从设计到上市的时间窗口越来越短，产品研发生产和使用向高能效、低能耗和低碳排放转变。进入 21 世纪，工程技术领域的研究人员通过引入人工智能，采用学科综合、交叉融合的方式来尝试解决工程技术所面临的种种难题，诞生了智能工程这个新兴的前沿研究方向。

近期，东南大学在原有的"强势工科、优势理科、精品文科、特色医科"学科布局基础上，新增了"提升新兴、强化交叉"，在交叉中探索人才培养、学科建设、科学研究新的着力点与生长点。在这一重要思想指导下，"智能工程前沿丛书"旨在展示东南大学在智能工程领域的最新的前沿研究成果和创新技术，促进多学科、多领域的交叉融合，推动国内外的学术交流与合作，提升工程技术及相关学科的学术水平。相信在智能工程领域广大专家学者的积极参与和全力支持下，通过丛书全体编委的共同努力，"智能工程前沿丛书"将为发展智能工程相关技术科学，推广智能工程的前沿技术，增强企业创新创造能力，以及提升社会治理等，做出应有的贡献。

最后，衷心感谢所有关心支持本丛书，并为丛书顺利出版做出重要贡献的各位专家，感谢科学出版社以及有关学术机构的大力支持和资助。我们期待广大读者的热情支持和真诚批评。

"智能工程前沿丛书"编委会

2023 年 3 月

| 前　　言 |

随着科学发展和人类认知的不断进步，事件的"不确定性"大概已经成为我们对世界的唯一确定性共识。例如，物理、生物等领域统计实验中的置信度要求，无线通信技术的统计性能评估，以及生产、生活中的概率分析，面向"不确定性"而引入的随机统计方法随处可见。无线通信系统的应用场景多样复杂、传播环境动态多变，对其中随机不确定性的理论建模与分析一直是无线通信设计的核心目标与挑战。

1948 年香农（Shannon）建立信息论，定义"信息量"和"熵"来量化任意随机事件中的确定性成分，并提出"信道容量"指标来衡量随机信道的极限能力。信息论中通过数学抽象与建模，显式地提取并处理随机信号与事物中的确定性成分的理论，为移动通信网络半个世纪以来的快速发展奠定了最坚实的理论基础。信息论已成为广大通信人心中一盏永恒的明灯。图灵（Turing）作为计算机以及人工智能领域的先驱，与香农相识，一起推动了人工智能的形成与发展。与信息论不同，包括深度学习在内的机器学习等人工智能方法，作为事件联合概率密度的一种学习估计器，绕过显式建模而通过数据学习方式隐式地提取随机数据中的确定性关系。虽然技术途径有别，但信息论与人工智能方法异曲同工，本质均是通过刻画不确定信号中的确定性成分来处理和分析随机事件。因此，引入人工智能方法隐式地处理无线通信系统中所面临的信号与环境的随机性问题，自然也是一种值得考虑的潜在思路。近年来，这一思路逐渐得到广泛关注。这既得益于人工智能深度学习方法所取得的突破性发展，也源于无线通信系统规模的迅速扩大和不断涌现的新无线应用对经典方法提出的挑战。

作为采用人工智能方法解决无线通信设计问题的早期尝试之一，人工智能方法可以避免对通信中复杂非凸优化问题的显式数学求解，而实现高速并行计算的隐式求解。例如，观察无线资源优化配置问题中的系统参数输入与优化配置输出，将两者之间的求解关系看作符合某种联合概率密度函数关系的随机变量对，并通过经典机器学习方法或深度学习方法训练获得该联合概率密度函数。本书第 3 章针对该思路举例讲解了一种具体设计方法。然而，随着基于人工智能深度学习的通信设计研究逐步深入，深度学习方法在通信应用中面临的训练数据不足、模型参数交互量大、通信场景泛化弱等挑战也逐步凸显。基于信息论的确定性建模方法能有效提炼通信场景共性，为人工智能方法的隐式方法设计提供具有理论支撑、泛化性强的先验信息。信息论与人工智能方法的高度融合，可以实现轻量化、小样本支撑的智能通信设计，获得在多变无线应用场景下的泛化能力与普适性。本书第 4~6 章则分别从无线信道信息量化、多天线收发机设计、无线射频指纹认证三个方面举例介绍了融合信息论模型先验的泛在智能通信设计方法。当然，无线通信领域中面向信息论与人工智能融合交叉的研究尚在起步阶段，相关研究内容也远不限于本书所述。本书中涉及内容主要是作者课题组近十年来在智能通信方向研究的代表性成果汇总介绍，这些研究大多属于浅层尝试，尚未能真正探及信息论与人工智能融合的核心与本质。作者认为，仅从无线通信网络模型与深度学习网络模型这两者所关注问题的对偶性考虑，仍有许多基础理论和原理尚未明晰。本书旨在帮助对智能通信感兴趣的广大读者快速入门，以期抛砖引玉。

　　本书写作过程中得到了来自同行专家学者们的支持与鼓励，在此表示衷心的感谢。书中内容主要源于作者课题组所积累的相关研究成果，参与本书主要内容整理的其他贡献人员为（按姓名汉语拼音顺序列出）：范苏航、顾润、霍浩淼、刘丹、陆海亮、钱玉蓉、时伟、王碧琦、魏楷、姚嘉铖、易晨扬、殷梓清、禹树文、岳伊扬、张少卿。此外，陆超、朱书含、孙玉垚等同学也对书中部分章节内容有所贡献。本书写作过程中还得到了东南大学、紫金山实验室的支持。

　　由于作者水平有限，书中难免会有不准确、不完善之处，欢迎广大读者指正。

作　者

写于无线谷

2023 年 7 月 17 日

| 目　　录 |

| 第1章 |

绪　　论

　　信息是人类社会重要的生产力要素，它的保存与交换促进了人类社会的发展，延绵了人类文明。在现代社会，信息资源不断被开发和利用，信息技术革命的浪潮此起彼伏，信息技术辅助的应用布满社会的各个角落，因此现代社会也被称为信息社会。信息社会自然离不开信息的传递，而传递信息的方式随着社会生产力的提升和生产要素的丰富得以迅速发展。本章将重点介绍现代无线通信系统、移动通信技术的演进、移动通信信号处理技术的发展及智能通信技术四个方面的内容，以探讨现代信息处理技术。

1.1　现代无线通信系统

1.1.1　通信的概念与发展

　　通信是将信息在需求双方间完成传递的过程。通信技术的发展使信息能准确地在不同的时间和空间传递。古代原始的通信是通过视觉、声音和实物书信直接传递信息的，诸如烽火台、驿站、飞鸽传书。现代通信则利用现代科学技术手段，以无线电和光等为载体，缩短了信息传递的时间，拉近了可靠信息交换的距离，深刻地改变了人类社会的生产、生活方式。

　　现代通信技术的发展可以追溯到电通信阶段：1837 年莫尔斯发明了电报机；1876 年贝尔发明了有线电话机；1895 年，马可尼发明了无线电报技术，标志着无线电通信发展阶段的到来。如今，通信系统和通信组网技术的不断发展使通信进入电子信息通信阶段。通信系统模拟化、数字化、智能化以及网络程控交换、接入网与接入技术等方面成为现代通信领域研究的重点，通信技术的蓬勃发展给人类经济和社会带来深刻的影响。

1.1.2　通信系统模型

　　一个完整的通信系统通常由信源、信道和信宿三部分组成。信源负责将信息以文字、语音、图像或视频等形式转换为电信号，信宿则在接收端完成相反的操作，从电信号中恢复出原始信号。信号经过发送设备处理后送入信道，信道可以是有线电缆信道、光纤信道和无线电磁信道等传输媒介。在信道中传输时，发送信号会受到噪声和信号衰减失真等影响，因此接收设备的设计应尽可能消除信道给信号带来的干扰与失真。传输的信号通常被分为连续取值的模拟信号和离散取值的数字信号。相应地,通信系统可分为模拟通信系统和数字通信系统。

模拟通信系统以模拟调制和解调来实现发送设备处和接收设备处的功能,其目的是在接收端无失真地恢复出传输的连续信号波形。而数字通信系统通常将传输信号以二进制数字形式表示,其目的是在接收端准确地恢复出传输的二进制数字流。数字通信系统的发送设备通常包含信源编码、信道编码和信号调制等模块。信源编码的功能是将原始模拟信号转化为数字信号,并以设定的转换精度实现数字化表示,减少信号中的冗余,降低码元速率,提高系统传输的有效性。信道编码在数字信号中引入一定冗余,以对抗信道中的干扰和失真等影响,提高系统传输的可靠性。信号调制的功能是将基带数字信号转换为适应于信道特性的频带信号,提高信号在信道中的传输效率。接收设备依次完成解调、信道解码和信源解码等逆向操作,以恢复原始信号。随着计算机技术、集成电路技术及数字信号处理技术的飞速发展,数字通信已成为主流通信系统的实现方式,并将在全球数字化发展进程中大放异彩。

1.2　移动通信技术的演进

移动通信是一种在移动体间进行的通信,其特点是信息传递时存在移动的参与方。作为现代通信中发展最快的通信方式,移动通信自 20 世纪 80 年代制定第一代移动通信技术(1st generation of mobile communications technology,1G)以来,相继经过了 2G、3G、4G、5G 的发展,目前处于 5G 的部署应用阶段,6G 的研究正如火如荼地展开。下面将简要介绍历代移动通信技术的传输媒介、资源维度、应用业务和网络覆盖四个方面。

1G 选用 800/900 MHz 频段附近的长波无线电作为传输媒介,采用模拟调制技术与频分复用技术,将模拟信号转换到载波电磁波上进行传输。其采用的模拟信号传输存在系统容量受限、信号易受干扰等问题,导致其网络覆盖范围受限,主要支持音频、电话等低速率语音业务。2G 以数字传输技术为核心,采用 1.85 GHz 频段周围的分米波无线电作为传输媒介,基于时分复用技术的全球移动通信系统(global system for mobile communications,GSM)成为当时风靡全球的移动通信制式。其与 1G 相比增加了数据传输的服务,业务扩展为语音和短信服务。自 2G 开始,通信系统的网络覆盖范围目标变成全球人口。3G 主要选用 3 GHz 以下频段的分米波无线电作为传输媒介,采用时频资源耦合的码分多址技术。它大幅地提高了数据传输速度,并结合了无线通信与互联网等多媒体通信,全面支持多样化的数据服务。4G 转向 3GHz 频段以上的厘米波无线电,并采用正交频分复用(orthogonal frequency division multiplexing,OFDM)技术和多输入多输出（multiple-input multiple-output, MIMO）技术，这提高了频率维度的利用效率和系统容量。4G 系统推出互联网协议（internet protocol, IP）化网络，不再直接支持传统电路交换的电话业务，主要提供数据业务，其高传输速率可以满足高清图像和视频等业务的需求。5G 网络的突出特点是高速率、低时延和大规模连接。5G 使用毫米波频段资源，以大规模 MIMO 技术为核心，进一步提升了网络覆盖、用户体验和系统容量。5G 的三大类应用场景包括增强移动宽带（enhanced mobile broadband, eMBB）、超高可靠低时延通信（ultra-reliable low-latency communication, URLLC）、海量机器类通信（massive machine type communication, mMTC），后续业务发展方向是与标准化的车联网、物联网相关的垂直行业应用。6G 将在 5G 的基础上进一步扩展和强化功能，其在传输媒介上，可能使用更高频段的无线电磁波，关注更大带宽的毫米波频段、太赫兹（terahertz, THz）频段，甚至可见光频段；在维度上，基于空间复用技术实现分布式超大规模 MIMO，赋予分布式节点智能化协作功能，联合资源调度以增强信号质量和有效覆盖面积；在业务上，将通信视为基础功能，连接海量智能体设备，服务于社会生活、生产；在网络上，将采用超密集部署实现更均衡的服务覆盖，并通过分散的智能网络传输海量数据。面向 2030 年的 6G 将支撑实现"数字孪生、智慧泛在"的美好愿景。

1.3 移动通信信号处理技术的发展

历代移动通信技术的革新使移动通信系统发生了天翻地覆的变化。每一代移动通信技术在资源维度的利用上都有其独特设计，以使多个移动用户可以无干扰地同时完成通信任务。这里的资源主要指时间、频率和空间。此外，移动通信信号处理技术基于通信系统的模块化划分，运用概率论和数理统计等方法，在信源编码、信道编码、信号调制等模块设计上取得了丰硕的成果。

经典信源编码技术基于香农提出的无损信源编码定理和保真度准则下的信源编码定理，利用信源统计特性，去掉信源中的冗余信息，达到信源压缩的目的。经典信道编码技术遵循香农的有噪信道编码定理，设计构造编码方案，使得通信系统在信道传输速率小于信道容量的前提下，以低出错概率传输数据信息。在信号调制技术方面，多载波波形的 OFDM 技术通过避免子载波间干扰，提高了频谱效率；规则正交振幅调制（quadrature amplitude modulation, QAM）映射变换易于解调，也便于工程实现。作为 4G 的关键技术之一，MIMO 技术在 5G 系统中已发展成由多个天线阵列、数以百计的天线单元和端口波束组成的大规模结构。发送端依靠参考信号对相关信道特性进行测量、量化和反馈，该过程中的开销和时延都是系统设计的关键优化目标。不同于上述以模型驱动的分离式经典移动通信信号处理技术，6G 将紧密结合人工智能（artificial intelligence, AI）技术，基于数据和模型双驱动的智能设计方法提升无线传输效能。

现有研究从基础理论和关键技术兵分两路探索新的移动通信技术。通信方向基础理论的研究包括目标导向通信和语义通信。目标导向通信指出存在一些通信场景，其通信目的不再是在接收端准确地恢复出原始数据，而是使下游任务通过接收的信息可以顺利无误地执行。因此，通信双方间传输的数据应关注特定的下游任务，即发送端仅提取任务相关信息，接收端基于恢复的任务相关信息进行任务推断。韦弗（Weaver）在整理香农信息论的时候将通信问题分为三类，分别是技术问题、语义问题和有效性问题。其中，语义问题解决的是衡量传输数据表达期望含义的准确程度。由此发展的语义通信对信息所要表达的含义格外关注，希望基于上下文的联合概率密度，从传输数据中不遗漏地提取其含义进行传输。目前，语义通信方向的研究多利用深度学习（deep learning, DL）方向自然语言处理领域的成熟工作，达到语义信息的有效提取和准确恢复。而关于语义信息的衡量，希望能仿照香农信息论中信息熵的数学定义，从数学角度给出公理化表达。

另外是关键技术方面的研究。信源信道联合编码被证明在有限码块长区域内的传输速率优于分离的信源、信道编码。在基于深度神经网络（deep neural network, DNN）的机器学习的帮助下，训练后的 DNN 可以进一步去除低维信息中的无关成分，达到信源压缩的目的，并基于低维表示恢复出原始信息。未来新频段、新设备、新应用的出现需要设计新的波形和调制方式，具体原因来自：超高频段的波形面临高频宽带功放的问题，低算力、低功率设备上存在射频失真的问题，以及通信感知一体化对波形的设计问题。新兴 MIMO 技术在 5G 大规模 MIMO 技术的基础上增加了天线部署数量，形成了超大规模天线阵列，试图提高信道容量。目前相关的研究涉及超大孔径天线阵列和全息 MIMO 技术。此外，MIMO 技术利用机器学习解决诸如信道状态信息（channel state information, CSI）获取、预编码设计、信道估计和数据检测等问题。其中，通过大量标注数据的学习，机器学习既可以提取高效的目标特征，也可以构造传统方法难以实现的模型。AI 使 MIMO 技术的研究聚焦在功率效率、实现复杂度、可靠性和泛化性等方面。

1.4 智能通信技术

智能通信系统是指 AI 与无线通信相结合的通信网络系统。海量智能体设备从物理世界中不断获取数据，收集到的大量数据提供给智能体设备用于学习以提取知识，继而优化数据的通信传输服务。同时，智能体设备间利用 6G 网络实现相互通信，彼此连接，由人联、物联升级为万物智联。因此，AI，特别是神经网络技术的应用，用数据学习物理世界并形成孪生的数字世界，将在 6G 网络中扮演至关重要的角色。通过将 AI 与通信系统的各层各节点紧密结合，形成了 AI 增强 6G 通信、6G 优化 AI 服务的相辅相成的局面。

从 5G 发展的增强现实、虚拟现实服务以及与物联、车联合作的垂直应用，到未来的扩展现实云服务、全息影像显示以及大连接全覆盖的万物智联，6G 有望满足对速率和时延有着更高要求的全场景应用和业务。此外，大量智能服务也将在 6G 的帮助下融入社会生活、生产的方方面面，衍生出智慧城市、智慧工厂、智慧医疗和智慧家庭等场景。

6G 业务应用和场景的多样化、个性化给网络带来了新的挑战。面对多样化的业务需求，用户体验质量（quality of experience, QoE）在通信系统中需要得到保障，也是评价系统性能的核心标准。5G 网络中因为空口资源配置方案滞后于业务的实时动态变化，业务数据的传输无法实时匹配网络能力，导致业务 QoE 时有下降。6G 网络基于共享的硬件资源构建统一的云网融合操作系统，为不同用户的不同业务调配相应的网络、空口和计算资源，目标是最大化资源利用率；结合边缘计算和边缘 AI 范式，利用边缘基础设施中的 AI 能力服务于整个系统的数据，以保障网络边缘侧系统性能的优化，保障业务质量。6G 还将构建空、天、地、海全覆盖网络，网络元素将包含轨道卫星、无人机和飞机等飞行器，以及传统地面设施和海洋区域设施。6G 通过深度融合地面和非地面网络，显著提高用户空口接入能力和立体覆盖水平。

1.5 本 书 结 构

本书聚焦网络层无线资源管理以及物理层智能信号处理技术。第 1 章介绍现代无线通信系统和移动通信技术的演进，描述智能通信系统及其应用。第 2 章介绍现代人工智能方法，包括机器学习理论和演进的推理网络。第 3 章探讨未来无线网络资源的智能优化，从交叉熵学习和深度学习两方面介绍网络资源优化。第 4 章聚焦无线信道特征信息，介绍无线信道的压缩反馈方法，讲解高维无线信道的自信息表征概念以及自信息压缩反馈的设计方案。第 5 章介绍 MIMO 收发机的智能学习，聚焦 MIMO 技术中检测和预编码部分的研究热点，介绍基于模型参数化的智能 MIMO 检测设计。第 6 章讨论无线设备指纹的解耦表征学习与智能认证，先后基于数模双驱动和解耦表征探讨智能化指纹信号处理技术。第 7 章研究无线边缘网络应用联邦学习技术的智能化设计，基于联邦学习技术分析无线边缘网络的资源优化问题，整理无线通信中新兴的联邦学习应用，展望未来的研究方向和挑战。

1.6　本 章 小 结

在本章中，首先介绍了现代无线通信系统的概念与基本的系统模型，并介绍了第一代至第五代移动通信技术的演进，以及每一代移动通信场景中的关键技术。基于香农信息论，本章介绍了经典信源编码技术和信源信道联合编码技术。针对智能通信技术，本章介绍了人工智能技术与移动通信技术的结合，包括利用人工智能方法优化数据的通信传输服务，以及利用通信网络实现智能体设备的互联。最后，本章梳理了本书各章内容。

| 第 2 章 |

现代人工智能方法

近年来，以机器学习为代表的人工智能技术在人脸识别、语音识别、智能助手、自动驾驶等应用领域得到了快速的发展。这一发展得益于数据量的增加、计算能力的提升、学习算法的成熟及应用场景的丰富。其中，深度学习作为代表，被广泛应用于解决一些如推理、决策等通用人工智能问题。与深度学习不同，元学习将算法、模型和特征融合在一起进行学习，以提高泛化能力。而变分自编码器和生成对抗网络则为常见的深度生成模型。本章对机器学习、深度学习、元学习、变分自编码器和生成对抗网络等现代人工智能方法进行介绍，以供读者需要时参考，主要符号如表 2.1 所示。

表 2.1   主要符号

符号	含义
P	概率分布
$\mathcal{T}$	训练集
x	标量
$\boldsymbol{x}$	向量
X	变量集
$\mathcal{L}$	损失函数
$\mathcal{R}$	经验风险
$\mathbb{E}$	期望
$\mathbb{V}$	方差
$\varnothing$	空集

2.1　机　器　学　习

2.1.1　引言

1. 机器学习的定义

机器学习是使计算机无须显式编程就能学习的研究领域。具体来说，用概率分布 P 来评估计算机程序在某类任务的训练集 $\mathcal{T}$ 上的性能，若一个程序通过利用经验在 $\mathcal{T}$ 上获得了性能改善，则称为关于 $\mathcal{T}$ 和 P，该程序进行了学习。

2. 机器学习算法

算法是指学习模型的具体计算方法。机器学习依靠不同的算法来解决问题,具体采用哪种算法取决于问题的类型、变量的数量和其模型的类型等。下面主要介绍分类、回归分析、聚类分析这三种算法。

1) 分类算法

分类算法是基于一个或多个自变量确定因变量所属类别的算法。从数据中学得的分类模型或分类决策函数称为分类器,分类器对输入进行关于输出的预测称为分类,可能的输出称为类。在分类问题中,对于样本 $(\boldsymbol{x}, y)$,常引入一个非线性的决策函数 $g(\cdot)$ 来预测输出目标 y:

$$y = g(f(\boldsymbol{x}; \boldsymbol{w})) \tag{2.1}$$

其中,$f(\boldsymbol{x}; \boldsymbol{w})$ 是模型参数 $\boldsymbol{w}$ 的函数,也称为判别函数。

给定具有 N 个样本的训练集 $\mathcal{T} = \{(\boldsymbol{x}_1, y_1), \cdots, (\boldsymbol{x}_N, y_N)\}$,定义 $\{\hat{y}_1, \cdots, \hat{y}_N\}$ 为分类器 $f(\boldsymbol{x}; \boldsymbol{w})$ 对测试集中每个样本进行预测的结果。常见的评价标准有准确率、精确率、召回率和 $\mathcal{F}$ 值等。其中,最常用的评价指标为准确率:

$$\mathcal{A} = \frac{1}{N} \sum_{n=1}^{N} I_{y_n = \hat{y}_n} \tag{2.2}$$

其中,I_X 为示性函数,当 X 为真时,值为 1,反之为 0。

与准确率相对应的是错误率:

$$\mathcal{E} = 1 - \mathcal{A} = \frac{1}{N} \sum_{n=1}^{N} I_{y_n \neq \hat{y}_n} \tag{2.3}$$

准确率是所有类别整体性能的平均,如果希望对每个类别都进行性能估计,就需要计算精确率和召回率。精确率和召回率是广泛用于信息检索和统计学分类领域的两个度量值,在机器学习中也被大量使用。

精确率,也称为精度或查准率。对于类别 c 而言,模型在测试集上的结果可以分为四种情况,即真阳性(true positive, TP)、假阴性(false negative, FN)、假阳性(false positive, FP)、真阴性(true negative, TN)。类别 c 的精确率是所有预测为类别 c 的样本中预测正确的比例:

$$\mathcal{P}_{\mathrm{c}} = \frac{\mathrm{TP_c}}{\mathrm{TP_c} + \mathrm{FP_c}} \tag{2.4}$$

召回率，也叫查全率，类别 c 的召回率是所有真实标签为类别 c 的样本中预测正确的比例：

$$\mathcal{R}_c = \frac{\mathrm{TP}_c}{\mathrm{TP}_c + \mathrm{FN}_c} \tag{2.5}$$

$\mathcal{F}$ 值是一个综合指标，为精确率和召回率的调和平均：

$$\mathcal{F}_c = \frac{(1+\beta^2) \times \mathcal{P}_c \times \mathcal{R}_c}{\beta^2 \times \mathcal{P}_c + \mathcal{R}_c} \tag{2.6}$$

其中，β 用于平衡精确率和召回率的重要性，一般可取值为 1。

k 近邻（k-nearest neighbor, KNN）算法、决策树分类器和支持向量机均可用于分类问题[1]。KNN 算法将给定的样本数据点根据相似程度分为若干类。决策树分类器通过训练数据构建决策树，对未知的数据进行分类。支持向量机把分类问题转化为寻找分类平面的问题，并通过最大化分类边界点到分类平面的距离来实现分类。

2) 回归分析算法

回归分析算法是确定两种或两种以上变量间相互依赖的定量关系的一种统计分析方法。回归分析研究因变量 y（目标）和影响它的自变量 x（预测变量）之间的回归模型，从而预测因变量 y 的发展趋向。回归问题按照输入变量的个数，分为一元回归和多元回归；按照输入变量和输出变量之间关系的类型即模型的类型，分为线性回归和非线性回归。回归学习最常用的损失函数是平方损失函数，平方损失函数经常用在预测标签 y 为实数值的任务中，定义为

$$\mathcal{L}(y, f(x; w)) = \frac{1}{2}[y - f(x; w)]^2 \tag{2.7}$$

在此情况下，回归问题可以由著名的最小二乘法求解。根据经验风险最小化（empirical risk minimization, ERM）准则，训练集 $\mathcal{T}$ 上的经验风险定义为

$$\mathcal{R}_D^{\mathrm{emp}}(w) = \sum_{n=1}^{N} \mathcal{L}(y_n, f(x_n; w)) \tag{2.8}$$

令 $\mathcal{R}_D^{\mathrm{emp}}(w)$ 对 w 的偏导数为 0，即得到可能的最优参数 w^*。这种求解回归参数的方法即最小二乘法。

3) 聚类分析算法

与前两种算法不同，聚类分析算法是对数据进行无监督群组化的算法，根据数据对象之间的相关性将其分组。在聚类分析算法中，组内相似性越大，组间差距越大，说明聚类效果越好。衡量相似性的指标有欧几里得距离、曼哈顿距离、切

比雪夫距离和闵可夫斯基距离等。对于两个 m 维样本 $\boldsymbol{x}_i = (x_{i1}, x_{i2}, \cdots, x_{im})$，$\boldsymbol{x}_j = (x_{j1}, x_{j2}, \cdots, x_{jm})$，其常见距离公式如表 2.2 所示。

表 2.2　常见距离公式

距离类型	表达式
欧几里得距离	$\mathcal{D}(\boldsymbol{x}_i, \boldsymbol{x}_j) = \sqrt{\sum_{k=1}^{m}(x_{ik} - x_{jk})^2}$
曼哈顿距离	$\mathcal{D}(\boldsymbol{x}_i, \boldsymbol{x}_j) = \sum_{k=1}^{m}|x_{ik} - x_{jk}|$
切比雪夫距离	$\mathcal{D}(\boldsymbol{x}_i, \boldsymbol{x}_j) = \lim_{t \to \infty}\left(\sum_{k=1}^{m}|x_{ik} - x_{jk}|^t\right)^{1/t}$
闵可夫斯基距离	$\mathcal{D}(\boldsymbol{x}_i, \boldsymbol{x}_j) = \sqrt[p]{\sum_{k=1}^{m}|x_{ik} - x_{jk}|^p}, \ p = 1, 2, \cdots, +\infty$

聚类主要可分为原型聚类、密度聚类、层次聚类。原型聚类亦称为"基于原型的聚类"，此类算法假设聚类结构能通过一组原型刻画，在现实聚类任务中极为常用。在通常情形下，算法先对原型进行初始化，然后对原型进行迭代更新求解。采用不同的原型表示、不同的求解方式，将产生不同的算法。密度聚类亦称为"基于密度的聚类"，此类算法假设聚类结构能通过样本分布的紧密程度确定。在通常情形下，密度聚类分析算法从样本密度的角度来考察样本之间的可连接性，并基于可连接样本不断扩展聚类簇以获得最终的聚类结果。层次聚类试图在不同层次对数据集进行划分，从而形成树形的聚类结构。数据集的划分可采用"自底向上"的聚合策略，也可采用"自顶向下"的拆分策略。

2.1.2　学习范式

1. 有监督学习

有监督学习先从训练数据集合中训练模型，再对测试数据进行预测。其中，训练数据由输入和输出对 (x_n, y_n) 组成，可表示为

$$\mathcal{T} = \{(x_1, y_1), (x_2, y_2), \cdots, (x_N, y_N)\} \tag{2.9}$$

其中，(x_n, y_n)，$n = 1, 2, \cdots, N$，称为样本或样本点。x_n 是输入的观测值，也称为输入或实例；y_n 是输出的观测值，也称为输出。测试数据也由相应的输入与输出对组成。

在有监督学习中，分类器 $f(\boldsymbol{x}; \boldsymbol{w})$ 的好坏可以通过期望风险 $\mathcal{R}(\boldsymbol{w})$ 来衡量，其定义为

$$\mathcal{R}(\boldsymbol{w}) = \mathbb{E}_{(\boldsymbol{x}, \boldsymbol{y}) \sim p_r(\boldsymbol{x}, \boldsymbol{y})}[\mathcal{L}(\boldsymbol{y}, f(\boldsymbol{x}; \boldsymbol{w}))] \tag{2.10}$$

其中，$p_r(\boldsymbol{x}, \boldsymbol{y})$ 为真实的数据分布；$\mathcal{L}(\boldsymbol{y}, f(\boldsymbol{x}; \boldsymbol{w}))$ 为损失函数，用来量化两个变量之间的差异。回归和分类是常见的有监督学习问题。

1) 损失函数

损失函数是一个非负实数函数，用来量化模型预测和真实标签之间的差异。常见的损失函数如表 2.3 所示，其中 $[\cdot]_+ \triangleq \max(\cdot, 0)$。

表 2.3　常见的损失函数

损失函数	表达式
0-1 损失函数	$\mathcal{L}(\boldsymbol{y}, f(\boldsymbol{x}; \boldsymbol{w})) = I_{\boldsymbol{y} \neq f(\boldsymbol{x}; \boldsymbol{w})}$
平方损失函数	$\mathcal{L}(\boldsymbol{y}, f(\boldsymbol{x}; \boldsymbol{w})) = \frac{1}{2}[\boldsymbol{y} - f(\boldsymbol{x}; \boldsymbol{w})]^2$
交叉熵损失函数	$\mathcal{L}(\boldsymbol{y}, f(\boldsymbol{x}; \boldsymbol{w})) = -\boldsymbol{y}^{\mathrm{T}} \log f(\boldsymbol{x}; \boldsymbol{w})$
Hinge 损失函数	$\mathcal{L}(\boldsymbol{y}, f(\boldsymbol{x}; \boldsymbol{w})) = [1 - \boldsymbol{y} f(\boldsymbol{x}; \boldsymbol{w})]_+$

2) 经验风险最小化准则

一个好的分类器 $f(\boldsymbol{x}; \boldsymbol{w})$ 应当有一个比较小的期望错误率。然而，由于不知道真实的数据分布和映射函数，实际上无法计算其期望风险 $\mathcal{R}(\boldsymbol{w})$。给定训练集 $\mathcal{T}$，可以计算的是经验风险，即在训练集上的平均损失：

$$\bar{\mathcal{R}}_{\mathcal{D}}^{\mathrm{emp}}(\boldsymbol{w}) = \frac{1}{N} \sum_{n=1}^{N} \mathcal{L}\left(y_n, f\left(\boldsymbol{x}_n; \boldsymbol{w}\right)\right) \tag{2.11}$$

因此，一个切实可行的学习准则是找到一组参数 $\boldsymbol{w}^*$，使得经验风险最小，即

$$\boldsymbol{w}^* = \arg\min_{\boldsymbol{w}} \bar{\mathcal{R}}_{\mathcal{D}}^{\mathrm{emp}}(\boldsymbol{w}) \tag{2.12}$$

这就是 ERM 准则。根据大数定理可知，当训练集大小 $|\mathcal{T}|$ 趋向于无穷大时，经验风险就趋向于期望风险。然而在通常情况下，无法获取无限的训练样本，并且训练样本往往是真实数据的一个很小的子集或者包含一定的噪声数据，不能很好地反映全部数据的真实分布。ERM 准则很容易导致模型在训练集上错误率很低，但是在未知数据上错误率很高，这就是过拟合。

过拟合问题往往是由训练数据少、噪声以及模型能力强等原因造成的。为了解决过拟合问题，一般在 ERM 的基础上再引入参数的正则化来限制模型能力，使其不要过度地最小化经验风险。这种准则就是结构风险最小化（structure risk minimization，SRM）准则：

$$\boldsymbol{w}^* = \arg\min_{\boldsymbol{w}} \mathcal{R}_{\mathcal{D}}^{\mathrm{struct}}\left(\boldsymbol{w}\right)$$

$$= \arg\min_{\boldsymbol{w}} \bar{\mathcal{R}}_{\mathcal{D}}^{\mathrm{emp}}(\boldsymbol{w}) + \frac{1}{2}\lambda\|\theta\|^2$$

$$= \arg\min_{\boldsymbol{w}} \frac{1}{N} \sum_{n=1}^{N} \mathcal{L}\left(y_n, f\left(\boldsymbol{x}_n; \boldsymbol{w}\right)\right) + \frac{1}{2}\lambda\|\theta\|^2 \tag{2.13}$$

其中，$\|\theta\|$ 为正则化项，用来避免过拟合；λ 用来控制正则化的强度。

2. 无监督学习

无监督学习通过对无标记训练样本进行学习，寻找数据的内在关联，为新数据的分析提供基础。对于一组有 N 个观测值、联合密度为 $p(\boldsymbol{x})$ 的 p 维随机向量 $\boldsymbol{x}$，无监督学习的目标是直接推断这个概率密度的属性，而不需要外界为每次观察提供正确答案或误差程度。

在低维问题中（例如 $p \leqslant 3$），有多种有效的非参数方法可以直接估计联合密度 $p(\boldsymbol{x})$ 本身在所有 $\boldsymbol{x}$ 值处的值，并将其图形化表示 [2]。但这些方法在高维不适用，所以必须估算相对粗糙的全局模型，例如高斯混合或各种简单的统计性描述来表征 $p(\boldsymbol{x})$。

一般来说，这些统计性描述试图描述 $\boldsymbol{x}$ 和 $p(\boldsymbol{x})$ 的值。例如，主成分分析、多维缩放、自组织映射和主曲线等方法试图在 $\boldsymbol{x}$ 空间中识别代表高数据密度的低维流形。这提供了关于变量之间关联的信息，以及它们是否可以被视为较小的潜在变量集的函数。聚类分析试图找到 $\boldsymbol{x}$ 空间中包含 $p(\boldsymbol{x})$ 模态的多个凸区域，并推测 $p(\boldsymbol{x})$ 是否可以用不同类别观测的简单密度混合来表示。混合建模也有类似的目标。关联规则试图构造简单的描述，在高维的二进制数据下描述高密度区域。

典型的无监督学习问题可分为无监督特征学习、概率密度估计和聚类。

1) 无监督特征学习

无监督特征学习是指从无标记的数据中自动学习有效的数据表示，从而能够帮助后续的机器学习模型更快速地达到更好的性能。主成分分析是典型的无监督特征学习，如图 2.1 所示，二维数据如果投影到一维空间中，那么选择数据方差最大的方向进行投影，才能最大化数据的差异性，保留更多的原始数据信息。

主成分分析是一种统计过程，它使用正交变换将一组可能相关的变量的观察值转换为一组称为主成分的线性不相关变量的值。这种方法降低了数据的维数，使计算更快、更容易。它通过线性组合解释一组变量的方差–协方差结构，常被用作降维技术。

2) 概率密度估计

概率密度估计简称为密度估计，基于一些观测样本来估计一个随机变量的概率密度函数。参数密度估计是一种常见的密度估计方法。

参数密度估计根据先验知识假设随机变量服从某种分布，然后通过训练样本来估计分布的参数。令 $\mathcal{T} = \{\boldsymbol{x}_n\}_{n=1}^{N}$ 为从某个未知分布中独立抽取的 N 个训练样本，假设这些样本服从一个概率密度函数（probability density function, PDF）$p(\boldsymbol{x}; \theta)$，其对数似然函数为

$$\log p(\mathcal{T}; \theta) = \sum_{n=1}^{N} \log p(\boldsymbol{x}_n; \theta) \tag{2.14}$$

使用极大似然（maximum likelihood，ML）估计来寻找参数 θ，使得 $\log p(\mathcal{T};\theta)$ 最大。这样参数估计问题就转化为最优化问题：

$$\theta^{\mathrm{ML}} = \arg\max_{\theta} \sum_{n=1}^{N} \log p\left(\boldsymbol{x}_n;\theta\right) \tag{2.15}$$

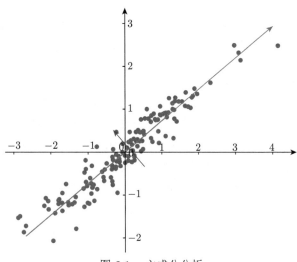

图 2.1　主成分分析

3) 聚类

假定训练集 $\mathcal{T} = \{\boldsymbol{x}_n\}_{n=1}^{N}$ 包含 m 个无标记样本，则聚类算法将训练集 $\mathcal{T}$ 划分为 k 个不相交的簇 $\{C_l \mid l = 1, 2, \cdots, k\}$，其中 $C_{l'} \bigcap_{l' \neq l} C_l = \varnothing$ 且 $\mathcal{T} = \bigcup_{l=1}^{k} C_l$。

k 均值聚类是解决聚类问题最简单的无监督学习算法之一。给定训练集 $\mathcal{T}$，k 均值聚类算法的目标是最小化聚类所得簇划分 $\{C_l \mid l = 1, 2, \cdots, k\}$ 的平方误差

$$E = \sum_{i=1}^{k} \sum_{\boldsymbol{x} \in C_i} \|\boldsymbol{x} - \boldsymbol{\mu}_i\|^2 \tag{2.16}$$

其中，$\boldsymbol{\mu}_i = \dfrac{1}{|C_i|} \sum_{\boldsymbol{x} \in C_i} \boldsymbol{x}$，$\boldsymbol{x}$ 是簇 C_i 的均值向量。直观来看，其主要思想是先定义 k 个中心，每个中心对应一个聚类，再取属于给定数据集的每个点，并将其与最近的中心关联。常见的无监督学习算法还有稀疏编码算法、异常检测算法等。

3. 半监督学习

给定有标记训练集 $\mathcal{T}_1^l = \{(\boldsymbol{x}_1, y_1), (\boldsymbol{x}_2, y_2), \cdots, (\boldsymbol{x}_l, y_l)\}$ 和无标记训练集 $\mathcal{T}_2^u = \{\boldsymbol{x}_{l+1}, \boldsymbol{x}_{l+2}, \cdots, \boldsymbol{x}_{l+u}\}$，学习器不依赖外界交互，自动地利用未标记训练集来提升学习性能，这就是半监督学习。大部分半监督学习算法都是无监督学习算法和有监督学习算法的组合。

半监督学习的一个必要条件是，输入空间上的底层边缘数据分布 $p(\boldsymbol{x})$ 包含关于后验分布 $p(y|\boldsymbol{x})$ 的信息。这样，就可以使用未标记的数据来获得关于 $p(\boldsymbol{x})$ 的信息，从而获得关于 $p(y|\boldsymbol{x})$ 的信息。另外，如果这个条件不满足，并且 $p(\boldsymbol{x})$ 不包含关于 $p(y|\boldsymbol{x})$ 的信息，那么基于额外的未标记数据来提高预测的准确性，本质上是不可能的。

目前在大多数学习问题中，上述条件都可以满足 [3]。然而，$p(\boldsymbol{x})$ 和 $p(y|\boldsymbol{x})$ 相互作用的方式并不总是相同的，由此产生了半监督学习假设，它形式化了预期交互的类型。最被广泛认可的假设是平滑性假设，即如果两个样本 $\boldsymbol{x}$ 和 $\boldsymbol{x}'$ 在输入空间中是接近的，那么它们的标签 y 和 y' 应该相同。此外，还有低密度假设，即决策边界不应该通过输入空间中的高密度区域；流形假设，即同一低维流形上的数据点应该具有相同的标签。这些假设是大多数半监督学习算法的基础，半监督学习算法通常依赖于其中一个或多个假设被显式或隐式地满足。

半监督学习算法在生活中得到了广泛的应用，如语音识别 [4]、文本分类 [5] 等。

4. 自监督学习

自监督学习主要利用辅助任务，从大规模的无监督数据中挖掘自身的监督信息，通过构造的监督信息对网络进行训练，从而可以学习到对下游任务有价值的表征。自监督学习是一类通过某种方式将无监督学习问题转化为有监督学习问题的方法。根据其基本训练目标不同，自监督学习的方法主要有三类：生成式、对比式和对抗式。

1) 生成式自监督学习

生成式自监督学习模型主要包括自回归模型、流模型和自编码模型。自回归模型可视作贝叶斯网络结构（有向图模型），其优势在于可以很好地模拟上下文的依赖性。流模型的目标是从数据中估计复杂的高维密度 $p(\boldsymbol{x})$。借助自定义的变量 z 可以实现该目标。流模型的优势在于 $\boldsymbol{x}$ 与 z 之间的映射是可逆的。自编码模型的目标是根据受损的输入重建输入。由于自编码模型的灵活性，它是最流行的生成模型之一，有许多变体 [6]。

2) 对比式自监督学习

对比式自监督学习的目的是通过噪声对比估计让计算机学会对比。近些年，对比学习框架可以分为两类：情境-实例对比和实例-实例对比。它们均在下游任务中具有很好的性能，特别是在线性协议下的分类问题上[6]。

    3) 对抗式自监督学习

    对抗式自监督学习，又称为生成-对比式自监督学习，利用鉴别损失函数作为目标函数。对抗式自监督学习的思想源于生成式自监督学习，作为生成式自监督学习的一种替代方法，对抗式自监督学习通过重建原始数据分布，而不是通过最小化分布发散来重建样本。对抗式吸收了生成式和对比式的优点，在需要符合隐式分布的情况下，它是更好的选择[6]。

2.1.3 正则化

    正则化是一类通过限制模型复杂度，从而避免过拟合、提高泛化能力的方法。正则化通过对不希望得到的结果施以惩罚，使优化过程趋于希望目标。常见的正则化方法有 L1 和 L2 正则化法、权重衰减、提前停止、丢弃法等，具体如表 2.4 所示。

表 2.4　常见的正则化方法

正则化方法	描述
L1 和 L2 正则化法	约束参数 L1 和 L2 的范数
权重衰减	引入衰减系数
提前停止	当验证集上的错误率不再下降时停止迭代
丢弃法	随机丢弃神经元

    (1) L1 和 L2 正则化法。L1 和 L2 正则化法是机器学习中最常用的正则化方法，通过约束参数 L1 和 L2 的范数来达到正则化的目的。

    (2) 权重衰减。权重衰减也是一种有效的正则化方法，通过在每次参数更新时引入一个衰减系数来达到正则化的目的。

    (3) 提前停止。提前停止常用在 DNN 中。当神经网络使用随机梯度下降算法时，若验证集上的错误率不再下降，则停止迭代。

    (4) 丢弃法。丢弃法在 DNN 中发挥着巨大的作用。当训练一个 DNN 时，可以随机丢弃一部分神经元（同时丢弃其对应的连接边）来避免过拟合，这种方法称为丢弃法。丢弃法一般针对神经元进行随机丢弃，但是也可以扩展到对神经元之间的连接进行随机丢弃，或对每一层进行随机丢弃。

    不同的正则化方法，其目的均为减少泛化误差而不是训练误差。正则化方法在很大程度上决定了模型的泛化与收敛等性能。

    奥卡姆剃刀原理是一个常见的、基本的研究原则，"如无必要，勿增实体"，即避重趋轻、避繁逐简、以简御繁、避虚就实，将其应用在机器学习算法中，即在其他条件一样的情况下，选择更简单的模型。正则化的本质即奥卡姆剃刀原理。

2.2　计算环境配置

2.2.1　MarvelToolbox 安装教程

为了便于进行神经网络的搭建和仿真，本书提供了一个基于 Python 和 Py-Torch 的工具库，即 MarvelToolbox 工具库[①]。MarvelToolbox 是本书作者为简化代码编写、模型管理而编写的一套工具库。工具库将不同神经网络实验中的共性逻辑进行了提取总结，同时为不同神经网络实验的实例化预留了充足的接口，能快捷地保存和加载模型、保存训练日志等。基于此工具库，能更方便地搭建和训练自己的神经网络。

1. 安装环境

工具库的安装环境包括：Ubuntu 18.04 或者 20.04（或 Windows 10）、Python 3.8 或更高、Pip 20.0 或更高、PyTorch 1.8 或更高、Git 2.25.1 或更高、Conda 4.10.1 或更高。

2. 安装教程

以装有 Ubuntu 18.04、Python 3.8、Pip 20.2.4、PyTorch 1.8、Conda 4.10.1 和 Git 2.25.1 的服务器为例进行 MarvelToolbox 工具库的安装教程说明（假设所有软件都安装在默认位置）。首先，打开命令行界面，即 "Teminal，终端" 软件，或者在 Ubuntu 主界面按 "Ctrl+Alt+T" 组合键，进入命令行界面。然后，激活当前的 Python 或是希望安装工具库的 Python 环境：

```
source /opt/conda/bin/activate 环境名
```

其中，"环境名" 替换为自身实际环境，如：

```
source /opt/conda/bin/activate base
```

通过 git 下载 MarvelToolbox 的资源包：

```
git clone https://github.com/xrj-com/marveltoolbox.git /DL/
    marveltoolbox
```

如此，便可将 MarvelToolbox 的资源包下载到目录/DL/下。其中，/DL/可替换成其他工作目录。进入下载的资源包文件夹中：

```
cd /DL/marveltoolbox
```

利用 pip 进行安装：

---

① https://github.com/xrj-com/marveltoolbox。

```
pip install .
```

请注意输入命令时不要漏掉 "."。接着测试是否安装成功。在当前界面输入：

```
python
```

进入 Python 编译环境，再输入：

```
import marveltoolbox
```

若不报错，即说明安装成功。

2.2.2 MarvelToolbox 使用说明

MarvelToolbox 工具库的核心功能包括三部分，分别是基于 BaseConfs 类和 BaseTrainer 类模块化的网络搭建框架，诸多经典网络模型、复数运算、信号处理的函数模块，以及画图等工具。此处重点介绍基于 BaseConfs 类和 BaseTrainer 类模块化的网络搭建。以 "/DL/marveltoolbox/demo/" 下的 clf.py 为例，进行基于 MarvelToolbox 工具库的神经网络搭建的讲解。clf.py 基于卷积神经网络（convolutional neural network, CNN）结构完成了简单的图片分类任务。整个 clf.py 代码可以分为以下几个部分。

第一步，导入所需工具包。

```
# 导入 MarvelToolbox 工具库、 PyTorch 模块和相关函数库
import marveltoolbox as mt
import torch
import torch.nn as nn
import torch.nn.functional as F
```

第二步，基于 MarvelToolbox 中预封装的 mt.BaseConfs 类，生成 clf.py 中的 Confs 类，用于设置网络大小、选择训练数据来源、分配中央处理器（central processing unit, CPU）或者图形处理器（graphics processing unit, GPU）进行神经网络训练，并且基于这些设置生成整个网络模型的标志参数（flag），用于后续进行网络模型存储和读写，以及网络输出日志的保存。

```
class Confs(mt.BaseConfs):
    """
    Confs 类用于配置实验参数
    它继承自 MarvelToolbox 中的 BaseConfs 类
    """
    def __init__(self):
        super().__init__()

    def get_dataset(self):
```

```
    # 定义实验数据集、模型大小、训练参数等
    self.dataset = 'mnist'
    self.nc = 1
    self.nz = 10
    self.batch_size = 128
    self.epochs = 50
    self.seed = 0

def get_flag(self):
    # 定义实验标识，在保存模型和日志时作为文件名的一部分
    self.flag = 'demo-{}-clf'.format(self.dataset)

def get_device(self):
    # 分配运行代码的硬件设备
    self.device_ids = [0]
    self.ngpu = len(self.device_ids)
    self.device = torch.device(
        "cuda:{}".format(self.device_ids[0]) if \
        (torch.cuda.is_available() and self.ngpu > 0) else "cpu
            ")
```

第三步，基于 MarvelToolbox 中预封装的 mt.Trainer 类和 clf 的 Confs 类，生成 clf 的 Trainer 类，用于实现网络的搭建、优化器的选择、训练数据的导入及实际的训练流程设计。BaseTrainer 类里面，封装好了诸如网络存储、网络加载、网络输出、网络日志保存等功能。因此在进行 Trainer 类的定义时，一般仅需要进行网络模型、优化器和数据集的初始化，同时定义自己的网络训练器和验证器，其余部分一般可直接继承自 BaseTrainer 类。

```
class Trainer(mt.BaseTrainer, Confs):
    """
    Trainer类用于定义特化网络模型的训练逻辑和验证逻辑
    它继承自 mt.BaseTrainer 和 Confs 类
    BaseTrainer 来自 MarvelToolbox，包含各种模型的共同训练逻辑
    """
    def __init__(self):
        # 定义神经网络和对应优化器，加载数据集
        Confs.__init__(self)
        mt.BaseTrainer.__init__(self, self)
        self.models["C"] = mt.nn.dcgan.Enet32(
            self.nc, self.nz).to(self.device)
        self.optims["C"] = torch.optim.Adam(
```

```
            self.models["C"].parameters(), lr=1e-4, betas=(0.5,
                0.99))
        self.train_loader, self.val_loader, self.test_loader, _ = \
            mt.datasets.load_data(self.dataset, 1.0, 0.8,
                self.batch_size, 32, None, False)
        self.records["acc"] = 0.0

    def train(self, epoch):
        # 特化网络训练逻辑
        self.models["C"].train()
        for i, (x, y) in enumerate(self.train_loader):
            x, y = x.to(self.device), y.to(self.device)
            scores = self.models["C"](x)
            loss = F.cross_entropy(scores, y)
            self.optims["C"].zero_grad()
            loss.backward()
            self.optims["C"].step()
            if i % 100 == 0:
                # 输出训练信息
                self.logs["Train Loss"] = loss.item()
                self.print_logs(epoch, i)
        return loss.item()

    def eval(self, epoch):
        # 特化网络评估逻辑
        self.models["C"].eval()
        correct = 0.0
        with torch.no_grad():
            for x, y in self.val_loader:
                x, y = x.to(self.device), y.to(self.device)
                scores = self.models["C"](x)
                pred_y = torch.argmax(scores, dim=1)
                # 计算正确分类的数量
                correct += torch.sum(pred_y == y).item()
        N = len(self.val_loader.dataset)
        # 计算验证集上分类网络的准确率
        acc = correct / N
        is_best = False
        if acc >= self.records["acc"]:
            is_best = True
```

```
        self.records["acc"] = acc
    # 打印当前准确率
    print("acc: {}".format(acc))
    # 返回模型是否最佳
    return is_best
```

第四步，在主函数中，将 clf 中的 Trainer 类实例化，进行训练。

```
if __name__ == "__main__":
    # 创建Trainer类的实例对象
    trainer = Trainer()
    # 运行训练
    trainer.run(load_best=False, retrain=True)
```

获取程序代码

最终结果输出如下。第一部分输出即在 Confs 类中设置的部分重要参数。

```
Confs:
Flag:        demo-mnist-clf
Batch size: 128
Epochs:      50
device:      cuda:0
```

第二部分输出为网络训练时的当前训练轮次（Epoch）、每轮迭代次数（Iter）、当前网络损失函数输出（Train Loss）、分类正确率（acc），以及网络训练进程和预计剩余训练时间。

```
Log file save at:  ./logs/demo-mnist-clf.log
Epoch/Iter:000/0000 Train Loss:3.106650
Epoch/Iter:000/0100 Train Loss:0.371412
Epoch/Iter:000/0200 Train Loss:0.233453
Epoch/Iter:000/0300 Train Loss:0.161299
acc: 0.9819166666666667
step: 001/050 2% [Remain: 0h/13m/ 5s]
```

由此可见，MarvelToolbox 工具库提供了一套完备的实验、模型管理流程，使得研究者可以更为专注于模型和算法的设计。

2.3 深度学习

深度学习 (DL) 是机器学习领域一个新的研究方向，近年来在语音识别、计算机视觉等多类应用中取得了突破性的进展。其动机在于建立模型模拟人类大脑的神经连接结构，在处理图像、声音和文本这些信号时，通过多个变换阶段分层对数据特征进行描述 [7,8]，进而给出数据的解释。DL 在有海量数据提供训练的情况下，效果比机器学习更出色。近年来，随着 DL 的不断发展，其在语音识别与合成、情感分类、机器翻译、语音对话、文档摘要、图像分类及识别、视频分类及行为识别等工程任务中展现出了卓越的性能。

2.3.1 表征提取与学习

1. 表征学习的目的

表征学习是一种数据驱动的学习方式，是机器学习的重要部分，其目的是将原始输入数据转换为更容易被模型理解、学习和应用的新数据，以便模型更好地进行进一步的处理，提高模型的性能。表征学习通过模型中的神经元对获取到的浅层信息不断地进行分层、抽象，最后获取深层特征，再通过学习、调优，建立起输入与输出的关系，尽可能地接近现实关联决策关系，以实现对人类思考模式的模拟与映射。

举例说明表征学习的过程：假设有一个苹果、一个橘子和一本书，分别编号为 0、1 和 2。如果只看这些编号，似乎并不能反映这三者之间的关系，但如果将苹果编号为 0.1，橘子编号为 0.2，书仍然编号为 2，则至少可以从编码上看出，苹果和橘子接近，它们相对于书而言可以看作一类。所以，合适的编码可以反映一些有用的特征。这里的苹果、橘子和书即数据，对它们的编号即表征。实际的编码通常不是一个数字，而是一个向量。

表征的好坏没有具体定义，只要是能够帮助后续的机器学习处理任务做得更好的表征就是好的表征。不同的后续任务需要不同的表征，通常，编码方式是人为定义的，如人为定义的表征颜色直方图，丢失了图像的空间信息，只保留了图像的颜色信息，使图像具有一定的平移不变性；再比如方向梯度直方图（histogram of oriented gradient, HOG），丢失了图像的颜色信息，只保留了图像的局部边缘方向和强度等空间信息，使图像具有一定的颜色不变性。但人工表征具有很大的局限性，人工方法通常无法得到最佳的表征。而在机器学习中，合适的编码是通过训练或者学习产生的，这种学习后续任务的相关表征的过程称为表征学习。

2. 深度表征学习

机器学习的性能在很大程度上依赖于给定数据的表示，即人工特征的选取方式。然而，对于许多工程任务来说，应该提取哪些特征是一个问题。例如，需要编写一个程序来检测输入图像中的车辆，可能会想用车轮的存在与否作为特征来判断图像中是否存在车辆。然而，根据像素值来准确描述车轮是很难的，而车轮本身又有不同的存在形式，根据场景而异，如落在车轮上的阴影，车的前挡板遮挡了一部分车轮，出现了类似车轮的图像但并非车辆的情况。

解决这个问题的途径之一是使用机器学习来发掘表征本身，而不仅仅是把表征映射到输出。这种方法被称为数据驱动的深度表征学习。通过学习获得的表征往往比人工手动设计的表征表现得更好。它们只需最少的人工干预，就能让 AI 系统迅速适应新任务。表征学习算法有时只需几分钟就可以为简单的任务发现一个很好的表征集，对于复杂任务则需要几小时到几个月。相比之下，手动为一个复杂的任务设计表征可能需要耗费大量的人工、时间和精力，甚至常常需要花费研究人员几十年的时间。

下面将介绍经典的几种深度表征学习结构及其组成成分。

1) 线性层

线性层是 DL 中最基础的模块，线性层的数学表达如下：

$$f(x; W) = Wx + b \tag{2.17}$$

其中，x 是一个 N 维的输入向量；W 为线性层的权重，是一个 $M \times N$ 的矩阵；b 为线性层的偏置，是一个 M 维的向量；线性层的输出 $f(x; W)$ 是一个 M 维向量，表示从输入向量中提取的表征。

2) 卷积层

上述的线性层堆叠而成的多层感知器（multilayer perceptron, MLP）对于一维的输入效果不错，但对于二维的输入图像而言，MLP 并没有考虑输入图像的空间结构，而是将输入图像的像素值展开成一个向量作为输入，这样学习到的表征并不能很好地表示输入图像，特别是输入图像的空间结构。举个例子，在图像分类任务中，目标物体在左下角的图像和目标物体在右上角的图像尽可能具有类似的表征，这样模型就能将其看成同一样物体，但是 MLP 无法做到这样的空间泛化，卷积层就能很好地提取这些信息。

卷积层的输出也称为特征图，每一层的特征图由数个滤波器在上一层的特征图中进行全局滑动卷积得到，每层滤波器的通道数与该层特征图的通道数相等，而下一层特征图的通道数与滤波器的数量相等，这个通过若干个滤波器全局滑动输入特征图得到输出特征图的过程称为卷积，卷积的数学表达如下所示：

$$z_{i,j,k} = b_k + \sum_{u=1}^{f_h} \sum_{v=1}^{f_w} \sum_{k'=1}^{f_{n'}} x_{i',j',k'} \cdot w_{u,v,k',k}, \quad \begin{cases} i' = u \cdot s_h + f_h - 1 \\ j' = v \cdot s_w + f_w - 1 \end{cases} \tag{2.18}$$

其中，$z_{i,j,k}$ 是当前卷积层第 k 个特征图中第 i 行第 j 列神经元的输出；s_h 和 s_w 是垂直和水平步长；f_h 和 f_w 是接收域的高和宽；$f_{n'}$ 是前一层特征图的数量；$x_{i',j',k'}$ 是前一层第 k' 个特征图或通道中第 i' 行第 j' 列神经元的输出；b_k 是当前卷积层第 k 个特征图的偏移项；$w_{u,v,k',k}$ 是当前层第 k 个特征图中任一个神经元与其输入层第 k' 个特征图中位于第 u 行第 v 列的神经元之间的连接权重。

卷积过程如图 2.2 所示，卷积所用的滤波器即需要学习的参数。除了所示的二维卷积，在处理三维（three dimension, 3D）物体的任务中，还会使用类似的三维卷积来学习表征，不同的是特征图是四维的，而卷积使用的滤波器是三维的。从图 2.2 中可见，卷积过程会使特征图的尺寸缩小，称为降采样。为了避免降采样带来的影响，可以通过对输入特征图边缘补零来使输出特征图的大小与输入特征图的一致。

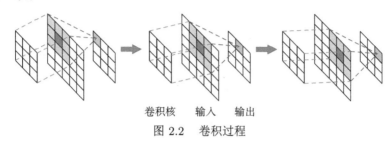

卷积核　　输入　　输出

图 2.2　卷积过程

3) 池化层

一般来说，随着网络越来越深，特征图的尺寸不断缩小而通道数量不断增加，这保持了模型的总信息量。除了卷积，另一种降采样的方式是池化，池化操作能够降低信息冗余、提升模型的尺度不变性和旋转不变性、防止过拟合且没有需要学习的参数。常见的池化方式有最大值池化和平均池化，最大值池化和平均池化的过程如图 2.3 所示。

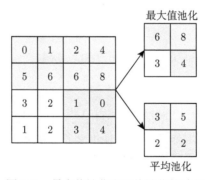

图 2.3　最大值池化和平均池化的过程

4) 归一化层

深层的卷积网络很难训练，所以引入了归一化层，这使深层卷积网络的训练更加容易。归一化层的思想在于"归一化"一个层的输出，使它们有零均值和单位方差，有助于简化深层卷积网络的训练过程。批归一化的数学表达如下所示：

$$x' = \frac{x - \mathbb{E}[x]}{\sqrt{\mathbb{V}[x]}} \tag{2.19}$$

其中，$\mathbb{E}[\cdot]$ 为期望；$\mathbb{V}[\cdot]$ 为方差。

　　5) 激活层

　　激活层用于增加 DL 网络层与层之间的非线性信息，常用的激活层函数有 Sigmoid、ReLU、Leaky ReLU、tanh、ELU 等，如图 2.4 所示。

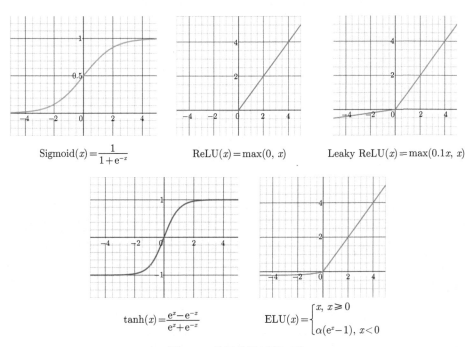

$$\mathrm{Sigmoid}(x) = \frac{1}{1+\mathrm{e}^{-x}}$$

$$\mathrm{ReLU}(x) = \max(0,\, x)$$

$$\mathrm{Leaky\ ReLU}(x) = \max(0.1x,\, x)$$

$$\tanh(x) = \frac{\mathrm{e}^x - \mathrm{e}^{-x}}{\mathrm{e}^x + \mathrm{e}^{-x}}$$

$$\mathrm{ELU}(x) = \begin{cases} x, & x \geqslant 0 \\ \alpha(\mathrm{e}^x - 1), & x < 0 \end{cases}$$

图 2.4　常用的激活层函数

　　6) 残差层

　　简单地通过堆叠卷积层—激活层—池化层—归一化层的网络结构在层数很深时会出现梯度消失或梯度爆炸的情况，使网络很难收敛到理想的情况，且训练收敛过程慢。为了解决深层网络中的退化问题，可以人为地让神经网络某些层跳过下一层神经元的连接，隔层相连，弱化每层之间的强联系，这种神经网络被称为残差网络。残差网络的基本单元是残差层。一般来说，一个完整的残差网络由很多残差层串联组成 [9]。

2.3.2　深度层级特征

　　由于 DL 模型往往伴随着大量的参数，其学习过程难以用数学解析，并伴随着很强的不确定性，因此主流学术界依然把 DL 作为黑箱模型。为了解 DL 的本质，研究者利用特征可视化技术来获得对 DL 更直观的理解。

1. 显著性图

图像分区是为图像中的每个像素分配一个标签的过程, 以便让相同标签的像素能够共享某些特征。显著性图是图像分区的一部分, 是图像中最能引起 DL 模型兴趣、最能表现图像内容的区域。这部分感兴趣区域代表了模型的查询意图, 而多数剩余的不感兴趣区域则与模型的查询意图无关, 模拟了人类注意力对图像各区域的重视程度。

Itti 等在 1998 年提出了经典的显著性图映射算法[10], 降低图像中细节的同时降低分辨率, 同时在每个尺度下计算图像的亮度特征、颜色特征和方向特征并进行加权融合得到了显著性图。具体实现方式如下所述。

1) 提取亮度特征

对于亮度特征, 在三基色红、绿、蓝 (red green blue, RGB) 图下表示为

$$I = \frac{r + g + b}{3} \tag{2.20}$$

其中, I 被用于建立一个高斯金字塔 $I(\sigma)$ [11], 其中 $\sigma = 1, 2, \cdots, 8$ 表示高斯金字塔的尺度; r、g 和 b 分别表示图像像素在红 (R)、绿 (G) 和蓝 (B) 三个颜色通道上的值。

2) 提取颜色特征

由于颜色特征中已经包含了亮度特征, 所以将三基色通道转换成广义调谐的红色、绿色、蓝色和黄色的颜色特征, 分别表示为 R、G、B 和 Y, 其中:

$$R = r - \frac{g + b}{2} \tag{2.21}$$

$$G = g - \frac{r + b}{2} \tag{2.22}$$

$$B = b - \frac{r + g}{2} \tag{2.23}$$

$$Y = \frac{r + g}{2} - \frac{|r - g|}{2} - b \tag{2.24}$$

由这四个颜色通道建立四个高斯金字塔 $R(\sigma)$、$G(\sigma)$、$B(\sigma)$ 和 $Y(\sigma)$。

拮抗是提取和处理颜色信息的一种方式。红绿颜色通道的拮抗特征是中心红色与中心绿色对比和周围绿色与周围红色对比的差, 用 RG 表示; 蓝黄颜色通道的拮抗特征是中心蓝色与中心黄色对比和周围黄色与周围蓝色对比的差, 用 BY 表示。计算方式如下所示:

$$\mathrm{RG}(c, s) = |[R(c) - G(c)] \ominus [G(s) - R(s)]| \tag{2.25}$$

$$BY(c,s) = |[B(c) - Y(c)] \ominus [Y(s) - B(s)]| \tag{2.26}$$

其中，c 为图像尺度，$c \in \{2,3,4\}$；s 为图像粗尺度，$s = c + \theta$，$\theta \in \{3,4\}$；$|\cdot|$ 为绝对值函数；$\ominus$ 为两个特征图间的跨尺度差异，即插值使两个特征图尺度相同，并进行逐点相减。

3) 提取方向特征

计算四个方向特征图，计算方式如下所示：

$$O(c,s,\theta) = |O(c,\theta) \ominus O(s,\theta)| \tag{2.27}$$

其中，$O(\sigma,\theta)$ 是从 I 中通过定向 Gabor 金字塔 [11] 得到的局部方向信息，$\sigma = 1,2,\cdots,8$ 表示高斯金字塔的尺度，$\theta \in \{0°,45°,90°,135°\}$ 是所选方向。

4) 生成显著性图

对某一特征不同尺度下得到的特征图进行归一化操作，得到各特征对应的显著性图，将各特征的显著性图线性融合后归一化，得到最终的显著性图。计算方式如下所示：

$$I(c,s) = |I(c) \ominus I(s)| \tag{2.28}$$

$$\bar{I} = \sum_{c=2}^{4} \sum_{s=c+3}^{c+4} N(I(c,s)) \tag{2.29}$$

$$\bar{C} = \sum_{c=2}^{4} \sum_{s=c+3}^{c+4} N(\mathrm{RG}(c,s)) + N(\mathrm{BY}(c,s)) \tag{2.30}$$

$$\bar{O} = \sum_{\theta \in \{0°,45°,90°,135°\}} N\left(\sum_{c=2}^{4} \sum_{s=c+3}^{c+4} N(O(c,s,\theta))\right) \tag{2.31}$$

$$S = \frac{\bar{I} + \bar{C} + \bar{O}}{3} \tag{2.32}$$

其中，$\bar{I}$、$\bar{C}$ 和 $\bar{O}$ 为亮度、颜色和方向综合显著性图；S 为最终的融合显著性图；$N(\cdot)$ 为将显著性图归一化至 0~1 之间的函数。

2. 层次特征可视化

一般地，深度层级网络的前几层隐藏层会提取输入图像的边缘特征，如边缘强度、颜色和色差块等信息；中间的隐藏层会提取输入图像的局部特征，如局部外形、局部轮廓、图形块等信息；比较深层的隐藏层会提取输入图像比较细节和精密的特征，如精细纹理、具体框架结构等信息。

一个三层的深度层级网络的特征可视化如图 2.5 所示。输入向量 $x = (x_1, x_2, \cdots, x_N)$ 为包含着车辆、人类和动物三种类别的数据集图像展平后的向量，输出向量 $y = (y_1, y_2, y_3)$ 分别为车辆、人类和动物的分类分数向量。从图中可见，隐藏层 1 提取了包含颜色和边缘的低等特征，隐藏层 2 提取了部分外形和轮廓，隐藏层 3 提取了整体类别对象的高级特征。

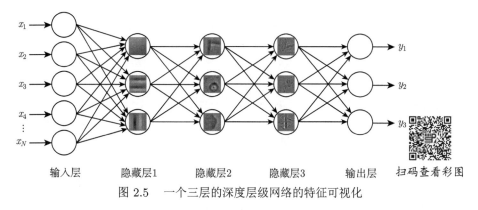

图 2.5 一个三层的深度层级网络的特征可视化

3. 卷积神经网络可视化

一个由经典的五层卷积层—激活层—池化层—归一化层堆叠而成的卷积神经网络（CNN）的特征可视化如图 2.6 所示。从图中可见，从第一层、第二层学习到的特征基本上是颜色、边缘等低等特征；第三层学习到了较复杂的纹理特征，比如一些网格纹理；第四层学习到了比较有区别性的特征；第五层学习到的是完整的、具有辨别性的关键特征。

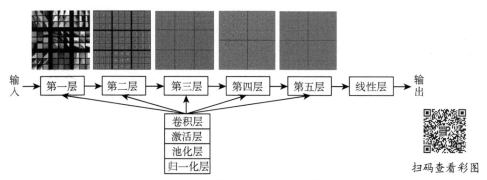

图 2.6 卷积神经网络的特征可视化

2.3.3 代码范例

以在 CIFAR10 数据集上进行图像分类的神经网络结构为范例，其代码实现如下。

```python
import torch
import torch.nn as nn
# 调用所需的库


class VGGNet(nn.Module):
    """
    构造VGGNet模型
    """
    def __init__(self):
        super(VGGNet, self).__init__()
        # 输入图像大小（batchsizex32x32x3）
        self.conv1 = nn.Sequential(
            nn.Conv2d(3, 64, kernel_size=3, stride=1, padding=1),
            nn.BatchNorm2d(64),
            nn.ReLU()
        )

        # 中间层图像大小（batchsizex32x32x64）
        self.max_pooling1 = nn.MaxPool2d(kernel_size=2, stride=2)

        # 中间层图像大小（batchsizex16x16x64）
        self.conv2_1 = nn.Sequential(
            nn.Conv2d(64, 128, kernel_size=3, stride=1, padding=1),
            nn.BatchNorm2d(128),
            nn.ReLU()
        )

        # 中间层图像大小（batchsizex16x16x128）
        self.conv2_2 = nn.Sequential(
            nn.Conv2d(128, 128, kernel_size=3, stride=1, padding=1),
            nn.BatchNorm2d(128),
            nn.ReLU()
        )

        # 中间层图像大小（batchsizex16x16x128）
        self.max_pooling2 = nn.MaxPool2d(kernel_size=2, stride=2)

        # 中间层图像大小（batchsizex8x8x128）
        self.conv3_1 = nn.Sequential(
            nn.Conv2d(128, 256, kernel_size=3, stride=1, padding=1),
```

```
        nn.BatchNorm2d(256),
        nn.ReLU()
    )

    # 中间层图像大小（batchsizex8x8x256）
    self.conv3_2 = nn.Sequential(
        nn.Conv2d(256, 256, kernel_size=3, stride=1, padding=1),
        nn.BatchNorm2d(256),
        nn.ReLU()
    )

    # 中间层图像大小（batchsizex8x8x256）
    self.max_pooling3 = nn.MaxPool2d(kernel_size=2, stride=2,
        padding=1)

    # 中间层图像大小（batchsizex4x4x256）
    self.conv4_1 = nn.Sequential(
        nn.Conv2d(256, 512, kernel_size=3, stride=1, padding=1),
        nn.BatchNorm2d(512),
        nn.ReLU()
    )

    # 中间层图像大小（batchsizex4x4x512）
    self.conv4_2 = nn.Sequential(
        nn.Conv2d(512, 512, kernel_size=3, stride=1, padding=1),
        nn.BatchNorm2d(512),
        nn.ReLU()
    )

    # 中间层图像大小（batchsizex4x4x512）
    self.max_pooling4 = nn.MaxPool2d(kernel_size=2, stride=2)

    # 中间层图像大小（batchsizex2x2x512）
    self.fc1 = nn.Linear(2048, 1024)
    self.fc2 = nn.Linear(1024, 256)
    self.fc3 = nn.Linear(256, 10)

def forward(self, x):
    batchsize = x.size(0)
    out = self.conv1(x)
```

```
    out = self.max_pooling1(out)
    out = self.conv2_1(out)
    out = self.conv2_2(out)
    out = self.conv3_1(out)
    out = self.conv3_2(out)
    out = self.max_pooling3(out)
    out = self.conv4_1(out)
    out = self.conv4_2(out)
    out = self.max_pooling4(out)
    out = out.view(batchsize, -1)
    out = self.fc1(out)
    out = self.fc2(out)
    out = self.fc3(out)
    return out
    # 得到最终的输出 out，每张输入图像得到十个数
    # 对应了 CIFAR10 分类十个类别的分类分数
    # 其中最大的分类分数所属的类别即网络对输入图像的分类预测结果
```

获取程序代码

2.4 元 学 习

2.4.1 元学习思想

　　DL 以其独特的训练原理和在处理非线性问题上的优势，凭借 DNN 的发展和广泛应用，在多个领域取得了成效。然而，由于 DNN 需要大量数据进行训练，或训练速度难以匹配高时效性任务，DNN 的应用受到限制。随着 DL 技术的发展，更多新的 DL 思想被提出。其中，元学习被认为具有解决当前 DL 应用遇到的困难的潜力。

　　元学习是一种新提出的 DL 思想，它希望模型获取一种"学会学习"的能力，可以在获取已有"知识"的基础上快速学习新的任务。元学习的意图在于通过少量的训练实例设计能够快速学习新技能或适应新环境的网络模型。

　　与经典的 DL 方法相同，元学习的实际目的也是寻找或是拟合一个函数，只是函数的功能与一般 DL 的不同。基本的 DL 中的函数直接作用于特征和标签，寻找特征与标签之间的关联；而元学习中的函数用于寻找新的函数，新的函数会应用于具体的任务。可以这样理解：基本的 DL 学习的是某个数据分布 X 到另一个分布 Y 的映射，而元学习学习某个任务集合 $\mathcal{D}$ 到每个任务对应的最优函数 f 的映射，即元学习希望寻找或拟合的函数是一个生成函数的函数，即 $g: \mathcal{D} \to f$。

　　由此可见，元学习希望模型获取一种学会学习调参的能力，使其可以在获取已有知识的基础上快速学习新的任务。机器学习是先人为调参，之后直接训练用

于特定任务下的深度模型。而元学习则是先通过其他的任务训练出一个较好的超参数，然后对特定任务进行训练。

在基本的 DL 中，训练单位是样本数据，通过数据来对模型进行优化。数据可以分为训练集、测试集和验证集。与之对应，在元学习中，训练单位从任务数据变为了任务本身。元学习一般有两个任务，分别是训练任务和测试任务。训练任务要准备许多子任务来进行学习，目的是学习出一个较好的超参数；测试任务是利用训练任务学习出的超参数对特定任务进行训练。训练任务中每个任务的数据分为支撑集和查询集，测试任务中的数据分为训练集和测试集。元学习的目的就是让函数在训练任务中自动训练，再利用先验知识在测试任务中训练出特定任务下模型中的参数。训练一个神经网络的一般步骤：学习预处理数据集，学习选择网络结构，学习设置超参数，学习初始化参数，学习选择优化器，学习定义损失函数，梯度下降更新参数。元学习训练步骤如图 2.7 所示。

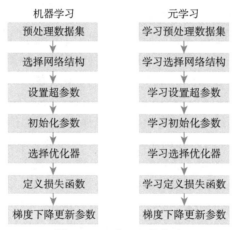

图 2.7　元学习训练步骤

元学习的训练分为训练任务训练和测试任务训练两个阶段。在训练任务中给定若干个子训练任务，其中每个子训练任务的数据集分为支撑集和查询集。首先，通过这若干个任务的支撑集进行训练，分别训练出针对各自子任务的模型参数。然后，用不同子任务中的查询集分别去测试网络的性能，并计算出预测值和真实标签的损失。最后，利用梯度下降法去更新参数，从而找到最优的超参数设置。测试任务就是常见 DL 的过程，它将数据集划分为训练集和测试集。

2.4.2　元学习实现方法

元学习会去学习所有需要人为设置和定义的参数变量。在这里，参数变量属于集合。不同的元学习，会去学习集合中不同的元素，相应地就会有不同的研究领域。元学习的研究领域主要有学习预处理数据集、学习初始化参数、学习选择网络结构及学习选择优化器。其中，学习预处理数据集就是对数据进行预处理时可以自动地、多样化地对数据进行增强。数据增强会增加模型的鲁棒性，一般的数据增强方式比较死板，只是对图像进行旋转、颜色变换、伸缩变换等。元学习研究如何自动地、多样化地对数据进行增强。学习初始化参数就是通过学习选出一个较好的权重初始化参数，有助于模型在新的任务上进行学习。权重参数初始化的好坏可以影响模型最后的分类性能，元学习专注于提升模型整体的学习能力，而不是解决某个具体问题的能力。元学习训练时不停地在不同的任务上切换，从而达到初始化网络参数的目的，最终得到的模型面对新任务时可以学习得更快。学习选择网络结构就是搜索神经网络结构，用以解决在神经网络接收设计中如何确定网络深度、如何确定每层宽度、如何确定每层的卷积核个数和大小、是否需要丢弃神经元等困难问题。学习选择优化器就是帮助在训练特定任务前选择一个好的优化器，神经网络训练的过程中很重要的一环就是优化器的选取，优化器会在优化参数时对梯度的走向有很重要的影响。

　　基于元学习不同的研究领域，研究人员提出了许多元学习的实现方法。基于预测梯度的元学习方法通过训练一个通用的神经网络来预测梯度，通过经典的回归问题来训练神经网络，得到的基于元学习的优化器梯度下降得更快、更准，实现了快速学习。基于长短期记忆（long short term memory, LSTM）的元学习方法 [12] 通过门结构对网络中的细胞状态进行删除或者添加信息。LSTM 是一种特殊的循环神经网络，通过 LSTM 网络训练可学习参数，输入当前可学习参数，直接输出新的更新结果，实现了快速学习。除此之外，基于记忆的元学习方法可以在神经网络中添加记忆单元来借助以往的经验进行学习。基于注意力机制的元学习方法 [13] 利用神经网络训练一个注意力模型，这样在面对新任务时就能够直接关注最重要部分。基于预测损失的元学习方法 [14] 通过构建一个模型利用以往的任务来学习如何预测损失函数，利用训练好的损失函数加快学习速度。

2.5　变分自编码器

2.5.1　自编码器

　　无监督学习的输入是不带标签的一组数据，可以学习数据潜在的隐藏结构。自编码器（auto-encoder, AE）是一种无监督学习的神经网络，用于学习输入数据的特征，对输入数据进行降维，常用于需要低维数据的场景中，如数据可视化、数据存储等 [15]。AE 是一种典型的无监督学习模型。图 2.8 为 AE 的结构图，它从输入数据中学习特征 x，将 x 映射为隐空间中的 z。解码器利用学习到的特征 z 重构原始数据得到输出 $\hat{x}$，最小化重构误差 $\mathcal{L}(x, \hat{x})$ 以进行训练，最终得到一个能够较好地重建输入的网络。AE 的泛化性强且不需要数据标记，被广泛应用于数据降维、特征提取和生成模型等过程中。

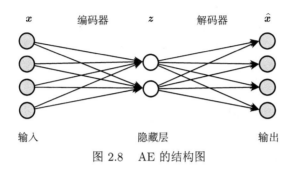

图 2.8　AE 的结构图

2.5.2 变分自编码器的构成

近年来，AE 与潜变量模型理论的结合，使得 AE 被带到了生成式建模的前沿。将隐空间中的点经过解码器就可以得到新的数据，因此 AE 可用于生成数据，如人脸、MNIST 数字和语音等。但 AE 生成的隐空间中缺乏可解释和可利用的结构，导致隐空间中的某些点在解码后给出无意义的内容。变分自编码器（variational auto-encoder，VAE）对编码过程进行概率建模，使得隐空间具有规则性，从而解决了这个问题。

VAE 内部与普通 AE 一样具有两部分结构：一部分为编码器，另一部分为解码器。图 2.9 为 VAE 的结构图，其中实线箭头表示数据传输过程，虚线箭头

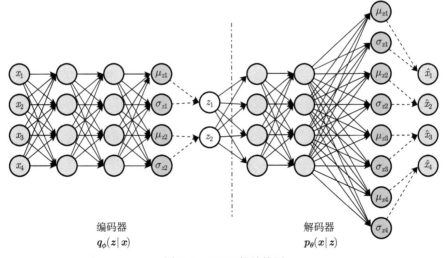

图 2.9　VAE 的结构图

表示采样过程。VAE 在普通 AE 的基础上引入了隐空间的正则化，将输入 $\boldsymbol{x}$ 编码为隐空间中的概率分布 $q_\phi(\boldsymbol{z}|\boldsymbol{x})$，而不是单个点，一般假设 $q_\phi(\boldsymbol{z}|\boldsymbol{x})$ 为正态分布，这样就可以自然地表达隐空间的规则化。VAE 从输入映射的概率分布中采样隐空间的一个点 $\boldsymbol{z}$，对采样点进行解码，最小化重构误差以进行训练。VAE 的编码器叫作推断模型，解码器叫作生成模型。推断网络的输入是数据点 $\boldsymbol{x}$，输出是变分分布 $q_\phi(\boldsymbol{z}|\boldsymbol{x})$，权值和偏置表示为 ϕ。生成网络的输入是隐变量 $\boldsymbol{z}$，输出是数据概率分布 $p_\theta(\boldsymbol{x}|\boldsymbol{z})$，权值和偏置表示为 $\boldsymbol{\theta}$。

2.5.3　推断模型与生成模型

在给定的模型中，$\boldsymbol{z}$ 为隐变量，$\boldsymbol{x}$ 为待生成的数据。$p_\theta(\boldsymbol{x}|\boldsymbol{z})$ 是由 $\boldsymbol{z}$ 产生 $\boldsymbol{x}$ 的概率分布，仅由参数 $\boldsymbol{\theta}$ 决定。VAE 的目的是优化 $\boldsymbol{\theta}$，使得在隐空间采样 $\boldsymbol{z}$ 时，产生 $\boldsymbol{x}$ 的概率 $p(\boldsymbol{x})$ 最大。根据贝叶斯公式可得

$$p_\theta(\boldsymbol{x}) = \int p_\theta(\boldsymbol{x}|\boldsymbol{z})p_\theta(\boldsymbol{z})\mathrm{d}\boldsymbol{z} \tag{2.33}$$

以上过程就是 VAE 中生成模型的任务：优化 $\boldsymbol{\theta}$ 使得在某些采样 $\boldsymbol{z}$ 的情况下 $p_\theta(\boldsymbol{x})$ 最大，此时生成模型的输出是概率分布 $p_\theta(\boldsymbol{x}|\boldsymbol{z})$，一般将其设为高斯分布。

由上述公式可知，优化 $p_\theta(\boldsymbol{x})$ 需要对所有的隐变量 $\boldsymbol{z}$ 进行计算，而 $\boldsymbol{z}$ 的分布通常是未知的。为了解决这个问题，在生成模型前添加一个编码网络，训练一些样本来获得隐变量 $\boldsymbol{z}$ 的分布，这就是推断模型的任务。引入一个可解的分布 $q_\phi(\boldsymbol{z}|\boldsymbol{x})$，近似理想分布 $p_\theta(\boldsymbol{z}|\boldsymbol{x})$。于是通过 $q_\phi(\boldsymbol{z}|\boldsymbol{x})$，VAE 可以在给定 $\boldsymbol{x}$ 的前提下获得一个 $\boldsymbol{z}$ 的分布，使最终输出是 $\boldsymbol{x}$。$q_\phi(\boldsymbol{z}|\boldsymbol{x})$ 与 $p_\theta(\boldsymbol{z}|\boldsymbol{x})$ 之差可以用 KL 散度（Kullback-Leibler divergence）来度量，即

$$\begin{aligned}
\mathrm{KL}(q_\phi(\boldsymbol{z}|\boldsymbol{x}) \parallel p_\theta(\boldsymbol{z}|\boldsymbol{x})) &= \mathbb{E}_{\boldsymbol{z}\sim q} \log \frac{q_\phi(\boldsymbol{z}|\boldsymbol{x})}{p_\theta(\boldsymbol{z}|\boldsymbol{x})} \\
&= \mathbb{E}_{\boldsymbol{z}\sim q} \log \frac{q_\phi(\boldsymbol{z}|\boldsymbol{x})}{p_\theta(\boldsymbol{z},\boldsymbol{x})} + \log p_\theta(\boldsymbol{x})
\end{aligned} \tag{2.34}$$

由式 (2.34) 有

$$\log p_\theta(\boldsymbol{x}) = \mathrm{KL}(q_\phi(\boldsymbol{z}|\boldsymbol{x}) \parallel p_\theta(\boldsymbol{z}|\boldsymbol{x})) - \mathbb{E}_{\boldsymbol{z}\sim q} \log \frac{q_\phi(\boldsymbol{z}|\boldsymbol{x})}{p_\theta(\boldsymbol{z},\boldsymbol{x})} \tag{2.35}$$

因为 KL 散度是非负的，所以式 (2.35) 等号右边第二项是 $\log p_\theta(\boldsymbol{x})$ 的一个变分下界，通常被称为证据下界（evidence lower bound, ELBO），定义 $\mathrm{ELBO}(\boldsymbol{x}) \triangleq -\mathbb{E}_{\boldsymbol{z}\sim q} \log \frac{q_\phi(\boldsymbol{z}|\boldsymbol{x})}{p_\theta(\boldsymbol{z},\boldsymbol{x})}$。舍弃非负的 KL 散度，即有

$$\log p_\theta(\boldsymbol{x}) = \mathrm{KL}(q_\phi(\boldsymbol{z}|\boldsymbol{x}) \parallel p_\theta(\boldsymbol{z}|\boldsymbol{x})) + \mathrm{ELBO}(\boldsymbol{x})$$

$$\geqslant \mathrm{ELBO}(\boldsymbol{x})$$

$$= -\mathbb{E}_{\boldsymbol{z} \sim q} \log \frac{q_{\boldsymbol{\phi}}(\boldsymbol{z}|\boldsymbol{x})}{p_{\boldsymbol{\theta}}(\boldsymbol{z}, \boldsymbol{x})}$$

$$= \mathbb{E}_{\boldsymbol{z} \sim q} \log p_{\boldsymbol{\theta}}(\boldsymbol{z}, \boldsymbol{x}) - \mathbb{E}_{\boldsymbol{z} \sim q} \log q_{\boldsymbol{\phi}}(\boldsymbol{z}|\boldsymbol{x})$$

$$= \mathbb{E}_{\boldsymbol{z} \sim q} \log p_{\boldsymbol{\theta}}(\boldsymbol{x}|\boldsymbol{z}) - \mathrm{KL}(q_{\boldsymbol{\phi}}(\boldsymbol{z}|\boldsymbol{x}) \parallel p_{\boldsymbol{\theta}}(\boldsymbol{z})) \tag{2.36}$$

VAE 的目标是最大化 $p_{\boldsymbol{\theta}}(\boldsymbol{x})$，且最小化 KL 散度 $\mathrm{KL}(q_{\boldsymbol{\phi}}(\boldsymbol{z}|\boldsymbol{x}) \parallel p_{\boldsymbol{\theta}}(\boldsymbol{z}|\boldsymbol{x}))$。

$$\log p_{\boldsymbol{\theta}}(\boldsymbol{x}) - \mathrm{KL}(q_{\boldsymbol{\phi}}(\boldsymbol{z}|\boldsymbol{x}) \parallel p_{\boldsymbol{\theta}}(\boldsymbol{z}|\boldsymbol{x})) = \mathrm{ELBO}(\boldsymbol{x}) \tag{2.37}$$

因此 VAE 的目标函数可变为证据下界 $\mathrm{ELBO}(\boldsymbol{x})$，利用优化算法最大化 ELBO。

2.5.4 再参数化

VAE 将输入数据 $\boldsymbol{x}$ 映射为隐空间中的概率分布，再从中采样 $\boldsymbol{z}$，但采样操作是不可导的，导致模型无法进行反向传播，因此引入再参数化方法来解决这个问题。假设 $q_{\boldsymbol{\phi}}(\boldsymbol{z}|\boldsymbol{x})$ 是高斯分布，具有均值 $\boldsymbol{\mu}$ 和标准差 $\boldsymbol{\sigma}$，$\boldsymbol{z}$ 的采样可由下列再参数化方式进行：

$$\boldsymbol{z} = \boldsymbol{\mu} + \boldsymbol{\sigma} \odot \boldsymbol{\epsilon} \tag{2.38}$$

其中，$\boldsymbol{\epsilon}$ 是辅助噪声变量，且 $\boldsymbol{\epsilon} \sim \mathcal{N}(\boldsymbol{0}, \boldsymbol{I})$；$\odot$ 是阿达马积（Hadamard product）。辅助噪声的引入，将原来隐变量 $\boldsymbol{z}$ 与 $\boldsymbol{\mu}$、$\boldsymbol{\sigma}$ 之间的采样计算变成了数值计算，因此可以采用随机梯度下降来进行优化。

2.5.5 目标函数

基于 2.5.3 节的介绍，得出 VAE 的损失函数可定义为

$$\mathcal{L}(\boldsymbol{\theta}, \boldsymbol{\phi}; \boldsymbol{x}) = \mathrm{ELBO}(\boldsymbol{x}) = \mathbb{E}_{\boldsymbol{z} \sim q} \log p_{\boldsymbol{\theta}}(\boldsymbol{x}|\boldsymbol{z}) - \mathrm{KL}(q_{\boldsymbol{\phi}}(\boldsymbol{z}|\boldsymbol{x}) \parallel p_{\boldsymbol{\theta}}(\boldsymbol{z})) \tag{2.39}$$

给定一个训练集 $\mathcal{T} = \{\boldsymbol{x}_n\}_{n=1}^N$，将其经过推断网络得到对应的高斯分布，即相应的均值 $\boldsymbol{\mu}_n$ 和标准差 $\boldsymbol{\sigma}_n$。对每个样本 $\boldsymbol{x}_n$ 随机采样 M 个变量 $\boldsymbol{\epsilon}_{n,m}$，$1 \leqslant m \leqslant M$，计算 $\boldsymbol{z}_{n,m}$，则式（2.39）等号右边第一项可以写为

$$\mathbb{E}_{\boldsymbol{z} \sim q} \log p_{\boldsymbol{\theta}}(\boldsymbol{x}_n|\boldsymbol{z}) \approx \frac{1}{M} \sum_{m=1}^{M} \log p_{\boldsymbol{\theta}}(\boldsymbol{x}_n|\boldsymbol{z}_{n,m}) \tag{2.40}$$

再将 $\boldsymbol{z}_{n,m}$ 经过生成网络，产生新的数据 $\boldsymbol{\mu}_G$。假设 $p_{\boldsymbol{\theta}}(\boldsymbol{x}|\boldsymbol{z})$ 服从高斯分布 $\mathcal{N}(\boldsymbol{x}|\boldsymbol{\mu}_G, \lambda \boldsymbol{I})$，则忽略约等于误差且取 $\lambda = 1$ 后，这一项可以化简为

$$\mathbb{E}_{\boldsymbol{z} \sim q} \log p_{\boldsymbol{\theta}}(\boldsymbol{x}|\boldsymbol{z}) = -\frac{1}{2} \|\boldsymbol{x} - \boldsymbol{\mu}_G\|^2 + \text{常数项} \tag{2.41}$$

即重构误差。希望学习到的概率分布接近白噪声，因此假设 $p_{\theta}(z) \sim \mathcal{N}(x|0, I)$。
而根据 2.5.4 节中的假设 $q_{\phi}(z|x) \sim \mathcal{N}(x|\mu_I, \sigma_I)$，有

$$\mathrm{KL}(q_{\phi}(z|x) \| p_{\theta}(z)) = \mathrm{KL}(\mathcal{N}(x|\mu_I, \sigma_I) \| \mathcal{N}(x|0, I)) \tag{2.42}$$

式 (2.42) 被看作正则化项。由此，目标函数可以进一步简化为

$$\mathcal{L}(\theta, \phi; x) = -\frac{1}{2}\|x - \mu_G\|^2 - \mathrm{KL}(\mathcal{N}(\mu_I, \sigma_I) \| \mathcal{N}(0, I)) \tag{2.43}$$

2.5.6 训练过程

在得到目标函数的一系列操作之后，对网络进行反向传播，使用随机梯度下降法循环调整推断网络和生成网络的参数，得到最优结果。图 2.10 展示了 VAE 的训练过程。算法 2.1 展示了 VAE 的算法流程。

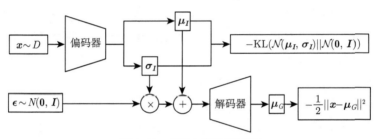

图 2.10 VAE 的训练过程

算法 2.1 VAE 的算法流程

输入: 训练集 $\mathcal{T} = \{x_n\}_{n=1}^N$，对每个样本 x_n 随机采样 M 个变量 $\epsilon_{n,m}$，$1 \leqslant m \leqslant M$

1. 随机初始化 θ，ϕ，α
2. **while** θ 和 ϕ 未收敛 **do**
3.   // 训练推断网络 $f_I(x, \phi)$
4.   固定 θ
5.   **while** ϕ 未收敛 **do**
6. $\mu_I, \sigma_I = f_I(x, \phi)$
7.   // ∇ 为求梯度符号
8. $\nabla\phi = -\nabla_{\phi}\left[\frac{1}{2}\|x - \mu_G\|^2 + \mathrm{KL}(\mathcal{N}(\mu_I, \sigma_I) \| \mathcal{N}(0, I))\right]$
9. $\phi = \phi + \alpha\nabla\phi$
10.   **end while**
11.   // 训练生成网络 $f_G(z, \theta)$
12.   固定 ϕ
13.   **while** θ 未收敛 **do**

14. $\boldsymbol{z} = \boldsymbol{\mu}_I + \boldsymbol{\sigma}_I \odot \boldsymbol{\epsilon}$

15. $\boldsymbol{\mu}_G = f_G(\boldsymbol{z}, \boldsymbol{\theta})$

16. $\nabla \boldsymbol{\theta} = -\nabla_{\boldsymbol{\theta}} \left[\dfrac{1}{2} \|\boldsymbol{x} - \boldsymbol{\mu}_G\|^2 + \mathrm{KL}(\mathcal{N}(\boldsymbol{\mu}_I, \boldsymbol{\sigma}_I) \parallel \mathcal{N}(\boldsymbol{0}, \boldsymbol{I})) \right]$

17. $\boldsymbol{\theta} = \boldsymbol{\theta} + \alpha \nabla \boldsymbol{\theta}$

18.   **end while**

19. **end while**

20. **return** $\boldsymbol{\theta}$, ϕ

输出: 推断网络和生成网络的网络参数 $\boldsymbol{\theta}$、ϕ

图 2.11 给出了 VAE 在 MNIST 数据集上训练结果的可视化。图 2.11(a) 是在训练完的隐空间上均匀采样,经过生成网络得到的图像,可以看出图像之间的变化有一定的连续性,说明 VAE 的隐空间是规则化的。图 2.11(b) 是将数据集中的数据经过推断网络得到的隐变量分布,不同的颜色代表不同的数字。可以看出每个数字的隐变量分布可近似看作高斯分布。

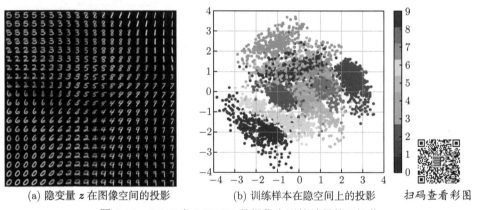

(a) 隐变量 $\boldsymbol{z}$ 在图像空间的投影   (b) 训练样本在隐空间上的投影   扫码查看彩图

图 2.11   VAE 在 MNIST 数据集上训练结果的可视化

2.5.7 局限性

VAE 也有其局限性,其生成的图像一般较模糊。VAE 的训练过程要求 $p_{\boldsymbol{\theta}}(\boldsymbol{z}|\boldsymbol{x})$、$q_{\phi}(\boldsymbol{z})$、$q_{\phi}(\boldsymbol{x}|\boldsymbol{z})$ 能写出表达式并且方便采样。因此,一般将它们假设为各分量独立的高斯分布。而各分量独立的高斯分布不能拟合任意复杂的分布。当确定 $p_{\boldsymbol{\theta}}(\boldsymbol{z}|\boldsymbol{x})$ 时,可能出现 $p_{\boldsymbol{\theta}}(\boldsymbol{z})$ 和 $p_{\boldsymbol{\theta}}(\boldsymbol{x}|\boldsymbol{z})$ 无法拟合为高斯分布的情况,所以 $\mathrm{KL}(q_{\phi}(\boldsymbol{x}, \boldsymbol{z}) \parallel p_{\boldsymbol{\theta}}(\boldsymbol{x}, \boldsymbol{z}))$ 很难趋于 0,而两者之间的逼近只能是一个粗略的结果,导致 VAE 生成的图像通常较为模糊。一种改进的方法是将 VAE 和生成对抗网络(generative adversarial network,GAN)结合,利用 GAN 提升性能,如 CVAE-GAN [16]、AGEIntroVAE [17]、IntroVAE [18] 等。

2.6   生成对抗网络

2.6.1   生成对抗网络的构成

GAN 由生成网络和判别网络组成，是生成网络和判别网络之间的博弈。图 2.12 展示了 GAN 的构成。生成网络负责将随机噪声转换成观测，并使这些观测看起来很像是原始数据集中的采样。判别网络负责预测观测来自原始数据集还是生成网络的伪造品。GAN 的关键在于如何交替训练这两种网络，使生成网络生成更像原始数据集的数据以欺骗判别网络，使判别网络更善于鉴别数据真伪，从而督促生成网络提高自己的伪造能力，生成更接近原始数据集的数据。如此循环，最终得到一个完美的数据生成器。

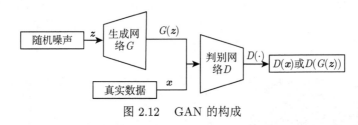

图 2.12   GAN 的构成

(1) 判别网络。判别网络的目标是区分样本是来自于真实分布还是由生成网络生成的。判别网络的输入是真实样本 x 和伪造样本 $G(z)$，且真实样本具有标签 "1"，伪造样本具有标签 "0"。对于每个输入，判别网络输出一个介于 0 和 1 之间的值表示输入是真实样本的概率。判别网络的目标是，对于真实样本，$D(x)$ 尽可能接近 1，对于伪造样本，$D(G(z))$ 尽可能接近 0。计算判别网络的输出和样本自身标签之间的差距，即损失函数，再对判别网络进行反向传播计算损失函数对网络参数的梯度，利用随机梯度下降法对网络参数进行优化，直到判别网络的判别结果达到最优。

(2) 生成网络。生成网络的目标是生成与真实样本尽量接近的样本，以假乱真。所以生成网络的目标是让判别网络将自己生成的数据判别为 "1"，即让 $D(G(z))$ 尽可能接近 1。计算 $D(G(z))$ 和 1 之间的交叉熵损失函数，固定判别网络参数，采用随机梯度下降法对生成网络的参数进行优化，直到生成网络最优。

2.6.2   优化目标

由于判别网络的目标是最小化交叉熵损失函数，生成网络的目标是最大化损失函数，所以可以将 GAN 的目标函数总结为这样一个最小化最大化形式的目标函数：

$$\min_{G} \max_{D} V(D,G) \triangleq \mathbb{E}_{x \sim p_{\text{data}}}[\log D(x)] + \mathbb{E}_{z \sim p(z)}[\log(1 - D(G(z)))] \quad (2.44)$$

这里需要引入 JS 散度。JS 散度是 KL 散度的变体，解决了 KL 散度不对称的问题，用于描述两个分布之间的差异。JS 散度定义如下：

$$\text{JS}(p \parallel q) = \frac{1}{2}\text{KL}\left(p \left\| \frac{p+q}{2}\right.\right) + \frac{1}{2}\text{KL}\left(q \left\| \frac{p+q}{2}\right.\right) \tag{2.45}$$

GAN 的优化目标其实是最小化生成数据分布 p_g 和真实数据分布 p_data 之间的 JS 散度，推导如下。

(1) 生成网络 G 固定时，$V(D,G)=\int\{p_\text{data}(\boldsymbol{x})\log D(\boldsymbol{x})+p_\text{g}\log[1-D(\boldsymbol{x})]\}\,\mathrm{d}\boldsymbol{x}$。通过求解使积分号里的式子最大的 $D(\boldsymbol{x})$，可以得到最优判别网络为

$$D^*(\boldsymbol{x}) = \frac{p_\text{data}(\boldsymbol{x})}{p_\text{data}(\boldsymbol{x}) + p_\text{g}(\boldsymbol{x})} \tag{2.46}$$

(2) 生成数据分布 p_g 和真实数据分布 p_data 的 JS 散度如下：

$$\begin{aligned}
\text{JS}(p_\text{data} \parallel p_\text{g}) &= \frac{1}{2}\left[\log 2 + \int p_\text{data}(\boldsymbol{x})\log\frac{p_\text{data}(\boldsymbol{x})}{p_\text{data}(\boldsymbol{x})+p_\text{g}(\boldsymbol{x})}\mathrm{d}\boldsymbol{x}\right] \\
&\quad + \frac{1}{2}\left[\log 2 + \int p_\text{g}(\boldsymbol{x})\log\frac{p_\text{g}(\boldsymbol{x})}{p_\text{data}(\boldsymbol{x})+p_\text{g}(\boldsymbol{x})}\mathrm{d}\boldsymbol{x}\right] \\
&= \log 2 + \frac{1}{2}\int\{p_\text{data}\log D^*(\boldsymbol{x})+p_\text{g}(\boldsymbol{x})\log[1-D^*(\boldsymbol{x})]\}\,\mathrm{d}\boldsymbol{x} \\
&= \log 2 + \frac{1}{2}V(D^*,G)
\end{aligned} \tag{2.47}$$

即 $V(D^*,G) = 2\text{JS}(p_\text{data} \parallel p_\text{g}) - \log 4$。

所以当判别网络最优时，生成网络的优化目标是最小化真实数据分布和生成数据分布之间的 JS 散度。

2.6.3 训练过程

采用迭代方法循环训练判别网络和生成网络。由于需要让判别网络来督促生成网络不断改进自己以生成更具有欺骗性的数据，所以每次迭代判别网络应当能够鉴别一部分伪造数据，也就是判别网络的鉴别能力需要比生成网络略强。所以每次迭代时，首先将判别网络更新 K 次，再将生成网络更新一次。其中 K 是超参数，可根据具体情况和经验确定。算法 2.2 展示了 GAN 的算法流程。

算法 2.2   GAN 的算法流程

输入: 训练集 $\mathcal{T} = \{\boldsymbol{x}_n\}_{n=1}^{N}$,对抗训练迭代次数为 T,每次判别网络训练的迭代次数为 K,小批量样本数为 M

1. 随机初始化 $\boldsymbol{\theta}$,$\boldsymbol{\phi}$
2. **for** $t = 1 \to T$ **do**
3.   // 训练判别网络 $D(\boldsymbol{x}; \boldsymbol{\phi})$
4.   **for** $k = 1 \to K$ **do**
5.   从训练集 $\mathcal{D}$ 中采集 M 个样本 $\{\boldsymbol{x}_m\}$,$1 \leqslant m \leqslant M$
6.   从分布 $\mathcal{N}(\boldsymbol{0}, \boldsymbol{I})$ 中采集 M 个样本 $\{\boldsymbol{x}_m\}$,$1 \leqslant m \leqslant M$
7. $\nabla \boldsymbol{\phi} = -\nabla_{\boldsymbol{\phi}} \frac{1}{M} \sum_{m=1}^{M} \{\log D_{\boldsymbol{\phi}}(\boldsymbol{x}_m) + \log [1 - D_{\boldsymbol{\phi}}(G_{\boldsymbol{\theta}}(\boldsymbol{z}_m))]\}$
8. $\boldsymbol{\phi} = \boldsymbol{\phi} + \alpha \nabla \boldsymbol{\phi}$
9.   **end for**
10.   // 训练生成网络 $G(\boldsymbol{z}; \boldsymbol{\theta})$
11.   从分布 $\mathcal{N}(\boldsymbol{0}, \boldsymbol{I})$ 中采集 M 个样本 $\{\boldsymbol{z}_m\}$,$1 \leqslant m \leqslant M$
12. $\nabla \boldsymbol{\theta} = -\nabla_{\boldsymbol{\theta}} \frac{1}{M} \sum_{m=1}^{M} D_{\boldsymbol{\phi}}(G_{\boldsymbol{\theta}}(\boldsymbol{z}_m))$
13. $\boldsymbol{\theta} = \boldsymbol{\theta} + \alpha \nabla \boldsymbol{\theta}$
14. **end for**
15. **return** $\boldsymbol{\theta}$,$\boldsymbol{\phi}$

输出: 生成网络 $G_{\boldsymbol{\theta}}(\boldsymbol{z})$

2.6.4   训练稳定性问题与解决方案

使用 JS 散度训练 GAN 会导致训练不稳定的问题。当真实数据分布和生成数据分布没有重叠时,它们之间的 JS 散度为常数 $\log 2$。此时最优判别网络可以百分之百地将真实数据和生成数据区分开。最优判别网络对所有生成数据的输出都是 0,生成网络的梯度消失。图 2.13 为梯度消失问题的图解。因此,一般不将判别网络训练到最优,只需要将判别网络保持在比生成网络强一点的状态,具体表现在每次迭代过程中只对判别网络更新 K 次,保持生成网络的梯度依然存在。

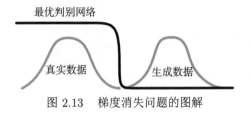

图 2.13   梯度消失问题的图解

若判别网络能力太差，误把真实数据鉴别为生成数据，把生成数据鉴别为真实数据，则会导致生成网络生成的数据向着错误的方向靠拢。所以判别网络的鉴别能力也不能太差。

评价一个 GAN 优劣的因素不仅仅是生成数据与真实数据之间的相似度，还有生成数据的多样性。事实上，由于判别网络只能鉴别单个数据是否采样自真实数据，并没有对数据多样性进行显式约束，导致生成网络倾向于生成一些重复但是安全、能够最大程度欺骗判别网络的数据，不愿意生成一些不同的数据，导致生成的数据单一、不够多样，这就是模型坍塌问题。

为了解决 GAN 训练中的不稳定和模型坍塌问题，人们对模型进行了改进，提出了 W-GAN 网络[19]。它将 JS 散度改为 Wasserstein 距离来优化。Wasserstein 距离表示了从一个分布变换到另一个分布的最小代价，定义为

$$W(p,q) = \inf_{\gamma \sim \Pi(p,q)} \mathbb{E}_{(\boldsymbol{x},\boldsymbol{y}) \sim \gamma}[\| \boldsymbol{x} - \boldsymbol{y} \|] \tag{2.48}$$

其中，inf 表示下确界；$\Pi(p,q)$ 是分布 p 和 q 组合起来的所有可能的联合分布的集合。对每个可能的联合分布 $\gamma \sim \Pi(p,q)$ 计算距离 $\| \boldsymbol{x} - \boldsymbol{y} \|$ 的期望，其中 $(\boldsymbol{x},\boldsymbol{y})$ 采样自联合分布 γ。将所有联合分布的期望的下确界定义为分布 p 和分布 q 的 Wasserstein 距离。相比于 JS 散度，Wasserstein 距离总能够产生有效的梯度信息，能够解决训练不稳定的问题。

2.7　本章小结

本章介绍了以机器学习为代表的人工智能技术。本章首先介绍了机器学习的相关概念，包括分类、回归分析、聚类分析等机器学习算法，有监督、无监督、半监督和自监督等机器学习范式。然后，本章介绍了主要的机器学习技术，包括深度学习、元学习、变分自编码器和生成对抗网络，其中，分别介绍了每种方法的神经网络结构、优化目标、训练过程。基于 MarvelToolbox 工具库，本章给出了各类机器学习方法的代码实现范例。本章所介绍的人工智能技术在物理层智能信号处理中有广泛应用。

参 考 文 献

[1]　RAY S. A quick review of machine learning algorithms[C]//IEEE International Conference on Machine Learning, Big Data, Cloud and Parallel Computing, Faridabad, 2019: 35-39.

[2]　HASTIE T, TIBSHIRANI R, FRIEDMAN J, et al. The Elements of Statistical Learning: Data Mining, Inference, and Prediction[M]. 2nd ed. New York: Springer, 2009.

[3] VAN ENGELEN J E, HOOS H H. A survey on semi-supervised learning[J]. Machine Learning, 2020, 109(2):373-440.

[4] ZHANG Y, QIN J, PARK D S, et al. Pushing the limits of semi-supervised learning for automatic speech recognition[EB]. ArXiv:2010.10504v1, 2020.

[5] JOHNSON R, ZHANG T. Semi-supervised convolutional neural networks for text categorization via region embedding[J]. Advances in Neural Information Processing Systems, 2015, 28:919-927.

[6] LIU X, ZHANG F J, HOU Z Y, et al. Self-supervised learning: Generative or contrastive[J]. IEEE Transactions on Knowledge and Data Engineering, 2023, 35(1):857-876.

[7] SERRE T, KREIMAN G, KOUH M, et al. A quantitative theory of immediate visual recognition[J]. Progress in Brain Research, 2007, 165:33-56.

[8] BENGIO Y. Learning deep architectures for AI[J]. Foundations and Trends in Machine Learning, 2009, 2(1):1-127.

[9] HE K M, ZHANG X Y, REN S Q, et al. Deep residual learning for image recognition [C]//IEEE Conference on Computer Vision and Pattern Recognition, Las Vegas, 2016: 770-778.

[10] ITTI L, KOCH C, NIEBUR E. A model of saliency-based visual attention for rapid scene analysis[J]. IEEE Transactions on Pattern Analysis and Machine Intelligence, 1998, 20(11):1254-1259.

[11] GREENSPAN H, BELONGIE S, GOODMAN R, et al. Overcomplete steerable pyramid filters and rotation invariance[C]//IEEE Conference on Computer Vision and Pattern Recognition, Seattle, 1994: 222-228.

[12] RAVI S, LAROCHELLE H. Optimization as a model for few-shot learning[C]// International Conference on Learning Representations, San Juan, 2016: 1-11.

[13] VINYALS O, BLUNDELL C, LILLICRAP T, et al. Matching networks for one shot learning[C]//International Conference on Neural Information Processing Systems, Barcelona, 2016: 3637-3645.

[14] ANDRYCHOWICZ M, DENIL M, COLMENAREJO S G, et al. Learning to learn by gradient descent by gradient descent[C]//International Conference on Neural Information Processing Systems, Barcelona, 2016: 3988-3996.

[15] MICHELUCCI U. An introduction to autoencoders[EB]. ArXiv:2201.03898v1, 2022.

[16] BAO J M, CHEN D, WEN F, et al. CVAE-GAN: Fine-grained image generation through asymmetric training[C]//IEEE International Conference on Computer Vision, Venice, 2017: 2764-2773.

[17] ULYANOV D, VEDALDI A, LEMPITSKY V. It takes (only) two: Adversarial generator-encoder networks[C]//Symposium on Educational Advances in Artificial Intelligence, New Orleans, 2018: 1250-1257.

[18] HUANG H B, LI Z H, HE R, et al. IntroVAE: Introspective variational autoencoders for photographic image synthesis[C]//International Conference on Neural Information Processing Systems, Montréal, 2018: 52-63.

[19] GUI J, SUN Z N, WEN Y G, et al. A review on generative adversarial networks: Algorithms, theory, and applications[J]. IEEE Transactions on Knowledge and Data Engineering, 2023, 35(4):3313-3332.

| 第 3 章 |

未来无线网络资源的智能优化

智能移动设备已经成为现代日常生活中不可或缺的重要组成部分。随着移动设备数量的不断增加，海量数据的处理成了一个巨大的挑战。由于电池电量、传输条件和计算能力的限制，移动设备很难在规定期限内完成任务的计算。为了满足用户日益增长的数据传输和访问需求，异构网络和移动边缘计算（mobile edge computing，MEC）网络等概念应运而生。与此同时，由于自身的特点，各种无线网络在改善系统性能的同时面临着一些设计上的挑战。如何进行高效的卸载决策和资源分配成为一个至关重要的问题。本章主要对异构网络和 MEC 网络中的卸载决策和资源分配问题展开研究。

3.1 引　　言

随着 5G 的逐步商业化和 5.5G 技术的发展，移动用户数量呈现蓬勃增长的趋势，用户之间共享有限的资源，这对资源的有效调度提出了更高的要求。此外，移动设备将支持更加智能的业务，例如虚拟现实、增强现实、智能家居和触觉通信等，其中大量的低延时甚至实时业务对移动设备的本地计算能力提出了挑战。然而，受制于计算接入节点 CPU 的计算能力，移动设备通常需要花费大量时间来处理复杂的计算任务，相应的时延可能会超出用户的容忍范围，并对用户体验造成很大的影响。同时，由于移动设备的能源有限，本地处理大量计算任务将会严重影响其续航能力。

异构网络和 MEC 网络等新兴架构可以有效满足海量业务需求，但在架构设计上面临着更复杂的挑战。例如，异构网络中不同大小的基站（base station, BS）具有不同的发射功率和频谱资源，如何合理地分配这些资源使网络性能达到最优是异构网络中一个重要的研究方向。对于 MEC 网络，其引入了大量的计算接入节点作为新的通信节点，并且服务的用户数目规模庞大，因此如何高效地调度 MEC 网络中的网络资源将直接影响服务用户的体验。不恰当的卸载决策和资源分配不仅会引起严重的干扰，还会降低对用户的服务质量。这些问题对本就稀缺的无线资源提出了巨大的挑战。

无线网络中考虑的资源分配问题主要涉及通信资源、计算资源和存储资源，这些资源的分配策略将直接影响无线网络中的用户服务质量和用户体验。在通信资源中，功率和频谱是无线网络中主要研究的两个资源。另外，用户接入和卸载决策近年来也成为通信资源分配的研究热点。功率分配包括用户发射功率选择和 BS 发射功率控制。合理设置发射功率可以减轻网络干扰，提高系统整体的吞吐量。通过控制功率也可以节省不必要的能量消耗，符合绿色通信的原则。频谱分配包括用户上行传输频谱选择和 BS 下行传输频谱选择。在有限的频带上分配合适的频谱可以减轻用户间干扰（inter-user interference，IUI），提高频谱利用率，从而传输更多的数据，为更多用户提供优质的服务。用户接入是指用户可以根据自身业务需求和网络状况，选择合适的 BS 进行接入，来提高网络整体性能、实现 BS 负载平衡。卸载决策是指用户选择将全部或者部分任务卸载到合适的计算节点或者在本地进行计算，从而降低系统的时延或者能耗，有效提高系统的整体性能。计算资源和存储资源分配，主要是指对于计算节点的计算资源和存储资源的争夺与排队。

上述无线资源通常被联合考虑以提升系统性能，这种联合无线资源优化问题通常是非凸的组合优化问题。这种组合优化问题可以通过穷举搜索法得到最优解，也可以通过凸优化的松弛法得到次优解。无线网络中的资源分配问题通常是非凸的，需要借助松弛法和穷举搜索法来解决。然而，此类基于凸优化的算法将离散赋值变量松弛为连续值通常会导致明显的性能损失。例如，在文献 [1] 中，作者提出了基于线性和半定基的卸载优化方法来最小化系统时延和能耗。在文献 [2] 中，作者提出了一种最小化所有用户平均完成时间的离线启发式算法来解决大规模移动云应用场景下的多用户计算任务划分问题。文献 [3] 的作者将任务卸载问题表述为无线电资源与计算资源的联合优化，并提出了一种迭代算法来解决问题。为了达到最优性能，基于穷举搜索的算法被提出用于解决边缘优化问题。在文献 [4] 中，作者提出了一种分支定界（branch and bound，BnB）算法来解决 MEC 网络中的时延优化问题。然而，穷举搜索法的计算量非常大，无法满足未来超密集网络的要求。

智能通信是 5G 以及未来的移动通信发展的主流趋势之一。一方面，当下智能设备日益普及，对智能通信的需求迫切；另一方面，AI 与无线通信的结合可以极大地提升无线通信网络的性能。目前已经有不少研究开始考虑利用机器学习、DL 和增强学习等方法来解决无线通信中的问题，包括信道解码、信道估计、压缩感知、资源分配等各个方面。探索利用机器学习的思想解决未来网络中的资源分配问题是一个很有前景的研究方向。文献 [5] 考虑一对多场景，将最优卸载策略描述为一个马尔可夫过程，利用 Q 函数分解技术提出了一种基于双深度强化学习网络的学习算法，在观测长期优化的基础上学习卸载策略。文献 [6] 将博弈论框架与强化学习相结合，用强化学习网络帮助移动用户学习长期卸载策略，以达到纳什均衡。在文献 [7] 中，作者提出了一种数据-模型驱动的智能分支定界（intelligent branch and bound, IBnB）法，利用 DL 来学习 BnB 的剪枝策略，显著降低了计算复杂度。除上述方法外，还可以通过使用基于概率模型的方法来解决此类资源分配问题。文献 [8] 采用了基于交叉熵 (cross entropy, CE) 学习的方法来获得异构网络中的用户接入方案。文献 [9] 进一步提出了一种自适应采样 CE 算法来解决 MEC 网络中的卸载决策问题，显著提高了采样效率。在本章中，将以文献 [7]∼ [9] 中提出的方法为例，详细介绍两种网络资源的智能优化方法。

3.2　基于交叉熵学习的网络资源优化

3.2.1　交叉熵算法介绍

交叉熵（CE）算法最早在 1997 年被提出用于估计稀有事件的概率[10]，后来也被广泛应用于求解组合优化问题。无线网络中的资源分配问题中的每个决策事件本身可以被认为是稀有事件，特别是当用户数目大量增加时，决策向量 x 可以认为是稀有向量，因此 CE 算法理论上适用于解决资源分配问题。

CE 是一个用来衡量两个概率分布之间差距的有效度量方式。CE 算法的基本原理是通过迭代学习最小化实际分布和当前学习分布之间的 CE[11]。对于要学习的决策变量 x 的样本概率分布 $p(x)$，它和 x 的实际分布 $q(x)$ 之间的 CE 可以表示为

$$L(q||p) = \underbrace{\sum q(x) \ln q(x)}_{H(q)} - \underbrace{\sum q(x) \ln p(x)}_{H(q,\ p)} \tag{3.1}$$

在 CE 收敛到最小值时，$p(x)$ 可以代表变量 x 的实际分布。在 CE 学习中，$q(x)$ 是可以在样本中直接通过观测获得的，所以 $H(q)$ 是常数。因此，式(3.1)等价于：

$$L(q||p) = -\sum q(x) \ln p(x) \tag{3.2}$$

如果直接在整个概率空间寻找最优的概率分布 $p(x)$，那么将受制于概率空间的复杂性、广泛性，导致难以求解。为了学习最优的概率分布 $p(x)$，首先需要对变量 x 的概率分布进行数学描述，这需要明确两个基本信息，即 PDF 和特征参数。

在统计学中，随机变量 x 的概率分布描述了变量取每个可能的值的概率，通常用 PDF $p(x; u)$ 来描述这种取值概率，u 表示特征参数，对应着概率分布族中的某种特定概率模型。例如，假设一个变量 $x \in \mathbb{R}$ 满足典型的高斯分布，均值为 μ，方差为 σ^2，则变量 x 的 PDF 可以表示为

$$p(x; u) = \frac{1}{\sigma\sqrt{2\pi}} \exp^{-\frac{(x-\mu)^2}{2\sigma^2}}, \ u = (\mu, \sigma^2) \tag{3.3}$$

其中，$\boldsymbol{u} = (\mu, \sigma^2)$ 为高斯分布的特征参数。

考虑这样一个优化问题，该问题希望通过优化一些变量的取值来最大化或者最小化某个目标函数。需要优化的变量用 $\boldsymbol{x} = (x_1, x_2, \cdots, x_d)$ 表示，其中 d 是变量维数。不同的样本变量 $\boldsymbol{x} = (x_1, x_2, \cdots, x_d)$ 对应不同的目标函数值 $f(\boldsymbol{x})$。利用 CE 算法求解问题的操作流程如图 3.1 所示。首先需要依据初始化的采样分布函数 $p(\boldsymbol{x}; \boldsymbol{u}^0)$ 产生 S 个候选样本；然后计算每个样本对应的目标函数值 $f(\boldsymbol{x})$，并按照问题是最大化还是最小化目标函数将目标函数值分别按降序或者升序排序，从中选择对应前 S_{elite} 个目标函数值的样本，这些样本作为表现较好的样本。最后就是用这些表现较好的样本重构分布函数 $p(\boldsymbol{x}; \boldsymbol{u}^1)$，$\boldsymbol{u}^1$ 的更新就是以最小化 CE 为准则进行的 [12]。新的参数 $\boldsymbol{u}^1$ 描述了新的 PDF，下一次循环时将依照 $p(\boldsymbol{x}; \boldsymbol{u}^1)$ 产生候选样本。这个迭代的过程将一直循环到满足收敛条件，具体的收敛条件可根据具体问题形式进行设置。

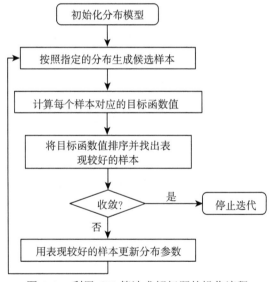

图 3.1　利用 CE 算法求解问题的操作流程

具体而言，CE 算法涉及的每次迭代可以分为以下两步：

(1) 根据指定的概率分布产生大量随机数据样本。

(2) 基于数据找出表现较好的样本，根据这些样本更新概率分布的参数。

在每次迭代中，首先基于 PDF 采样得到大量新的样本。注意，在任意一个 CE 算法的具体配置中，只使用一种特定的有限维概率分布族函数，这个函数即 CE 算法使用的模型。CE 算法的目的是产生一系列采样分布，这些分布在迭代过程中会越来越集中于最优分布周围。CE 算法中概率分布族的选择与变量的特性直接相关。对于连续随机变量，正态分布和 Beta 分布是常用的概率分布族，Beta 分布模型尤其适用于描述连续有界变量。对于离散优化变量，常用的概率分布是二项分布、泊松分布、伯努利分布等离散概率分布族。而对于混合变量，即既有离散变量又有连续变量的情况，需要使用组合的概率分布族，这种情况更为复杂，并不常用。需要注意的是，即使已经确定选用的具体概率模型，最终的 PDF 仍然受特征参数具体取值的影响。

3.2.2　异构网络中的交叉熵算法

1. 背景介绍

5G 移动通信对传输速率、带宽以及设备接入量都提出了更高的要求，而且网络中可能存在大量不同类型的通信方式。为了满足日益增长的应用需求，为用户提供高可靠、低时延的服务，未来的无线通信网络发展的趋势必然是异构化和密集化。异构化就是在网络中配置多样化的低功率节点，以满足不同用户的服务需求，不同类型和服务需求的用户节点及应用将共存于异构网络中，包括低功率节点、中继节点、车联网等组网。密集化就是通过增加单位面积内的服务节点数目，来为用户提供无处不在的连接服务。

在未来的异构网络中，各种低功率节点的部署密度将达到现有站点部署密度的 10 倍以上。超密集组网已经被公认为是解决 5G 挑战的一项极富前景的网络技术。然而超密集异构网络的复杂化和节点的密集化会造成网络拓扑的随机性和动态性，需要设计更加高效和低时延的用户接入与资源分配策略。异构网络中的用户接入和资源分配问题通常是非凸的组合优化问题，现有的基于凸优化理论的资源分配算法复杂度较高，而且需要大量信息的交互；基于拉格朗日对偶分析和次梯度下降的算法对参数选择比较敏感，无法满足未来超密集异构网络的要求。更适合于超密集异构网络的鲁棒性资源分配方案亟待被探索，而目前这一方向的相关研究还很少。

在本节中，将介绍一种适用于超密集异构网络的鲁棒性接入方法，该方法使用机器学习的思想解决异构网络中的用户接入问题[8]。首先，将用户接入变量建模为随机变量，建立原问题的概率模型；然后，以交叉熵 (CE) 函数为代价函数，将原问题转化为学习最优概率分布的问题。为了找到最优的概率分布，理论上需要在整个概率空间进行搜索，这就涉及较高的计算复杂度。机器学习中解决这一问题的常用方法是先假设用户接入变量服从某一分布，通过统计采样的方式，将搜索范围从整个概率空间降到单变量的维度，最后通过迭代就可以得到最优的参数，从而得到最优的概率分布，对应的就是最优的用户接入矩阵。仿真结果表明，基于概率学习的接入方法能以较低的复杂度实现与传统凸优化算法相当的性能，而且收敛速度非常快。

2. 系统模型

考虑一个典型的下行异构网络，包含 I 个用户和 J 个基站，其中基站包括宏基站和小基站，该网络也可以很容易地扩展为多层异构网络。分别用 $\mathcal{I} = \{1, 2, \cdots, I\}$ 和 $\mathcal{J} = \{1, 2, \cdots, J\}$ 表示用户和基站的集合。用户 i 与基站 j 之间的信干噪比为

$$\text{SINR}_{ij} = \frac{h_{ij}P_j}{\sum\limits_{q \neq j} h_{iq}P_q + \sigma^2}, \quad \forall i \in \mathcal{I}, \quad j \in \mathcal{J} \tag{3.4}$$

其中，h_{ij} 表示用户 i 和基站 j 之间的信道增益；P_j 表示基站 j 的发射功率；σ^2 表示噪声功率。

令二值变量 $\boldsymbol{x} = [x_{ij} | x_{ij} \in \{0, 1\}]_{I \times J}$ 表示用户接入向量，如果用户 i 接入基站 j，则 $x_{ij} = 1$，否则 $x_{ij} = 0$。记 W 表示系统带宽，所有基站复用这些带宽，接入同一个基站的用户共享频率资源。在本节中，假设用户之间采用均匀的资源分配方式，则可以定义用户 i 从基站 j 中获得的总可达速率为

$$R_{ij} = \frac{W}{\sum\limits_{i \in \mathcal{I}} x_{ij}} \log(1 + \text{SINR}_{ij}), \quad \forall i \in \mathcal{I}, \quad j \in \mathcal{J} \tag{3.5}$$

因此，用户 i 的总可达速率可以计算为 $R_i = \sum\limits_{j \in \mathcal{J}} x_{ij}R_{ij}$。

接下来，构建异构网络效用函数最大化问题，旨在优化用户接入决策。令 $U_i(R_i)$ 表示用户 i 的效用函数，其本质上是关于总可达速率 R_i 的函数。实际中有多种典型的效用函数可以使用，可以根据评估的指标采用不同的效用函数。特别地，当 $U_i(R_i) = R_i$ 时，问题就回归为一个常见的速率最大化问题。为了实现负载均衡以及整体用户满意度的最大化，本节选择了典型的对数效用函数，以此来满足用户对公平性和服务质量的要求。异构网络中最大化效用函数的用户接入优化问题的表达式如下：

$$\max_{\boldsymbol{x}} \quad \sum_{i \in \mathcal{I}} U_i \left(\sum_{j \in \mathcal{J}} x_{ij}R_{ij} \right) \tag{3.6a}$$

$$\text{s.t.} \quad \sum_{j \in \mathcal{J}} x_{ij} = 1, \quad \forall i \in \mathcal{I} \tag{3.6b}$$

$$x_{ij} \in \{0, 1\}, \quad \forall i \in \mathcal{I}, \quad j \in \mathcal{J} \tag{3.6c}$$

其中，资源分配限制条件式 (3.6b) 保证了单一连接约束。

3. 基于最小化交叉熵的用户接入算法

接下来将详细说明如何用 3.2.1 节中介绍的交叉熵（CE）算法来求解本节的用户接入优化问题。

为了应用 CE 算法，首先需要重新构建原问题的概率模型。在机器学习领域，问题通常被建模为一个学习概率分布的过程，即找到一个分布使其能最好地描述训练集中的输入、输出关系。CE 算法就是一种基于概率模型的方法，以迭代机制解决概率分布学习问题。在用户接入问题 (3.6) 中，目标是找到最优的 x，使得网络效用值最大。采用类似机器学习的思想，可以将接入向量建模为随机变量 x，那么原问题就可以被看成一个学习变量 x 的最优分布的问题。由于原问题中用户接入变量的取值是离散的，因此，将其建模为离散随机变量，用 $p(x)$ 表示离散随机变量 x 的取值概率。

为了得到接近最优的用户接入变量分布，一个直接的方法就是采用蒙特卡罗仿真，即对应 3.2.1 节中提到的 CE 算法的两步迭代。首先随机产生大量样本，然后从中选择一些表现较好的样本。假设这些表现较好的样本的 PDF 是 $q(x)$，则理论上 $q(x)$ 可以看成对最优分布的实际观测，即非常接近最优分布。由此，原问题就转化为学习一个概率分布 $p(x)$，使得 $p(x)$ 和 $q(x)$ 两个分布之间的差异最小，即 $p(x)$ 能够最好地描述那些表现较好的观测样本的分布。最后，从学习出的 $p(x)$ 就可以很容易地得到接入向量 x 的取值，这些值能够以最高的概率最大化网络效用值。进而，可以用最小化 CE 为目标函数重新表示问题 (3.6) 的概率学习模型，具体表示如下：

$$\min_p \left[\sum q(x) \ln q(x) - \sum q(x) \ln p(x) \right] \tag{3.7}$$

注意，问题 (3.7) 的解必须满足与问题 (3.6) 中相同的变量约束，才能保证问题是等价的。容易发现，目标函数中第一项 $\sum q(x) \ln q(x)$ 是与变量 $p(x)$ 无关的常数项，因此，问题 (3.7) 可以等价地表示为

$$\max_p \sum q(x) \ln p(x), \quad \text{s.t. 式(3.6b)、式(3.6c)} \tag{3.8}$$

理论上，CE 算法需要遍历搜索整个概率空间才能找到符合条件的最优分布，但这在实际中是不可行的。在机器学习领域，一个常用的方法是先假设变量的分布满足某种概率分布模型，具体的概率分布只与参数有关。由此，就将搜索过程从整个概率空间降低到有限维的变量空间。

为了表示简单，将用户接入变量 x 向量化为 $x^T = [x_1, x_2, \cdots, x_N]$，其中 $N = \mathcal{IJ}$。前面已经提到，如何选择合适的概率分布模型与变量的特性强相关，对于离散变量，通常假设离散的概率分布模型，如泊松分布、伯努利分布、离散均

匀分布等。本节中涉及的优化变量 $\boldsymbol{x}$ 的任意元素 x_n 只能取 0 或 1，因此假设其满足伯努利分布，用 $p(x_n; u_n)$ 表示 x_n 的 PDF 为

$$p(x_n; u_n) = u_n{}^{x_n}(1 - u_n)^{(1-x_n)} \tag{3.9}$$

其中，参数 u_n 表示变量 x_n 取 1 的概率。用户接入向量 $\boldsymbol{x}$ 的概率分布函数为

$$p(\boldsymbol{x}; \boldsymbol{u}) = \prod_{n=1}^{N} u_n{}^{x_n}(1 - u_n)^{(1-x_n)} \tag{3.10}$$

现在，优化问题 (3.8) 可以重写为

$$\max_{\boldsymbol{u}} \quad \sum q(\boldsymbol{x}) \ln p(\boldsymbol{x}; \boldsymbol{u}) \tag{3.11a}$$

$$\text{s.t.} \quad \text{式}(3.6\text{b})、\text{式}(3.6\text{c}) \tag{3.11b}$$

为了解决问题 (3.11)，算法引入一种高效的随机采样方法。具体地，首先根据假设的概率分布产生 S 个随机样本，即根据 $p(\boldsymbol{x}; \boldsymbol{u})$ 随机产生 S 个可行的接入变量 $\boldsymbol{x}$。对于样本集合 $\{\boldsymbol{x}^s\}_{s=1}^{S}$ 中的每个样本，出现的概率都是 $\dfrac{1}{S}$，也即 $q(\boldsymbol{x}^s) = \dfrac{1}{S}$。然后，需要选出较优的样本用于后续迭代学习。最后，根据较优样本学习最优 PDF 的特征参数 $\boldsymbol{u}$，而学习中的特征参数更新主要以最小化 CE 为目标。具体操作流程如下：

(1) 计算 S 个样本变量的目标函数 $\{F(\boldsymbol{x}^s)\}_{s=1}^{S}$，其中，$F(\boldsymbol{x}^s) = \sum\limits_{i \in \mathcal{I}} U_i$ $\left(\sum\limits_{j \in \mathcal{J}} x_{ij}^s R_{ij} \right)$。在卸载策略优化问题中，可以认为使目标函数 F 的值越小的样本越优秀。

(2) 对 $\{F(\boldsymbol{x}^s)\}_{s=1}^{S}$ 排序并选择最小的 S_{elite} 个样本 $\boldsymbol{x}^s$ 作为精英样本。在第 t 次迭代中，会产生 S 个随机样本，可以通过目标函数判定每个样本的优劣。对 S 个样本的目标函数值 F 排序，有

$$F\left(\boldsymbol{x}^{[1]}\right) \leqslant F\left(\boldsymbol{x}^{[2]}\right) \leqslant \cdots \leqslant F\left(\boldsymbol{x}^{[S]}\right) \tag{3.12}$$

根据式(3.12)选出 S_{elite} 个 "精英" 样本，也就是 $\boldsymbol{x}^{[1]}, \boldsymbol{x}^{[2]}, \cdots, \boldsymbol{x}^{[S_{\text{elite}}]}$。

(3) 根据最小化 CE 准则求解 $\boldsymbol{u}^{(t)}$。根据式(3.8)最小化离散 CE 函数，最优的特征参数 $\boldsymbol{u}$ 将通过学习精英样本求解：

$$u_n^* = \arg\max_{u_n} \frac{1}{S} \sum_{s=1}^{S_{\text{elite}}} \ln p\left(x_n^{[s]}, u_n\right) \tag{3.13}$$

由于假设样本服从伯努利分布，即 $\boldsymbol{x}^s \sim \mathrm{Ber}(\boldsymbol{u}^{(t)})$，现在可以表示出 PDF 的具体形式，如下：

$$p(\boldsymbol{x}^s; \boldsymbol{u}^{(t)}) = \prod_{n=1}^{N} (u_n^{(t)})^{x_n^s} [1 - u_n^{(t)}]^{(1-x_n^s)} \tag{3.14}$$

将式 (3.14) 代入式(3.13)，并求导可得

$$\begin{aligned}
\frac{\partial H(q,p)}{\partial u_n} &= \frac{1}{S} \sum_{s=1}^{S_{\mathrm{elite}}} \frac{\partial \ln p\left(x_n^{[s]}, u_n\right)}{\partial u_n} \\
&= \frac{1}{S} \sum_{s=1}^{S_{\mathrm{elite}}} \frac{\partial \left[x_n^{[s]} \ln u_n - \left(1 - x_n^{[s]}\right) \ln (1 - u_n)\right]}{\partial u_n} \\
&= \frac{1}{S} \sum_{s=1}^{S_{\mathrm{elite}}} \left(\frac{x_n^{[s]}}{u_n} - \frac{1 - x_n^{[s]}}{1 - u_n}\right)
\end{aligned} \tag{3.15}$$

最优的特征参数 u_n^* 是 $\frac{\partial H(q,p)}{\partial u_n} = 0$ 的解，有

$$u_n^* = \frac{1}{S} \sum_{s=1}^{S_{\mathrm{elite}}} x_n^{[s]} \tag{3.16}$$

一旦出现特征参数值 u_n 为 0 或者 1 的情况，下次迭代中产生的样本元素 x_n 将变为定值 0 或者 1，该元素的迭代将直接收敛，影响 CE 学习样本的随机性，也将导致收敛的结果性能偏离实际最优解，所以需要控制迭代中的收敛速度。控制收敛速度主要有三个方法：保证样本产生的随机性、增加学习样本的数目 S 和加入辅助平滑函数。前两者将在后面依据仿真模块设置更好的算法参数，本节中介绍加入平滑函数来提高算法性能。文献 [10] 中提出了平滑函数用于更新迭代中的特征参数，目的是减少特征参数中的"有害"元素"0"和"1"的出现。该平滑函数把最近两次迭代的参数值共同作用于特征参数的更新：

$$\boldsymbol{u}^{(t+1)} = \alpha \boldsymbol{u}^* + (1 - \alpha) \boldsymbol{u}^{(t)} \tag{3.17}$$

其中，α 是一个平衡因子，满足 $0 \leqslant \alpha \leqslant 1$。

3.2.3　移动边缘计算网络中的自适应采样交叉熵算法

1. 背景介绍

随着 5G、6G 等移动通信网络的发展，移动设备的数目将不断快速增长，大量用户共享有限的资源，对资源的有效调度提出了更高的要求。特别是在移动边缘

计算 (MEC) 网络场景中，移动设备的数目和计算能力、计算接入节点的数目和计算能力、移动通信信道的传输条件等众多元素共同影响了卸载策略的设计。MEC 网络中的卸载策略设计问题是一个非凸的整数优化问题，而海量的用户、复杂的资源调度场景导致基于松弛恢复的凸优化方法不再具有较好的可靠性。机器学习方法则可以提高卸载策略的有效性，降低处理时延和能量损耗。

现有的基于机器学习的资源调度研究，主要利用 DNN 进行长期优化决策，牺牲实时决策的可靠性，降低对决策时延的限制。因此，要想实现短期优化，需要设计计算复杂度更低、决策有效性更高的机器学习算法。

在本节中，通过观察 MEC 网络中卸载策略的特点，将卸载策略设计重建为伯努利分布的概率求解问题。结合卸载约束和蒙特卡罗方法的特点，通过自适应采样方法产生符合卸载约束的学习样本，来保证样本的有效性、降低样本产生过程的计算复杂度。利用 CE 学习的方法，求解最优的任务卸载方案。最后，通过仿真结果验证，基于 CE 学习的卸载策略设计方案的鲁棒性高，性能较凸优化方法的性能更好。

2. 系统模型

考虑一个一（移动设备）对多（计算接入节点）的 MEC 系统模型。以一个移动设备为例，其在某一时刻产生 N 个独立任务，每个任务独立地在各个 CPU 上计算，可以是本地 CPU 或者边缘计算接入节点的 CPU。独立任务场景通常是指一个计算任务本身包括多个数据模块，例如视频传输业务本身可以直接分为音频、画面两个独立部分，或者每一帧对应的音频与画面作为组合整体将视频传输数据随机划分为多个整数帧信息的集合。计算接入节点之间共享同一移动设备的数据，可以将数据随意划分为多个整数比特信息的集合，计算接入节点之间将会通过光纤通信有效整合移动设备的完整数据信息。

假设所有的计算接入节点和移动设备都具有通信能力和提供数据业务计算的能力 [1]，每个独立任务选择在本地 CPU 中计算或者卸载到计算接入节点中计算。移动设备所产生的独立任务标记为 $\mathcal{N} = \{1, 2, \cdots, N\}$，每个独立任务不可分割。提供计算的 CPU 标记为 $\mathcal{M} = \{0, 1, \cdots, M\}$，其中本地 CPU 标记为 CPU0，各个计算接入节点的 CPU 编号与计算接入节点的编号一致为 $m \in [1, M]$。此外，假设移动设备到各个计算接入节点之间的无线通信信道相互正交，传输到各个不同计算接入节点之间的信号不会产生相互干扰。用户可以通过卸载策略决定将本地产生的计算任务在本地 CPU0 中计算或者在计算接入节点 m 上的 CPUm 中计算。令二值变量 $\boldsymbol{x} = [x_{nm} | x_{nm} \in \{0, 1\}]_{N \times (M+1)}$ 表示卸载决策变量，其中，当任务 n 被卸载到计算接入节点 m 时，$x_{nm} = 1$；反之，$x_{nm} = 0$。

由于每个计算任务只能选择其中一个 CPU 完成计算，因此对于任意一个计

算任务 n，各个 CPU 中关于该计算任务的卸载策略一定有且仅有一个 $x_{nm} = 1, m \in \mathcal{M}$，那么所有 CPU 中关于计算任务 n 的卸载策略的累加值必为 1，

$$\sum_{m=0}^{M} x_{nm} = 1 \tag{3.18}$$

若 $\sum\limits_{m=0}^{M} x_{nm} \neq 1$，有且仅有两种情况：

（1）计算任务 n 被同时分配给多个 CPU 进行计算：$\sum\limits_{m=0}^{M} x_{nm} \geqslant 1$。

（2）计算任务 n 没有被分配给用以计算的 CPU：$\sum\limits_{m=0}^{M} x_{nm} = 0$。

以上两种情况均不符合系统模型中任务需要被一个 CPU 计算的假设。

从 N 个任务的产生到执行完成需要经历的时间主要包括传输时间和计算时间，其中传输时间主要针对被选择卸载到移动设备进行计算的任务，包括移动设备将数据信息通过无线信道传输到计算接入节点的上行传输时间、计算接入节点将业务信息传输到移动设备的下行传输时间。计算时间包括被选择在本地计算任务的本地 CPU 计算时间、被选择卸载到计算接入节点任务的计算接入节点 CPU 计算时间。

结合香农公式 $C = W\log_2\left(1 + \frac{S}{N}\right)$，其中 C, W, S, N 分别表示信道容量、信道带宽、有效信号功率和噪声功率，那么上下行用户到计算接入节点之间的传输速率分别为

$$\begin{cases} R_m^{\mathrm{UL}} = B_m^{\mathrm{UL}}\log_2\left(1 + \dfrac{P^{\mathrm{Tx}}h_m^{\mathrm{UL}}}{\eta_0}\right), \ m = 1, 2, \cdots, M \\[3mm] R_m^{\mathrm{DL}} = B_m^{\mathrm{DL}}\log_2\left(1 + \dfrac{P^{\mathrm{AP}}h_m^{\mathrm{DL}}}{\eta_0}\right), \ m = 1, 2, \cdots, M \end{cases} \tag{3.19}$$

其中，B_m^{UL} 和 B_m^{DL} 分别表示移动设备到计算接入节点 m 的上行和下行传输信道带宽；P^{Tx} 和 P^{AP} 分别表示移动设备和计算接入节点的发射功率；h_m^{UL} 和 h_m^{DL} 分别表示移动设备到计算接入节点 m 之间上行和下行的信道增益；η_0 表示白噪声信号功率。当卸载计算过程所需的时间小于等于信道相干时间时，认为接收信号经历的是慢衰落，信道相关参数 h_m^{UL} 和 h_m^{DL} 被认为是恒定的，根据式(3.19)可知，信息传输速率也是恒定的；反之，则认为接收信号经历的是快衰落，在卸载计算过程中，无线信道传输环境会发生变化，信道传输速率会发生一定范围的波动。实际通信环境中的信道相干时间远小于卸载计算过程所需的时间，因此假设整个卸载计算过程中的信息传输速率接近该段时间内的平均值。另外，若某计算

任务被选择在本地计算，则在整个计算任务处理过程中直接省略了上行和下行的卸载传输过程，即传输时间为 0，设为

$$
\begin{cases}
R_0^{\mathrm{UL}} = \infty \\
R_0^{\mathrm{DL}} = \infty
\end{cases}
\tag{3.20}
$$

假设每个 CPU 提供稳定的用于计算的 CPU 频率，即 r_m（r/s），计算接入节点可以同时处理多个来自不同移动设备的任务。在上述模型中，即使网络中存在其他的移动设备任务卸载到计算接入节点，也认为不对当前移动设备卸载的任务产生影响。在实际的工程环境中，虽然计算接入节点的处理能力会发生一定程度的波动，但假设仍然成立，这主要基于以下两个认知：一是计算接入节点的 CPU 计算能力强大，因此计算接入节点能够维持其为各个移动设备提供的服务速率；二是雾计算、云计算网络的联合使计算接入节点能够提升计算能力，保证服务效率。

计算任务变化示意图如图 3.2所示，在整个卸载计算过程中，计算任务的大小主要经历了三个步骤：①移动设备本地产生 N 个大小分别为 $\alpha_1, \alpha_2, \cdots, \alpha_N$ 比特 (bit) 的待计算数据。②CPU 计算对应任务 γ_n 所需计算数，也就是被选择在本地计算的任务的 CPU 的计算损耗，或者被选择卸载到计算接入节点任务的 CPU 计算损耗。③当前任务被选中的 CPU 计算完成后，通过下行信道传输的数据大小为 β_n。根据文献 [13]，上述三个数据之间的大致关系如下：

$$
\alpha_n = 0.8\beta_n, \quad \gamma_n = 330\alpha_n
\tag{3.21}
$$

上行传输时间、下行传输时间和计算时间可以表示为

$$
t_{nm}^{\mathrm{UL}} = \frac{\alpha_n}{R_m^{\mathrm{UL}}}, \quad t_{nm}^{\mathrm{DL}} = \frac{\beta_n}{R_m^{\mathrm{DL}}}, \quad t_{nm}^{\mathrm{Comp}} = \frac{\gamma_n}{r_m}
\tag{3.22}
$$

假设计算接入节点无重叠地操作当前任务，对计算接入节点而言，卸载、计算、传输三个步骤分别按顺序进行，因此对于计算接入节点 m，处理当前任务集 $\mathcal{N}$ 的时延可以表示为

$$
T_m\left(\boldsymbol{x}\right) = \sum_{n \in \mathcal{N}} x_{nm} \left(\frac{\alpha_n}{R_m^{\mathrm{UL}}} + \frac{\beta_n}{R_m^{\mathrm{DL}}} + \frac{\gamma_n}{r_m} \right)
\tag{3.23}
$$

除了时间损耗，移动设备本身的电池能量有限，能量损耗也是 MEC 网络中需要关注的问题。对移动设备而言，能量损耗主要包括两个部分：被选择在本地计算的任务的计算能耗和被选择卸载到计算接入节点的任务的传输能耗。本地计算能耗 E_1 可以表示为

$$
E_1\left(\boldsymbol{x}\right) = P_0 \sum_{n \in \mathcal{N}} x_{n0} t_{n0}^{\mathrm{Comp}}
\tag{3.24}
$$

其中，P_0 与移动设备本地 CPU0 的计算能力有关，表示 CPU0 的计算损耗功率，可以认为是一个常数。

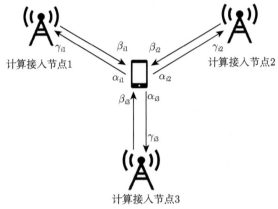

图 3.2　计算任务变化示意图

无线传输能耗将包括移动设备的上行传输能耗和下行接收能耗两个部分，表示为

$$E_2\left(\boldsymbol{x}\right)=P_{\mathrm{T}}\sum_{m\in\mathcal{M}\backslash\{0\}}\sum_{n\in\mathcal{N}}x_{nm}t_{nm}^{\mathrm{UL}}+P_{\mathrm{R}}\sum_{m\in\mathcal{M}\backslash\{0\}}\sum_{n\in\mathcal{N}}x_{nm}t_{nm}^{\mathrm{DL}} \tag{3.25}$$

其中，P_{T} 和 P_{R} 分别表示移动设备的发射功率和接收功率。

该优化模型中的两个优化目标是时延和能耗，两者在系统模型中的有效量化如下。

(1) 关于系统时延：由于各个计算接入节点以并行的方式处理分配给它们的任务，因此处理移动设备任务集 $\mathcal{N}$ 的系统时延 $T\left(\boldsymbol{x}\right)$ 可以表示为所有计算接入节点处理各自任务的时间损耗的最大值：

$$T\left(\boldsymbol{x}\right)=\max_{m\in\mathcal{M}}T_m\left(\boldsymbol{x}\right) \tag{3.26}$$

(2) 关于系统能耗：移动设备本身是电池能量有限的，而计算接入节点的服务能力通常不受电源能量的限制，则系统能耗将仅考虑移动设备本身的电源能量损耗，可以表示为

$$E\left(\boldsymbol{x}\right)=E_1(\boldsymbol{x})+E_2(\boldsymbol{x}) \tag{3.27}$$

上述两个优化目标难以保证是独立优化或者同时优化的，下面介绍一种将多优化目标加权和作为联合目标优化的方法，并通过这种设计来实现目标之间的均衡：

$$\Psi\left(\boldsymbol{x}\right)\triangleq\lambda_{\mathrm{t}}T(\boldsymbol{x})+\lambda_{\mathrm{e}}E(\boldsymbol{x}) \tag{3.28}$$

其中，λ_t 和 λ_e 表示标量权重，且满足 $\lambda_t, \lambda_e \in [0, 1]$。文献 [14] 中提出，在多优化目标的权重为非负数时，最小化式(3.28) 可以有效求解多目标优化问题。这是因为加权和的方法简单易懂，并且权重 λ_t 和 λ_e 直接反映了两个优化目标的重要程度，便于根据实际的通信条件合理调节权重。例如，当计算任务是时延敏感型业务，且移动设备电量充足或处于可充电状态时，可将 λ_t 设置为接近 1 而 λ_e 接近 0；当移动设备处于低电量状态，且计算数据业务时延不敏感时，可将 λ_e 设置为接近 1 而 λ_t 接近 0。

综上所述，系统模型可以描述为

$$\min_{\boldsymbol{x}} \Psi\left(\boldsymbol{x}\right) \tag{3.29a}$$

$$\text{s.t.} \sum_{m \in \mathcal{M}} x_{nm} = 1, \quad \forall n \in \mathcal{N} \tag{3.29b}$$

$$x_{nm} \in \{0, 1\}, \quad \forall n \in \mathcal{N}, \quad \forall m \in \mathcal{M} \tag{3.29c}$$

3. 基于最小化交叉熵的任务卸载决策算法

回顾 3.2.1 节的 CE 算法和 3.2.2 节给出的应用方式，要利用 CE 算法求解，首先需要选定合适的概率分布模型 $p(\boldsymbol{x}; \boldsymbol{u})$。基于分析解空间 $\boldsymbol{x}$ 的特点，参考约束式 (3.29b) 和约束式 (3.29c)，解空间的 PDF 一定是离散的，概率分布模型可能是伯努利分布、泊松分布、几何分布等。再根据约束式 (3.29c)，解空间服从 "0-1" 分布，而伯努利分布就被定义为描述只有两种实验结果的随机实验的 PDF。伯努利分布中的特征参数是 $x_{nm} = 1$ 的 PDF，即 $Pr(x_{nm} = 1)$。因此，解空间服从伯努利分布，并定义对应的伯努利分布的特征参数为 $\boldsymbol{u}$，满足 $\boldsymbol{u} = [u_h]_{N(M+1) \times 1}$。令 $H = N(M+1)$，则有特征参数：

$$\boldsymbol{u}^{\mathrm{T}} = [u_1, u_2, \cdots, u_H] \tag{3.30}$$

相应地，卸载策略变量 $\boldsymbol{x}$ 被向量化为 $\boldsymbol{x}^{\mathrm{T}} = [x_1, x_2, \cdots, x_H]$。假设对于任意 x_h 服从经典伯努利分布：

$$p(x_h; u_h) = u_h{}^{x_h} (1 - u_h)^{(1 - x_h)} \tag{3.31}$$

一个完整的卸载策略 $\boldsymbol{x}$，是 $N(M+1)$ 个独立伯努利分布的共同作用，也就是 H 维随机向量的联合 "0-1" 分布，表示为

$$p(\boldsymbol{x}; \boldsymbol{u}) = \prod_{h=1}^{H} u_h{}^{x_h} (1 - u_h)^{(1 - x_h)} \tag{3.32}$$

然后根据 3.2.1 节给出的 CE 算法，迭代学习 $p(\boldsymbol{x}; \boldsymbol{u})$。

通过分析式(3.29)中的任务卸载问题发现，卸载策略样本除了需要服从伯努利概率分布，还需要满足约束式 (3.29c) 中的单一连接约束。因为样本 x 中的每个元素 x_{nm} 通常是并行产生的，单一连接约束导致并行数据 x_{nm} 之间的相互作用，所以单一连接约束无法直接在概率分布中体现出来。因此，为了生成有效的样本集，可以考虑两种可能的样本生成方式：①先根据 PDF 生成样本，再根据优化问题中的约束条件舍弃不符合条件的样本。②分析约束条件对样本的影响，自适应调整样本的产生过程。为了高效地产生有效的样本，本节介绍了一种自适应产生样本的方法，将每个样本 x 划分为多个子样本，子样本之间随机依次产生。根据先产生的样本调整特征参数 u，保证后续产生的子样本是有效的。

自适应产生样本具体的操作流程如下所述。

(1) 首先，要从集合 $\mathcal{M}\backslash\mathcal{G}$ 中产生索引值 g，其中 $\mathcal{G}$ 存储了当前已经产生子样本的索引值。这里引入了子样本的概念：考虑到每个任务只能被一个 CPU 计算，对于同一个计算任务，在 $M+1$ 次独立的 CPU 调度中只可能出现一次 $x_{nm}=1$，则将每个样本都划分为 $M+1$ 个独立的子样本，即 H 维向量 x 划分为 $M+1$ 个子样本，则有

$$\begin{aligned}
&x^{\mathrm{T}} = [x_1, x_2, \cdots, x_H] \triangleq [x_0^{\mathrm{T}}, x_1^{\mathrm{T}}, \cdots, x_M^{\mathrm{T}}] \\
&x_m^{\mathrm{T}} = [x_{1m}, x_{2m}, \cdots, x_{Nm}], \quad x_{nm} \in \{0,1\}, \quad m \subset \{0, 1, \cdots, M\}
\end{aligned} \tag{3.33}$$

相应地，每块子样本的概率分布特征参数可被划分为

$$\begin{aligned}
&u^{\mathrm{T}} = [u_1, u_2, \cdots, u_H] \triangleq [u_0^{\mathrm{T}}, u_1^{\mathrm{T}}, \cdots, u_M^{\mathrm{T}}] \\
&u_m^{\mathrm{T}} = [u_{1m}, u_{2m}, \cdots, u_{Nm}], \quad u_{nm} \in [0,1], \quad m \in \{0, 1, \cdots, M\}
\end{aligned} \tag{3.34}$$

在生成样本的过程中，只需要根据对应子样本的特征参数 u_m 产生 x_m，也可以根据先前产生的子样本 x_{m^*} 的情况调整后续产生的子样本块特征参数 u_m。

随机产生索引值 $g, g \in \mathcal{M}\backslash\mathcal{G}$。当 $\mathcal{G}$ 为空集时，g 可以直接从 $\mathcal{M}$ 中产生一个随机数；当 $\mathcal{G}$ 不是空集时，可以从 $\mathcal{M}$ 中产生一个随机数，并舍弃与 $\mathcal{G}$ 中元素重复的部分。

(2) 然后，根据概率 $p(x; u)$ 生成子样本 x_g 并更新 $\mathcal{G}$ 和 $\mathcal{T}$，其中 $\mathcal{T}$ 存储了已产生的子样本 $x_g, g \in \mathcal{G}$，子样本 x_g 的第 k 个元素被定义为 $x_g[k]$，对应于 x 中的第 h 个元素，$h = k + (g-1)(N+1)$。概率分布 $p(x; u)$ 生成的子样本主要受特征参数 u 的影响，u 指代了 $Pr(x_{nm}) = 1$ 的概率。在生成子样本 $x_g[k]$ 时，可直接产生 $[0,1]$ 之间的随机数 T，一旦 $T > 1 - u_h$，则认为 $x_g[k] = 1$，反之，$x_h = 1$。这里，x_{nm} 的样本生成只是一个简单的示例，而实际是同时并行产生一个 T 向量，并通过直接的向量运算获得子样本 x_g。

另外，在生成子样本 $\boldsymbol{x}_g$ 后，需要更新相应的 $\mathcal{G}$ 和 $\mathcal{T}$ 集合。例如，在产生第一个子样本时，$\mathcal{G}$ 和 $\mathcal{T}$ 的初始值都是空集。接下来产生随机索引值 g_1，并将该索引值存入 $\mathcal{G}$，同时产生的 $\boldsymbol{x}_{g_2}$ 也被存储在 $\mathcal{T}$ 中，而在产生下一个子样本的索引值时，$g_2 \neq g_1$ 也就是 $g_2 \in \mathcal{M}\backslash\{\mathcal{G}\}, \mathcal{G} = g_1$，相应地 $\boldsymbol{x}_{g_1}$ 也被加入集合 $\mathcal{T}$。以此类推，直到 $\mathcal{M} = \mathcal{G}$ 时，该子样本生成完成，记录 $\mathcal{T}$ 中的有效样本。进行下一个新样本的构造，此时 $\mathcal{G}$ 和 $\mathcal{T}$ 重置为空集。

(3) 最后，根据 $\boldsymbol{x}_g$ 调整 $\boldsymbol{u}_m$。任务卸载中的单一连接约束本身限制了卸载策略 $\boldsymbol{x}$ 的设计，因此单一连接约束是调整 $\boldsymbol{u}$ 的依据。主要思想是，如果在已经产生的 x_{nm} 中，存在 $x_{km} = 1, k \in \mathcal{N}$，则表示任务 k 已经被分配到 CPUm 中进行计算，则在后续的调度策略中，不应当再出现 $x_{km} = 1, m \in \mathcal{M}\backslash\mathcal{G}$。而 x_{km} 受到 u_{nm} 的影响，则调整 $u_{km} = 0, m \in \mathcal{M}\backslash\mathcal{G}$。这样的处理方法确实能够一定程度地减少无效样本的产生，但是也影响了样本的随机性，使其不再只受学习的概率分布 $p(\boldsymbol{x}; \boldsymbol{u})$ 的影响，所以在产生模块索引值 g 时，需要保证绝对的随机性，同时产生的数据样本的总数 S 较大，保证样本不会受部分特殊样本的影响。

此外，当 $\mathcal{M} = \mathcal{G}$ 时，生成的样本并不是绝对有效的。通常最后一个子样本 $\boldsymbol{x}_g$ 生成后，还是存在部分任务没有被分配到计算 CPU 中，此时样本仍然是无效样本，需要舍弃。在后面将通过仿真结果证明，该自适应样本生成方法生成的无效样本远少于直接生成样本方法生成的，且优化性能无明显差距。

根据 3.2.2 节中给出的最小化 CE 学习样本和迭代更新过程来求解目标问题(3.29)。具体来说，每次迭代过程包括以下四个步骤：

(1) 计算目标函数 $\{\Psi(\boldsymbol{x}^s)\}_{s=1}^{S}$。

(2) 对 $\{\Psi(\boldsymbol{x}^s)\}_{s=1}^{S}$ 排序并选择最小的 S_{elite} 个样本 $\boldsymbol{x}^s$ 作为精英样本。

(3) 根据最小化 CE 准则求解 $\boldsymbol{u}^t$。

(4) 根据平滑函数式(3.17)来更新特征参数 $\boldsymbol{u}^{(t+1)}$。

3.2.4 实验分析

在本节中，通过仿真给出了 3.2.2 节和 3.2.3 节中介绍的两种基于 CE 的资源优化算法的性能，并对其进行相应的分析。

1. 基于 CE 学习的异构网络中的资源优化算法仿真及结果分析

考虑一个下行的两层异构网络，仿真系统模型如图 3.3 所示，每个小区中有 1 个宏基站和 3 个小基站。图中展示了一个小区中的基站和用户分布示意图，其中，小区半径为 500 m，宏基站位于小区中心，三角形表示小基站，3 个小基站均匀地分布在宏基站周围，用户在小区中均匀分布。注意，图中的用户数目只是示意，实际仿真使用的用户数是 30。宏基站和小基站的发射功率分别为 43 dBm 和 23 dBm，系统带宽是 $W = 10$ MHz，路径损耗模型为 $128.1 + 37.6 \lg d$ (km)。

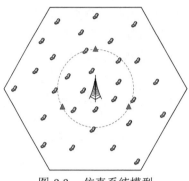

图 3.3　仿真系统模型

　　首先讨论算法的收敛性能。图 3.4 给出了 6 组不同的 S 和 S_{elite} 取值下目标函数值随迭代次数的变化曲线。从图 3.4 可以看出，总体来说，算法的收敛速度是很快的，具体而言，S 和 S_{elite} 的取值对收敛性有不同的影响。适当地增大 S 的取值可以在加速收敛的同时提高目标函数的收敛值，然而，当 S 增大到足够大时，如从 $S = 500$ 开始，继续增大 S 的性能优势就不明显了。而 S_{elite} 对收敛速度的影响与 S 大不相同，当 S_{elite} 很大时，减小 S_{elite} 可以使算法收敛得更快，同时保证目标函数的最大值不变。如果 S_{elite} 继续减小，收敛过程仍然会加速，但是目标函数的收敛值会减小。这些结果也可以从理论上进行分析，理论上，S 和 S_{elite} 越大，说明可利用的样本越多，算法的结果会越逼近最优解，但是如果 S 和 S_{elite} 过大，算法收敛的速度就会变慢，因为需要在一开始产生更多的样本，涉及更大的计算量。因此，可以通过调整 S 和 S_{elite} 的取值来平衡算法复杂度和收敛性能。经过测试，在本节的仿真设计中，取 $S = 500$、$S_{\text{elite}} = 10$、$T = 20$。

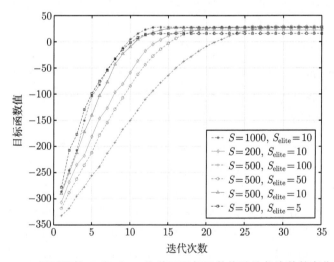

图 3.4　6 组不同的 S 和 S_{elite} 取值下目标函数值随迭代次数的变化曲线

为了评估本节中介绍的基于 CE 的接入算法的性能，将其与现有的两种接入算法做比较。一种是最大信干噪比接入算法；另一种是文献 [15] 中提出的基于凸优化的接入算法，该算法对参数比较敏感，分别用"Dual-1"、"Dual-2"和"Dual-3"表示该算法三种不同的参数取值方案。图 3.5 给出了不同接入算法下用户速率的累积分布函数（cumulative distribution function，CDF）曲线。从图中可以看到，相比于最大信干噪比接入算法，基于 CE 的接入算法大大提升了中低速率用户的性能，提高了网络整体效用，而基于凸优化的接入算法在不同参数取值下性能差异较大，不能保证都达到最优性能。表 3.1 列出了不同算法下的平均网络效用值和平均用户速率值比较，可以看到，就平均网络效用值而言，基于 CE 的接入算法能达到最好的性能，相比于最大信干噪比接入算法，平均网络效用值提升了约 14%。而基于凸优化的接入算法在不同参数取值下同样表现出较大的性能差异，"Dual-1"对应的参数取值能达到最好的性能。注意，虽然最大信干噪比接入算法在平均用户速率值上达到最大，但却是以极不公平的用户体验为代价的，从图 3.5 中也可以看出，在最大信干噪比接入算法中，少数用户速率非常高，而大部分用户速率比较低，基于 CE 的接入算法可以很好地改善这种情况。

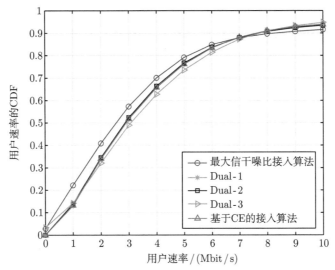

图 3.5　不同接入算法下用户速率的 CDF 曲线

表 3.1　不同算法下的平均网络效用值和平均用户速率值比较

项目	基于 CE 的接入算法	最大信干噪比接入算法	Dual-1	Dual-2	Dual-3
平均网络效用值	37.153	32.575	37.105	36.679	35.684
平均用户速率值/（Mbit/s）	4.763	5.084	4.739	4.680	4.653

2. 基于 CE 学习的 MEC 网络中的资源优化算法仿真及结果分析

在搭建 MEC 网络时，假设每个移动设备都具有计算能力，可以通过本地 CPU 完成计算数据业务，其 CPU 的计算能力设置为 $r_0 = 2 \times 10^8$ r/s, $P_0 = 0.8$ W，移动设备具有移动通信能力，可以通过无线信道发射和接收信号，其发射功率为 $P_T = 1.258$ W，接收功率为 $P_R = 1.181$ W，单位时间产生的任务数目 $N = 10$，移动设备所处的常态环境中时延的重要程度为 $\lambda_t = 0.8$。此外，MEC 网络中还配备了计算接入节点用于帮助移动设备完成计算数据业务，计算接入节点数目 $M = 3$，计算接入节点 CPU 的计算能力范围设置为 $10^8 \sim 10^{10}$ r/s，移动设备通过无线信道接收和回传移动设备产生的计算密集型数据业务。无线信道的最大传输速率 R_k^{UL} 和 R_k^{DL} 被设置为 10 Mbit/s。

不同任务大小与本地 CPU 性能下的目标函数值如图 3.6所示，在不同计算接入节点 CPU 下，调整本地产生的任务数目，观察不同算法的性能。

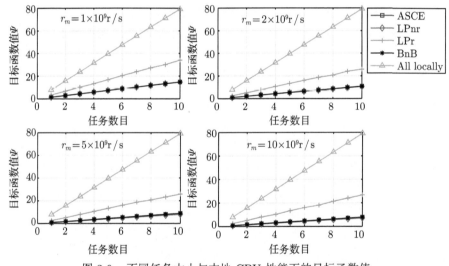

图 3.6　不同任务大小与本地 CPU 性能下的目标函数值

(1) 线性规划松弛无恢复（linear programming relaxation no-recovery, LPRnr）算法：由于没有加入松弛恢复的处理过程，线性无约束恢复算法得到的解是非二元解，保留了 $x_{nm} \in [0,1]$，所以线性规划松弛无恢复算法求得的卸载策略本身不具有应用价值。但是，本松弛优化问题作为一个可以通过内点法等凸优化工具直接求解的凸问题，线性规划松弛无恢复算法保留了该问题在不考虑二元约束情况下的全局最优解。不妨认为，满足二元约束的解性能不可能优于 LPRnr 参考曲线，且当越接近该曲线时，算法性能越优越。

(2) 线性规划松弛恢复（linear programming relaxation recovery，LPRr）算

法[16]：在损耗方面，该算法明显优于本地计算，但是劣于 LPRnr 算法，这是由于松弛恢复过程中引入了新的性能损失。

(3) BnB 算法[17]：该算法的性能接近 LPRnr 算法的性能，远远优于 LPRr 算法的性能，这证明了 BnB 算法在解决整数优化问题中的有效性和准确性。

(4) 全部保留在本地计算（All locally）：描述了本地 CPU 计算和计算接入节点计算性能之间的优劣，即搭建 MEC 接入节点后对计算密集型任务处理的影响。本地 CPU 的计算能力较差，导致所有任务在本地计算时的时延与能耗都远远大于计算接入节点辅助完成计算的情况，证明了 MEC 网络对于未来移动设备计算密集型业务处理的重要意义。

(5) 自适应采样交叉熵（adaptive sampling cross entropy，ASCE）学习算法：本节介绍的算法。观察发现，该算法的性能在计算接入节点计算性能较弱时（$r_m = 1 \times 10^9$ r/s 和 2×10^9 r/s）无限逼近 LPRnr 算法的性能，也就是近似为全局最优解，而在计算接入节点计算性能较强时（$r_m = 5 \times 10^9$ r/s 和 10×10^9 r/s），略差于 LPRnr 算法的性能，但是相差较小，也可以认为逼近全局最优解。产生这一变化的原因主要是，随着计算接入节点计算性能的变化，最优解的调度也会出现轻微的波动，无法达到完全逼近无二元约束解的性能。

不同任务数目与计算接入节点 CPU 性能下的目标函数值如图 3.7所示，在不同的计算接入节点 CPU 下，调整单位时间内本地产生的任务数目 $N = 5, 6, \cdots, 15$，每个任务的大小为 5 Mbit。与图 3.6 对比发现，无论是调整本地任务数目还是调整计算任务的大小，各个算法展示出的性能优劣是相同的，对于单个算法而言，目标函数值与任务总量之间总体上呈线性增长的关系。

时延最优的卸载方式应该是使每个 CPU 的计算时间尽可能地相近。为检验 ASCE 算法是否尽可能地接近最优状态，不妨假设产生的任务数目是相同的，并改变需要卸载的任务数目。此时，若要满足时延最优的卸载方式，则每个 CPU 上的任务数目应当是均等分配的。图 3.8给出了任务数目 N 从 6 以步长 2 增加到 14 时，ASCE 算法计算出的卸载策略中每个 CPU 上被分配的任务数目的情况。此时，计算接入节点 CPU 的计算能力为 5×10^9 r/s，远大于本地 CPU 的计算能力 2×10^9 r/s，本地计算时延远大于传输时延，任务优先被分配到计算接入节点 CPU 中完成计算。图中显示，各个 CPU 被分配到任务数目是相对均等的，符合最优时延卸载方式的条件。该实验证明，ASCE 算法有效地解决了任务卸载问题。

在系统模型的参数设计中，除了上述的任务数目和任务大小通常会发生变化（变化范围包括但不限于上述的线性变化），目标函数权重 λ_t 和 λ_e 也可以随着实际环境发生变化。例如，若当前计算数据业务对时延要求较高且对移动设备能耗没有特殊要求，会上调 λ_t。若移动设备的电源能量偏低且本地计算能耗高于传输能耗，会上调 λ_e。在调整 λ_t 和 λ_e 时，会对系统的卸载策略和目标函数值有影响，参见图 3.9。

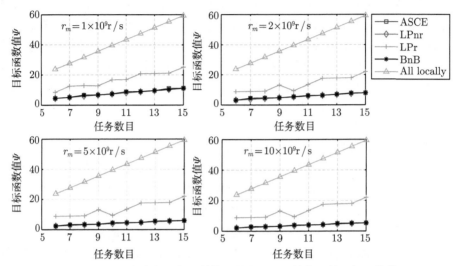

图 3.7　不同任务数目与计算接入节点 CPU 性能下的目标函数值

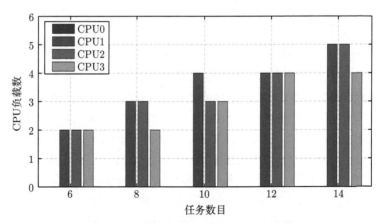

图 3.8　不同任务数目时的 CPU 负载数

不妨设置 $\lambda_e/\lambda_t = 10^q$，$q = -2, -1.8, \cdots, 1.8, 2$，横坐标 $\lg(\lambda_e/\lambda_t)$ 从 -2 变化至 2，相应地，λ_t 从接近 1 变化到接近 0，λ_e 从接近 0 变化到接近 1。在图 3.9 中从左向右，时延的重要程度不断减小，能耗的重要程度不断增大。当 λ_e 接近 1 时，时延对卸载策略的影响很小甚至可以忽略；反之，也成立。由于在设定的系统模型中，当计算接入节点数目较多（$M \geqslant 2$）时，能耗值大于时延损耗，随着 $\lg(\lambda_e/\lambda_t)$ 的增大，目标函数值受时延值影响更小且更接近能耗值，因此整体呈现上升趋势。当计算接入节点数 $M = 1$ 时，MEC 网络中只有一个可被移动设备使用的计算接入节点，若所有的任务都被卸载到计算接入节点中计算，则每个任务所需等待计算的时间大幅度提高，导致该情况下的时延远大于 $M \geqslant 2$ 情况下的时延。说明当 $M = 1$ 时，时延的影响远大于能耗，所以 $M = 1$ 曲线整体呈下降趋势。分析 $\lg(\lambda_e/\lambda_t) = 2$ 的情况发现，此时目标函数值近似地只与能耗有关，能耗仅与任务数目和任务大小有关，与计算接入节点数目无关，因此图中 $M = 1, 2, 3$ 的曲线最终收敛到相同的能耗值。

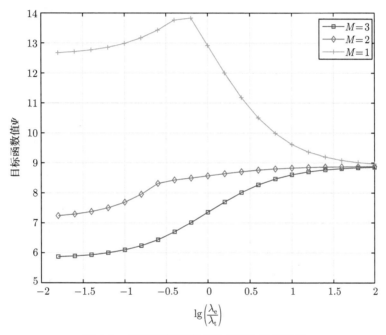

图 3.9　不同通信环境下的 MEC 网络性能

此外，一些超参数会影响机器学习算法的收敛性和准确性。超参数是机器学习中预先设定的参数，以此定义学习模型的基本能力，例如计算复杂度、收敛速度等，该类型的参数在学习过程中是不更新的恒定值，可以在学习之前通过大量的数据测试选取更优越的超参数值，提高机器学习算法的能力。常见的超参数有神经网络的隐藏层数和结构、决策树的深度和数目等。在 ASCE 算法中，超参数主要有样本数 S、精英样本数 S_{elite} 等。在图 3.10 中，分析样本数 S 和精英样本数 S_{elite} 对收敛速度和收敛结果的影响。不难看出，随着样本数的增加（参考曲线 $S = 1000$、$S_{\text{elite}} = 50$，$S = 2000$、$S_{\text{elite}} = 50$，$S = 5000$、$S_{\text{elite}} = 50$），收敛的起点明显降低，说明样本数的增加有效地帮助学习算法找到了更优样本。随着精英样本数的减小（参考曲线 $S = 2000$、$S_{\text{elite}} = 500$，$S = 2000$、$S_{\text{elite}} = 200$，

$S = 2000$、$S_{\text{elite}} = 50$，$S = 2000$、$S_{\text{elite}} = 5$），收敛结果不断减小更接近最优解，但是当精英样本数足够小时，收敛结果不再变化。从图中可以发现，选取超参数 $S = 1000$、$S_{\text{elite}} = 50$ 即可获得近似最优解。不难看出，由于样本数不多，$S = 1000$、$S_{\text{elite}} = 50$ 超参数下的收敛速度远远慢于 $S \geqslant 2000$、$S_{\text{elite}} = 50$ 的情况，前者在第 10 次迭代收敛到近似最优解，后者在第 5 次迭代收敛到相同解。在使用该算法时，将采用 $S \geqslant 2000$、$S_{\text{elite}} = 50$ 作为仿真参数。

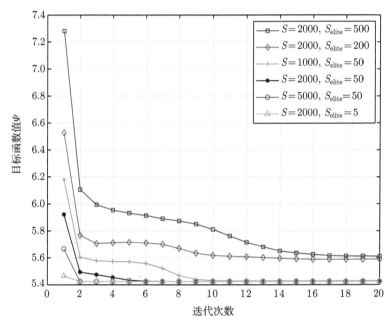

图 3.10　不同迭代次数下的 MEC 网络性能

3.2.5　代码分析

本节将给出 3.2.2 节和 3.2.3 节中所提到的两种基于 CE 的资源优化算法的具体仿真代码说明。仿真代码运行在 MATLAB 平台上。

1. 基于 CE 学习的异构网络中的资源优化算法代码说明

第一步，设置网络拓扑参数，生成网络拓扑模型。

```
Nu = 30; # 用户数
Ns = 3; # 小蜂窝基站数
Nm = 1; # 宏基站数
Pm_dbm = -27 + 70; # MBS发射功率 - 27dBm/Hz, 10MHz带宽
Ps_dbm = -47 + 70; # SBS发射功率 - 47dBm/Hz, 10MHz带宽
```

```
Pm = 10 ^ (0.1 * (Pm_dbm)) / 1000; # MBS 发射功率(W)
Ps = 10 ^ (0.1 * (Ps_dbm)) / 1000; # SBS 发射功率(W)
P = zeros(1, Nm + Ns);
PL = @(d)128.1 + 37.6 * log10(d * 10 ^ -3); # 路径损耗模型(dB)
AG = 15; # 天线增益为15dB
sigma = 8; # 标准差为8dB
SD = normrnd(0, sigma, [Nu Nm + Ns]); # 阴影衰落
noise_figure = -169 + 70; # 噪声功率 - 169dBm/Hz, 10MHz带宽
thermal_noise_W = 10 ^ (0.1 * noise_figure) / 1000;
```

第二步，生成基站和用户分布。

```
# 生成基站
xm = 0; ym = 0; # 宏基站坐标为 (0, 0)
figure(1)
p1 = plot(xm, ym, 'o'); title('CE');
hold on;
Rm = 500;
tt = 0:2 * pi / 6 : 2 * pi;
# 生成正六边形服务区
x1 = Rm * cos(tt) + xm;
y1 = Rm * sin(tt) + ym;
plot(x1, y1, 'k');
hold on;
xs = [0, 100 * sqrt(3), -100 * sqrt(3)]';
ys = [200, -100, -100]'; # 小蜂窝基站坐标
for k = 1 : 3
    p2 = plot(xs(k), ys(k), '^');
    hold on;
end
# 随机生成用户
for m = 1 : Nu
    # 随机生成用户极坐标参数
    ru = Rm * sqrt(unifrnd(0, 1, [1, Nu]));
    angle_u = unifrnd(-pi, pi, Nu);
    # 转化为直角坐标
    xu(m) = ru(m) * cos(angle_u(m)) + xm;
    yu(m) = ru(m) * sin(angle_u(m)) + ym; # 用户坐标
    d_user_to_MBS(m) = sqrt((xu(m) - xm) ^ 2 + (yu(m) - ym) ^ 2); #
        用户到宏基站距离
    for i = 1 : Ns
        # 用户到小蜂窝基站距离
```

```
        d_user_to_SBS(i, m) = sqrt((xu(m) - xs(i)) ^ 2 + (yu(m) - ys
            (i)) ^ 2);
    end
    # 判断有没有撒在正六边形外
    if (d_user_to_MBS(m) > (sqrt(3) / 2 * Rm)))
        ru(m) = d_user_to_MBS(m) - sqrt(3) / 2 * Rm;
        xu(m) = ru(m) * cos(angle_u(m)) + xm;
        yu(m) = ru(m) * sin(angle_u(m)) + ym;
        d_user_to_MBS(m) = sqrt((xu(m) - xm) ^ 2 + (yu(m) - ym) ^ 2)
            ;
    end
    p3 = plot(xu(m), yu(m), '.');
    hold on;
    m = m + 1;
end
```

第三步，计算用户到不同基站的信干噪比 (SINR)。

```
# 计算信道系数（包括路损、天线增益、阴影衰落）
for i = 1 : Nu
    for j = 1 : Ns + Nm
        if (j == 1)
            P(j) = Pm;
            PL_dB = PL(d_user_to_MBS(i));
            h_dB(i, j) = -PL_dB + AG - SD(i, j);
            h(i, j) = 10 ^ (0.1 * (h_dB(i, j)));
        else
            P(j) = Ps;
            PL_dB = PL(d_user_to_SBS(j - 1, i));
            h_dB(i, j) = -PL_dB + AG - SD(i, j);
            h(i, j) = 10 ^ (0.1 * (h_dB(i, j)));
        end
    end
end
# 计算用户到不同基站的SINR
SINR = zeros(Nu, Nm + Ns);
for i=1 : Nu
    for j=1 : Ns + Nm
        SINR(i, j) = (P(j) * h(i, j)) / (sum(P.*h(i, :)) - P(j) * h(
            i, j) + thermal_noise_W);
    end
end
```

第四步，开始执行具体的基于 CE 的资源优化算法。先初始化算法的概率参数等。然后按式 (3.14)∼ 式 (3.17) 进行迭代优化。

```
S = 1000; # 随机生成样本数量
Selite = 40; # 表现较好的样本数量
N = Nu * (Nm + Ns);
T = 20; # 迭代次数
U = 1 / 2 * ones(N, 1); # 初始化概率参数
```

```
for t = 1 : T
    X_S = zeros(N, S);
    X_Selite = zeros(N, Selite);
    for s = 1 : S
        # 判断有没有用户没被服务到，若有，将设为1
        u_test = rand(N, 1);
        for n = 1 : N
            if (u_test(n) < U(n))
                X_S(n, s) = 1;
            else
                X_S(n, s) = 0;
            end
        end
        X_S_reshape = reshape(X_S(:, s), Nu, Nm + Ns);
        U_reshape = reshape(U, Nu, Nm + Ns);
        for i = 1 : Nu
            if (~any(X_S_reshape(i, :)))
                U_reshape_norm = U_reshape(i, :) / sum(U_reshape(i,
                    :));
                u_test2 = rand(1);
                k = 1;
                u_test2_sum = U_reshape_norm(k);
                while (u_test2 > u_test2_sum)
                    k = k + 1;
                    u_test2_sum = u_test2_sum + U_reshape_norm(k);
                end
                X_S(Nu * (k - 1) + i, s) = 1;
            end
        end
    end
    F = zeros(1, S);
    C = zeros(Nu, Ns + Nm); # 传输速率
```

```
utility = zeros(Nu, Ns + Nm);
for s = 1 : S
    X = reshape(X_S(:, s), Nu, Nm + Ns);
    K = sum(X, 1);
    for i = 1 : Nu
        for j = 1 : Ns + Nm
            if (K(j) == 0 || X(i, j) == 0)
                C(i, j) = 0;
                utility(i, j) = 0;
            else
                C(i, j) = 10 * log(1 + SINR(i, j)) / K(j);
                utility(i, j) = log(C(i, j));
            end
        end
    end
    F(s) = sum(sum(X .* utility));
end
# sv是将F按降序排列的序列, si是对应的在原来向量中的位置
[sv, si] = sort(F, 2, 'descend');
v 挑选表现最好的前Selite个
for s = 1 : Selite
    X_Selite(:, s) = X_S(:, si(s));
end
v 更新概率参数
alpha = 0.6;
v = zeros(1, N);
for n = 1 : N
    v(n) = sum(X_Selite(n,:))/Selite;
    U(n) = alpha * v(n) + (1 - alpha) * U(n);
end
F_iteration(t) = sv(1);
```

获取程序代码

2. 基于 CE 学习的 MEC 网络中的资源优化算法代码说明

回顾 3.2.1 节和 3.2.2 节，两种基于 CE 的算法的最大不同点在于生成样本的过程。3.2.2 节中提出了一种自适应产生样本的过程，本节着重介绍自适应产生样本的具体操作流程。

第一步，从集合 $\mathcal{M}\backslash\mathcal{G}$ 中产生索引值 g，其中 $\mathcal{G}$ 存储了当前已经产生子样本的索引值。

```
flag = 0; %
```

```
while flag == 0
    X = zeros(1, N * M);
    temp_x = rand(1, N * M);
    X(find(temp_x - prob <= 0)) = 1;
    X(find(temp_x - prob > 0)) = 0;
    # 约束1: 每个任务在一个CPU中完成
    A2 = zeros(N, N * M);
    for i = 1 : N
        for j = 1 : M
            A2(i, (j - 1) * N + i) = 1;
        end
    end
    access_theo = ones(N, 1);
    access_prac = A2 * X.T;
    flag = isequal(access_theo, access_prac);
    if flag == 1
        XS(s, :) = X;
    end
end
# 移动设备功耗
X0 = X(1 : N);
Ecomp = p .* X0 * D0.T;
E1 = zeros(M - 1, N * M - N);
for i = 1 : M - 1
    E1(i, (i - 1) * N + 1 : i * N) = dUL;
end
ETr = sum(PTx .* E1 * X(N+1 : N * M).T) ;
E2 = zeros(M - 1, N * M - N);
for i = 1 : M - 1
    E2(i, (i - 1) * N + 1 : i * N) = dDL;
end
ERx = sum(PRx .* E2 * X(N + 1 : N * M).T) ;
e = Ecomp + ETr + ERx;
# 约束2: 时延约束
A1 = zeros(M, N * M);
DN = a / CUL + w / r + b / CDL;
A1(1, 1 : N) = D0;
for i = 2 : M
    A1(i, (i - 1) * N + 1:i * N) = DN;
end
```

```
temp = A1 * X.T;
t = max(temp); # 时延
```

第二步，根据概率 $p(\boldsymbol{x};\boldsymbol{u})$ 生成样本块 $\boldsymbol{x}_g$ 并更新 $\mathcal{G}$ 和 $\mathcal{T}$。

```
lamdat = 0;
lamdae = 1 - lamdat;
Obj = lamdat * t + lamdae * e; # 目标函数
Fxs(s) = Obj;
XS(s, :) = X;
# 对目标函数结果进行排序，同时选取表现好的前Selite个
[~, S_index] = sort(Fxs, 'ascend');
for i = 1 : Selite
    Selite_index = S_index(i);
    XSelite(i, :) = XS(Selite_index, :);
    Fxselite(i) = Fxs(Selite_index);
end
aver(iter) = (1 / Selite) .* sum(Fxselite);
```

第三步，根据 $\boldsymbol{x}_g$ 调整 $\boldsymbol{u}_m$。

```
v = (1 / Selite) .* sum(XSelite);
alpha = 0.8;
prob = alpha .* v + (1 - alpha) .* prob;
```

获取程序代码

3.3　基于深度学习的网络资源优化

3.3.1　数据驱动的深度学习介绍

根据 2.3 节所述的深度学习 (DL)，其基本原理是通过神经网络学习大量数据样本、训练有效的神经网络参数，不断减小预测的网络输出值与实际输出之间的误差，直至收敛。最终实现当一组数据输入训练好的神经网络后，可输出近似最优解。用神经网络直接求解混合整数优化问题面临两个困难：收敛效果无法保证和计算复杂度较大。混合整数优化问题的解空间远远大于整数优化问题中的二叉决策树，随机性更强，这使得神经网络的应用难度大。为保证收敛性，神经网络的层数和隐藏层的节点数需要提升，这也提高了计算复杂度。数据驱动的神经网络模型在解决当前问题中并不具有优势，因此考虑以现有的传统算法，如分支定界 (BnB) 算法，作为基础模型保证计算的收敛性，通过神经网络和传统算法的联合弥补两种算法的固有缺陷。

3.3.2 模型驱动的分支定界算法介绍

传统的分支定界 (BnB) 算法是解决整数优化问题的有效算法，不限于离散优化和混合整数优化。在解决优化问题时，BnB 算法的主体思路是利用松弛算法将解空间搭建成二叉决策树，通过深度优先搜索算法遍历该二叉树，直到找到最优解。在解决混合整数优化问题时，该算法的思路是先分离连续变量和离散变量，对于离散变量采用离散优化问题求解方案，对于连续变量则直接代入松弛算法求出的解。

传统的 BnB 算法解决整数优化问题的流程如下：

(1) 若优化问题的目标为最小化，则设定最优解的上界 $Z = \infty$；若目标为最大化，则设定最优解的下界为 $Z = -\infty$。

(2) 从尚未搜索的节点中选择一个节点，不考虑整数约束，求解该节点对应的整数优化的松弛问题，并计算该松弛解对应的目标值。以最小化问题为例，若目标值大于当前上界，则剪枝；否则，若该松弛问题的最优解符合整数约束，则用该目标值替换当前上界并停止计算，若不符合整数约束，则转入下一步。

(3) 分支：从不满足整数条件的基变量中任选一个 x_i 进行分支，它必须满足 $x_i \leqslant \lfloor x \rfloor$ 或 $x_i \geqslant \lfloor x \rfloor + 1$ 中的一个，把这两个约束条件加进原问题中，分支形成两个互不相容的子节点。

(4) 判断是否仍有尚未被搜索的节点，如果有，则进行步骤 (2)；否则，则终止计算，并得到最优解。

3.3.3 基于深度学习的智能分支定界方法

1. 背景介绍

在 3.2 节中讨论了如何为每个用户和每个任务选择有效调度的问题，这是二元整数优化问题。而 MEC 系统中的部分业务，如边缘存储业务，移动设备本地产生的任务可以分割成多个子任务分别通过不同的路径处理，从而减少等待时延，考虑到任务的任意分割特点，该问题是一个混合整数优化问题。混合整数优化问题中的优化参数很难用常见概率分布直接描述，如 3.2 节所述的基于 CE 学习的机器学习方法不再适用。根据文献 [18]、[19]，DL 是机器学习方法中一种普适性更高的方法，其通过大量数据样本学习神经网络的特征参数，并通过学习到的神经网络模型求解目标问题的最优解。然而，DL 作为一种数据驱动的方法，性能受到数据样本的优劣、学习方法的适用性等外界因素的干扰。相对地，以 BnB 为例的模型驱动算法往往具有更高的鲁棒性和可靠性，但是计算复杂度更高。数据-模型联合驱动算法为保证学习性能的优越性、提高算法的鲁棒性、降低计算复杂度提供了可能的方案。

此外，近年来，移动设备数目的爆炸式增长对用户接入模式提出了新的要求[20]：在有限的带宽上，传输更多的数据信息。在 MEC 网络中，移动设备与计算接入节点之间的有效通信需要占用大量的通信资源，因此为用户配置更节约资源的多址接入方式将成为未来 MEC 网络资源调度的主要研究方向之一。

本节考虑多（移动设备）对一（计算接入节点）模型，且每个移动设备可以将计算量巨大的任务切割成多个计算量较小的子任务，并借助多址接入技术将子任务通过多个不同的子信道传输到计算接入节点中。其中，该优化目标参数涉及切割任务和信道资源分配，是一个混合整数优化问题。为此，采用基于 DL 的数据-模型联合驱动算法：搭建 BnB 决策树，用神经网络学习该决策树的剪枝过程，直到搜索或剪枝完所有的决策树，所得优化目标参数为最优卸载策略。仿真证明，基于 DL 的算法在计算复杂度上远远优于传统的 BnB 算法，且计算性能接近最优解。

2. 系统模型

本节考虑正交频分多址接入（orthogonal frequency division multiple access，OFDMA）系统，研究 MEC 场景中多（移动设备）对一（计算接入节点）模型的卸载策略优化问题。该系统中有 C 条正交子信道服务 G 个移动设备，其中信道标记为 $\mathcal{C} = \{1, 2, 3, \cdots, C\}$，移动设备标记为 $\mathcal{G} = \{1, 2, \cdots, G\}$。在一段规定时间，如一个时隙内，$G$ 个移动设备产生的数据将通过正交子信道传输到同一边缘计算接入节点上完成计算服务。从移动设备到计算接入节点完成计算需要经历三个流程：卸载过程、计算过程和回传过程。时分双工 OFDMA 系统图如图 3.11 所示。

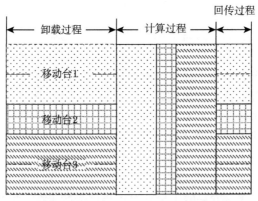

图 3.11 时分双工 OFDMA 系统图

图 3.11 中展示了 3 个移动设备共享 5 个正交子信道的场景。在卸载过程中，3 个移动设备上产生的任务同时经过 5 个正交子信道传输。在计算过程中，每个

移动设备上产生的任务依次在计算接入节点 CPU 中完成计算。在回传过程中,计算接入节点上计算完成的任务通过下行对称信道回传到移动设备中。

令卸载策略为 $\boldsymbol{x} = [x_{gc}|x_{gc} \in \{0,1\}]_{G \times C}$,$x_{gc} = 1$ 表示移动设备 g 产生的部分任务通过信道 c 传输;$x_{gc} = 0$ 表示移动设备 g 产生的任务不通过信道 c 传输。在多对一模型中,仍然存在单一连接约束,限制每个信道最多传输一个移动设备的数据,如下:

$$\sum_{c=0}^{C} x_{gc} = 1 \tag{3.35}$$

为保证资源的利用效率,假设每个移动设备本地产生的计算任务可以划分为多个可以独立传输的子任务,且移动设备本地具有划分子任务的能力。被分割成的子任务可以通过不同的正交信道卸载到计算接入节点,在计算完成后,通过对称信道回传到移动设备。若移动设备 g 上产生的任务大小为 L_g,则第 c 个正交信道上传输的子任务大小为 l_{gc}。令任务分割策略表示为 $\boldsymbol{l} = [l_{gc}|l_{gc} \in [0, L_g]]_{G \times C}$。假设所有任务都被卸载到计算接入节点计算,则有

$$\sum_{c=0}^{C} l_{gc} = L_g \tag{3.36}$$

综合考虑式(3.35)和式(3.36),每个子任务的大小必然小于总任务大小,有

$$0 \leqslant l_{gc} \leqslant x_{gc} L_g \tag{3.37}$$

同理,可以考虑留取部分任务在本地计算。但是由于计算接入节点的计算能力远远优于移动设备,卸载到计算接入节点进行计算是大部分数据的必经之路,所以仅卸载到计算接入节点完成计算也是合理的。另外,考虑本地计算等价于多(移动设备)对多(计算接入节点)场景,其本身的卸载策略维度更大,在本节中暂不考虑。

从图 3.11可知,系统时延主要包括卸载时延、计算时延和回传时延。卸载时延和回传时延分别与每个信道上分配的子任务大小和信道的传输参数有关,计算时延与移动设备产生的任务大小和计算接入节点 CPU 的计算能力有关。不难发现,卸载时延和回传时延与卸载策略中的 l_{gc} 和 x_{gc} 有关,而计算时延和卸载策略无关,可以认为在系统参数确定后,计算时延不参与卸载策略的优化,由于任务处理结果的数据大小通常远小于原始任务的数据大小,因此回传时延非常小,通常忽略不计。时延模型中将仅考虑上行传输时延对卸载策略的影响。对于信道 c,时延为

$$t_c = \frac{l_{gc}}{R_c} \tag{3.38}$$

其中，R_c 表示上行的传输速率。结合式(3.19)可知，上下行信道的传输速率与带宽、信道增益、发射功率、接收功率等参数有关。考虑到各个子信道同时工作，时延损耗是各个子信道时延的最大值：

$$T(\boldsymbol{x}) = \max(t_c) \tag{3.39}$$

在不考虑用户本地计算任务时，用户的能量损耗主要存在于数据传输过程中。此外，系统的能量损耗是各个移动设备的能量损耗之和，也就是各个信道传输数据所损耗的能量，表示为

$$E(\boldsymbol{x}) = P_c \sum_{g \in \mathcal{G}, c \in \mathcal{C}} \frac{l_{gc}}{R_c} \tag{3.40}$$

其中，P_c 表示传输功率，包括发射功率和接收功率；R_c 表示信道传输速率，包括上行信道传输速率和下行信道传输速率。

综合式(3.35)、式(3.36)、式(3.39)、式(3.40)，MEC 网络中最小化系统损耗可如下建模：

$$
\begin{aligned}
\min_{\boldsymbol{x},\boldsymbol{l}} \; & \Psi(\boldsymbol{x}) = \lambda_t T(\boldsymbol{x}) + \lambda_e E(\boldsymbol{x}) \\
\text{s.t.} \; & \sum_{c \in \mathcal{C}} x_{gc} = 1, \quad \forall g \in \mathcal{G} \\
& \sum_{c \in \mathcal{C}} l_{gc} = L_g, \quad \forall g \in \mathcal{G} \\
& 0 \leqslant l_{gc} \leqslant x_{gc} L_g, \quad \forall c \in \mathcal{C}, \quad \forall g \in \mathcal{G} \\
& x_{gc} \in \{0,1\}, \quad \forall c \in \mathcal{C}, \quad \forall g \in \mathcal{G}
\end{aligned}
\tag{3.41}
$$

其中，λ_t 和 λ_e 表示标量权重，代表了由于环境差异导致的时延与能耗的重要程度差异，是为了根据实际的通信环境、通信业务的客观需求、用户的电池储备量等要素调整合适的目标函数。此外，分析式(3.41)，该问题中的优化变量 $\boldsymbol{x}$ 和 $\boldsymbol{l}$ 共同组成了卸载策略，前者是一个二元变量，后者是一个连续变量。要求解当前问题，3.2.1 节中介绍的基于 CE 的算法很难确定实际的概率分布，所以限制更少、普适性更强的基于神经网络的机器学习算法将在后面被应用于求解该卸载策略优化问题。

3. 智能分支定界算法

BnB 算法的计算复杂度通常非常高，主要是因为 BnB 算法的搜索节点数目与优化目标的维度呈指数相关，需要较大的计算量和存储空间。要想提高 BnB 算

法的计算效率,可以从减少有效搜索节点的数目着手,例如调整剪枝策略。剪枝的意义在于,当在该节点的父辈节点处确定了优化参数后,及时判断确定的优化参数是否是有效的,对无效的参数进行舍弃,而有效的参数可用于后续分支。在传统的 BnB 算法中,规定了三种必须剪枝的情形:当前节点的目标函数值超出边界限定、当前节点对应的松弛问题无可行解和当前松弛问题存在满足约束条件的整数解。然而,除了上述三种情况,其他的节点本身也可能是不具有搜索意义的。换言之,只有最终分支处最优解的节点和其父辈节点是有分支意义的。在获得最优解之前,并不能仅通过节点参数确定到每一个节点是否是最优解的父辈节点。

剪枝是提升 BnB 算法计算效率的最有效的途径之一。剪枝问题可以认为是一个二元分类问题,对每一个节点,仅存在剪枝和分支两种操作。分类问题是神经网络擅长的领域,为此将搭建基于神经网络的 BnB 解空间树。

要利用基于神经网络的机器学习算法求解混合整数优化问题,需要经历三个主要步骤。

(1) 收集样本数据集。用神经网络学习剪枝策略时,需要明确与剪枝策略有关的参数作为样本集参数。与系统模型相关的参数和决策树节点的参数都影响了当前节点的剪枝策略,都将作为学习的特征参数。在收集这些参数时,考虑到学习目标是为了模仿 BnB 算法的最优输出,记录 BnB 算法中的各个节点参数和节点的剪枝或分支标签 ρ 作为样本数据集。若节点剪枝,则 $\rho = 1$;反之,$\rho = 0$。

(2) 学习样本数据集。将每个节点的相关参数组和剪枝标签输入神经网络中,利用批量梯度下降算法优化神经网络参数。学习目标是使代价函数值尽可能小,并不断调整神经网络的基本结构直到学习正确率足够高,以支持有效的 BnB 算法分支。其中,调整的结构主要包括隐藏层的层数、隐藏层的节点数、激活函数、批处理中的分批大小等。

(3) 用训练完成的神经网络计算。将神经网络嵌入 BnB 算法的求解过程中,将当前节点的特征参数输入训练完成的神经网络中,输出剪枝策略,影响传统 BnB 算法的剪枝。

要学习剪枝策略,首先需要确定学习的剪枝相关参数。在式(3.41)所述的任务卸载方案优化问题中,相关参数主要分为与系统模型有关的参数和与系统模型无关的参数。

(1) 与系统模型有关的参数,本质上就是 MEC 卸载策略优化问题中的系统参数。系统参数主要包括移动设备数、正交子信道数、每个移动设备上产生的任务大小、各信道传输参数、移动设备和计算接入节点的计算能力、时延与能量损耗的重要程度差异等。这些参数共同描述了一个 MEC 系统,直接影响了卸载策略的设计。

(2) 与系统模型无关的参数,本质上是与 BnB 算法相关的参数,包括当前节点的特征、分支过程的特征等，都对剪枝策略和分支方向有较大的影响。当前节点的特征包括节点所处决策树的层数、对应 LPRr 问题的解。对于距离根节点更近的层数较低的节点，如果剪枝，则会舍去大量的搜索节点，可能导致最优解节点由于错误剪枝而不被搜索；对于距离根节点更远的层数较高的节点，剪掉的节点数目较少，但是每次剪枝导致失去最优解的可能性降低。LPRr 问题的目标函数解度量了当前节点的优化性能。不同深度的节点处，LPRr 问题的目标函数解往往差距较大。分支过程的特征包括变量的搜索范围、上一节点的分支参数等。由于分支过程的特征依赖于节点的特征，其重要程度较节点特征的重要性下降。

在确定了神经网络的输入、输出和基本模型后，需要进一步调整网络参数，主要是隐藏层数、隐藏层节点数、代价函数、激活函数、批处理中的分批大小、学习率、有效的学习样本等。

学习样本的产生是记录传统 BnB 算法运行中决策树的各项参数，但是在先前的分析中发现，若定义分支处最优解的节点为有效节点，其他节点为冗余节点，则 BnB 算法决策树中的冗余节点数量远远大于有效节点的数量。在用神经网络解决分类问题时，如果不同分类之间的样本数目差距较大，那么会产生过拟合现象。为此，实际的学习样本将记录样本中的随机采样，采样量将根据有效节点数确定，保证冗余节点样本数略大于有效节点样本数。

在选定合适的激活函数后，神经网络产生的结果通常分布于 $(0,1)$，其描述了当前节点被剪枝的概率。因此在最终给出剪枝或者分支的判断结果时，需要给定门限值 θ。若神经网络的输出结果 $z^{(k)} \geqslant \theta$，则剪枝，反之，则分支。考虑到 BnB 算法的最终目的是输出最优解，如果定义的 θ 过小，则大量冗余节点被分支，导致计算复杂度大幅度上升，从而导致神经网络不能发挥降低计算复杂度的作用；如果定义的 θ 过大，则部分有效节点被剪枝，导致全局最优解被舍弃，基于神经网络的 BnB 算法最终输出的"最优解"将是局部最优解，甚至没有可行解。为此，采用一种自适应调整阈值的方案。首先，通过大量样本的学习经验找到一个数值，使得此时的 θ 有较大概率求出较优的可行解；然后，基于先前的大量样本学习设置一个合理的步长，当 BnB 算法求不出可行解时，不断重复步长调整步骤和 BnB 算法的分支求解过程，直到求得较优的可行解。

3.3.4　实验分析

本节给出了 3.3.3 节中介绍的基于 DL 的 IBnB 算法的性能，并对其进行相关分析。在多对一的 MEC 系统中，假设移动设备具有计算能力，可以服务用户的计算密集型业务，计算接入节点的计算能力与 3.2.4 节中设定的相同。假设网络中有 3 个用户，在每个时隙内产生的本地计算任务大小为 $[1,20]$ Mbit/s；网络中的通信资源可以支持 6 个独立的正交子信道，用户通过多个无线信道传输将本地

业务传输到计算接入节点，发射功率、接收功率、信道传输速率等参数均与 3.2.4
节中设定的参数相同。

在本节中介绍的基于 DL 的智能 BnB 算法，主要涉及的复杂度评估在于 BnB
解空间决策树被搜索的节点数。

根据 3.3.3 节中关于剪枝判定阈值的设定，随着初始阈值 θ_0 的变化，搜索的
决策树节点数会发生变化。图 3.12 描述了 $\theta_0 = [0.5, 0.1, 10^{-5}, 10^{-10}, 10^{-20}]$ 时，累
计搜索节点数的变化。累计搜索节点数不仅记录了初始阈值的分支决策树的搜索
节点，也记录了调整阈值后对应每一个分支决策树的搜索节点。为了保证仿真的
随机性，每次实验都随机产生一组任务大小为 l 的样本，测试该样本对应的 BnB
决策树的搜索节点数。图 3.12 展示了 1000 个随机样本对应的节点数变化曲线。
该曲线中从左到右的样本号没有实际意义，所以某单一曲线的趋势不具有实际意
义，仅体现了样本随机性。但是，不同曲线之间的相对大小反映了剪枝判断阈值
对节点数的影响，以及 BnB 算法与 IBnB 算法搜索节点数的差异。在 IBnB 算法
中，搜索节点数的多少与 θ_0 的大小并不是绝对的增减关系，$\theta_0 = 0.1$、$\theta_0 = 10^{-5}$
和 $\theta_0 = 10^{-10}$ 的曲线存在多次交叉。这主要是因为初始阈值 θ_0 较小时，初始
阈值无法求得近似最优解；调整阈值再次进行决策树搜索后，先前搜索的决策树
节点数是冗余的。但是，考虑到不同系统参数对应的最佳剪枝判定阈值通常是不
同的，因此该情况难以避免。从整体上看，θ_0 减小到一定程度会导致搜索节点数

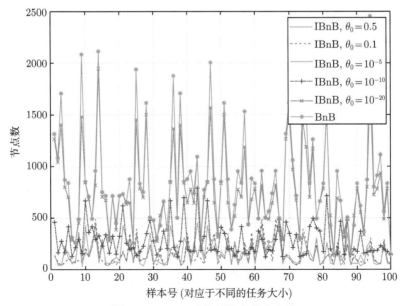

图 3.12　BnB 决策树搜索的节点数

的增加。随着初始阈值的不断减小，IBnB 算法的搜索节点数逐渐接近传统 BnB 算法，并且当初始阈值设置为 $\theta_0 = 10^{-20}$ 时，IBnB 算法搜索的节点数已经增加到接近 BnB 算法的。

为了更清晰地描述初始阈值与搜索节点数之间的大小关系，将图 3.12 中的节点数转化为图 3.13 中的 CDF。CDF 描述了 $Pr(x \leqslant x_0)$，即 $x \leqslant x_0$ 时的概率。图 3.13 中显示，对于 IBnB 算法，在搜索节点数较少时，$\theta_0 = 0.5$、$\theta_0 = 0.1$ 和 $\theta_0 = 10^{-5}$ 的样本比例几乎相同，但是 $\theta_0 = 10^{-5}$ 较前两者存在更多的搜索节点数和更多的样本。随着 θ_0 的减小，曲线向右偏移的幅度显著增加，甚至接近 BnB 算法的 CDF 曲线。结合图 3.12，曲线之间的交叉说明，对于某一样本初始门限值并不是越小越好；图 3.13 说明，随机样本初始门限值设为 $\theta_0 = 0.1$、$\theta_0 = 0.5$ 和 $\theta_0 = 10^{-5}$ 优于设为 $\theta_0 = 10^{-10}$ 和 $\theta_0 = 10^{-20}$。

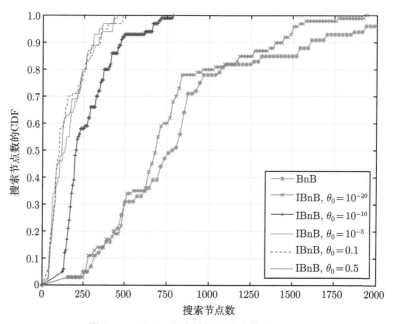

图 3.13　BnB 决策树搜索节点数的 CDF

图 3.14 描述了 1000 个随机样本对应的平均目标函数值。当初始阈值 θ_0 从 0.1 变化到 10^{-20} 时，IBnB 算法的平均目标函数值更接近 BnB 算法的。结合图 3.12，阈值的减小导致搜索的节点数增加，被剪枝的节点数减少。当初始阈值接近 10^{-20} 时，IBnB 算法的决策树节点数与 BnB 算法的相近，剪枝中舍弃最优节点的概率大幅度下降。当初始阈值 θ_0 从 0.5 变化到 0.1 时，平均目标函数值却是增加的，这主要是因为，当初始阈值较大时，大多数样本不能保证在初始阈值的限制下通过 BnB 算法求出可行解，需要在下一次求解中自适应调整初始阈值。

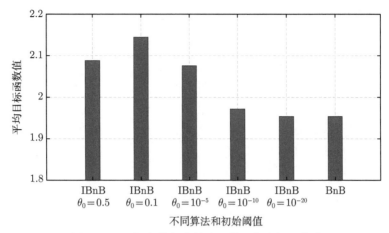

图 3.14   不同初始阈值设定下的平均目标函数值

图 3.15 描述了不同初始阈值下 IBnB 算法调整阈值次数的概率。观察整体变化趋势可知，随着初始阈值的减小，调整 0 次的概率从接近 0.5 增加到 1，相应地，调整 1 次和调整 2 次的概率逐渐减小到 0。自适应阈值调整次数本身并没有实际意义，但是调整的次数越多代表累积搭建的分支决策树越多，累计搜索样本数会有一定程度的增加。以 $\theta = 0.5$ 为例，有接近 20% 的样本通过两次阈值调整，这部分样本根据三个不同的阈值搭建了三个不同的决策树，且前两个决策树是无意义的，对应的搜索节点是冗余的。综合图 3.12 ～ 图 3.15，可以认为在保证搜索节点数较少且目标函数值较接近 BnB 算法的时，选择剪枝初始阈值为 $\theta_0 = 10^{-10}$。若尽可能减少节点数、提高计算有效性，目标函数值的允许浮动范围为 0.5，则选择剪枝初始阈值为 $\theta_0 = 0.1$。若尽可能优化目标函数值、允许浮动范围较小，则选择剪枝初始阈值为 $\theta_0 = 10^{-20}$。

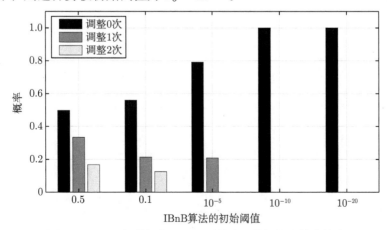

图 3.15   不同初始阈值下 IBnB 算法调整阈值次数的概率

3.3.5　代码分析

本节将给出 3.3.3 节中所介绍的基于 DL 的 IBnB 算法的具体仿真代码说明。仿真代码运行在 MATLAB 和 Python 平台上。

第一步，设置系统参数，生成系统拓扑模型。

```
S = 6; # 设定用于传输的正交子信道数目
K = 3; # 设定用户数目
F = 2e9; # 计算速率（r/s）
dietta = 1e-8; # 噪声功率
d = 100; # 约束时间
PT = unifrnd(1, 1.5, 1, K); # 发射功率
dis = unifrnd(10, 20, 1, K); # 距离
Ad = 4.11; # 天线增益
fc = 915 * 10 ^ 6; # 载波频率
de = 2.8; # 路径损耗指数
h_ = Ad * (3 * 10 ^ 8. / (4 * pi * fc * dis)). ^ de; # 自由空间路径
    损耗模型
alpha = exprnd(1, 1, K); # 信道衰落因子
h = h_ .* alpha; # 时变信道增益
B = 1e6; # 带宽
C = B * log2(1 + h / dietta); # 传输速率
templ = 1e6 * unidrnd(5, 1, K); # 任务大小
```

第二步，建模卸载决策优化问题。

```
# 待求量的集合，总长度为（2 * K * S + 1）
p_x = zeros(K * S, 1); # 信道选择的指示参数
t_x = zeros(1, 1); # 最长传输时延
l_x = zeros(K * S, 1); # 每个信道分配的时间
# 优化目标
f = zeros(1, 2 * K * S + 1);
for k = 1 : K
    f(1, K * S + (k - 1) * S:K * S + k * S) = (PT(k) / C(k));
end
f(1, 2 * K * S + 1) = 8;
# 优化问题约束条件，1~4 为不等式约束，5 为等式约束
# 子信道选择指示向量为 0~1（在算法中另外加整数约束）
A1 = zeros(K * S, 2 * K * S + 1);
A1(1:K * S, 1 : K * S) = eye(K * S, K * S); # 前 K* S 行表示的是 p 小于 1
B1 = ones(K * S, 1);
## 每个子信道最多被选择一次
```

```
A2 = zeros(S, 2 * K * S + 1); # 每个信道最多被选择一次
for s = 1 : S
    for k = 1 : K
        A2(s, (k - 1)* S + s) = 1;
    end
end
B2 = ones(S, 1);
# 每个子信道传输的信号大小
A3 = zeros(K * S, 2 * K * S + 1);
for k = 1 : K
    for s = 1 : S
        A3((k - 1)* S + s, (k - 1)* S + s) = -L(k);
        A3((k - 1)* S + s, K* S + (k - 1) * S + s) = 1;
    end
end
B3 = zeros(K * S, 1);
# 时间约束
# 1）单个信道的传输时间小于所有信道中的传输时间最大值
# 2）传输和计算的总时间小于规定的计算时间
A4 = zeros(K * S + 2, 2 * K * S + 1);
for k = 1 : K
    for s = 1 : S
        A4((k - 1)* S + s, K* S + (k - 1) * S + s) = 1;
        A4((k - 1)* S + s, 2 * K * S + 1) = -C(k);
    end
end
A4(K* S + 1, K * S + 1:2 * K * S) = 330 * ones(1, K * S);
A4(K* S + 1, 2 * K * S + 1) = 1.2 * F;
A4(K* S + 2, 2 * K * S + 1) = 1;
B4 = zeros(K * S + 2, 1);
B4(K* S + 1, 1) = d * F;
B4(K* S + 2, 1) = d;
# 分配大小的约束
Aeq = zeros(K, 2 * K * S + 1); # 所有子信道传输的数据之和为每个任务
    的大小
Beq = zeros(K, 1);
for k = 1 : K
    Aeq(k, K * S + (k - 1) * S + 1 : K * S + (k - 1) * S + S) = ones
        (1, S);
    Beq(k, 1) = L(k);
```

```
end
# 先前约束条件的集合
A_12 = cat(1, A1, A2);
A_34 = cat(1, A3, A4);
A = cat(1, A_12, A_34);
B_12 = cat(1, B1, B2);
B_34 = cat(1, B3, B4);
B = cat(1, B_12, B_34);
# 分支定界算法求解整数约束问题
lb = zeros(2 * K * S + 1, 1);
ub = inf * ones(1, 2 * K * S + 1);
optX = zeros(1, 2 * K * S + 1);
optVal = 1e8;
l = [];
c = 0;
[x, fit, exitF, out, l] = BnB_OFDM_sample0710(f, A, B, Aeq, Beq, lb,
    ub, optX, optVal, K, S, l, c);
```

第三步，利用 BnB 算法求解卸载决策问题，并生成初始样本数据。

```
# 分支定界法产生样本函数
function[xOut, fitUut, flagOut, kOut, lout] = BnB_OFDM_sample0710(f,
    A, B, Aeq, Beq, vlb, vub, optXin, optF, K, S, labelin, curve)
    [x, fit, status] = linprog(f, A, B, Aeq, Beq, vlb, vub, [],
        options);
    curve = curve + 1;
    ll = zeros(1, 2 * K * S + 5);
    ll(1, 2) = fit;
    ll(1, 5 : 2 * K * S + 5) = x;
    ll(1, 3) = curve;
    kOut = -100;
    xOut = x;
    fitOut = fit;
    label = cat(1, label, ll);
    lout = label;
    # 无可行解, return
    if status ~= 1
        flagOut = status;
        ll(1, 4) = -1;
        return;
    end
    # 不是整数解
```

```
if max(abs(x(1:K * S, 1) - round(x(1:K * S, 1)))) > 0.00005
    if fit > optVal # 当前解不优于最优解，return
        flagOut = -100;
        ll(1, 4) = -2;
        return;
    else # 当前解优于最优解
        # 继续分支
    end
# 是整数解
else
    if fit > optVal # 是整数解但是不优于原有解，return
        flagOut = -101;
        ll(1, 4) = -3;
        return;
    else # 是最优解，return
        optVal = fit;
        optX = x;
        optFlag = status;
        flagOut = status;
        ll(1, 4) = 2;
        return;
    end
end
midX = abs(x(1:K * S, 1) - round(x(1:K * S, 1)));
notIntV = find(midX > 0.005);
kOut = length(notIntV);
if length(notIntV) == 0
    ll(1, 4) = -4;
    label = cat(1, label, ll);
    lout = label;
    return;
end
pXidx = notIntV(1); # 决定添加新整数分支约束的索引
tempVlb = vlb;
tempVub = vub;
# 向上分支计算
if vub(pXidx) >= fix(x(pXidx)) + 1
    ll(1, 1) = pXidx;
    ll(1, 4) = 1;
    label = cat(1, label, ll);
```

```
        tempVlb(pXidx) = fix(x(pXidx)) + 1;
        [~, ~, ~, ~] = BnB_OFDM_sample0710(f, A, B, Aeq, Beq,
            tempVlb, vub, optX, optVal, K, S, label, curve);
    end
    # 向下分支计算
    if vlb(pXidx) <= fix(x(pXidx)) # fix向0取整
        ll(1, 1) = pXidx;
        ll(1, 4) = 1;
        label = cat(1, label, ll);
        tempVub(pXidx) = fix(x(pXidx));
        [~, ~, ~, ~] = BnB_OFDM_sample0710(f, A, B, Aeq, Beq, vlb,
            tempVub, optX, optVal, K, S, label, curve);
    end
    # 得到最优解
    xOut = optX;
    fitOut = optVal;
    flagOut = optFlag;
    lout = label;
```

第四步，处理样本数据，并生成标签样本数据集。

```
[m, ~] = size(l);
for k = 1 : K # 输入拼接任务大小
    templ = L(k) * ones(m, 1);
    l = cat(2, l, templ);
end
for k = 1 : K # 输入拼接功率
    temp2 = PT(k) * ones(m, 1);
    l = cat(2, l, temp2);
end
temp3 = ones(m, 1) * C; # 输入拼接传输速率
l = cat(2, l, temp3);
for i = 1 : m
    if l(i, 4) == 2
        if l(i, 2) > fit
            l(i, 4) = -2;
        end
    end
end
map = -100 * ones(m, 1);
y_ = ones(m, 1);
# 两个相同位置的节点之间若没有最优解，则剪掉对应枝
```

```matlab
for j = 1 : m
    if (map(l(j, 3), 1) == -100 && l(j, 1) ~= 0)
    # 位置 curve 是第一次来,并且该位置继续分支了
        map(l(j, 3), 1) = j;
    elseif(map(l(j, 3), 1) ~= -100 && l(j, 1) ~= 0 && l(j + 1, 1) ~=
        0)
        start = map(l(j, 3), 1) + 1;
        if (start ~= j - 1 && start ~= j)
            current = j - 1;
            temp = [];
            temp(1 : current - start + 1, 1) = l(start : current, 4)
                ;
            if isempty(find(temp == 2))
                # 剪枝为 0, 保留为 1
                y_(start : current, 1) = zeros(current - start + 1,
                    1);
            end
        end
        map(l(j, 3), 1) = -100;
    elseif(map(l(j, 3), 1) ~= -100 && l(j, 1) ~= 0 && l(j + 1, 1) ==
        0)
        start = map(l(j, 3), 1);
        current = j + 1;
        temp = [];
        temp(1 : current - start + 1, 1) = l(start : current, 4);
        if isempty(find(temp == 2))
            # 剪枝为 0, 保留为 1
            y_(start : current, 1) = zeros(current - start + 1, 1);
        end
        map(l(j, 3), 1) = -100;
    end
end
y1 = [];
l1 = [];
for j = 1 : m
    if l(j, 1) ~= 0
        y1 = cat(1, y1, y_(j, :));
        l1 = cat(1, l1, l(j, :));
        end
end
```

第五步，训练智能分支决策神经网络。

```
ks = 50
hidden_num = 256
batchsize = 81442
nSteps = 20000
alpha = 0.00075
# 构建智能分支决策神经网络模型
class FCModel(nn.Module):
    def __init__(self):
        super(FCModel, self).__init__()
        # 生成神经网络中的线性层
        self.linear1 = nn.Linear(ks, hidden_num)
        self.linear2 = nn.Linear(hidden_num, hidden_num)
        self.linear3 = nn.Linear(hidden_num, hidden_num)
        self.linear4 = nn.Linear(hidden_num, hidden_num)
        self.linear5 = nn.Linear(hidden_num, hidden_num)
        self.linear6 = nn.Linear(hidden_num, label)
        # 生成神经网络中的激活层
        self.relu = nn.ReLU()
    def forward(self, input):
        # 搭建神经网络
        out = self.relu(self.linear1(input))
        out = self.relu(self.linear2(out))
        out = self.relu(self.linear3(out))
        out = self.relu(self.linear4(out))
        out = self.relu(self.linear5(out))
        out = self.linear6(out)
        return out
model=FCModel()
criterion = nn.CrossEntropyLoss()
optimizer = torch.optim.Adam(model.parameters(), lr=alpha)
# 加载训练数据
X_train = scipy.io.loadmat('rawdata81.mat')
Y_train = scipy.io.loadmat('rawresult81.mat')
# 训练智能分支决策神经网络
for Step in range(nSteps):
    for data, labels in iterate_minibatches(X_train, Y_train,
        batchsize, shuffle=True):
        outputs = model(data)
        loss = criterion(outputs, labels)
```

```
       optimizer.zero_grad()
       loss.backward()
       optimizer.step()
```

第六步，将训练的神经网络用于 BnB 算法的剪枝决策。

```
# 加载训练好的神经网络模型参数
load('padata41.mat', 'w0', 'w1', 'w2', 'w3', 'w4', 'w5', 'b0', 'b1',
    'b2', 'b3', 'b4', 'b5');
judgepa0 = tanh(ll * w0 + b0);
judgepa1 = tanh(judgepa0 * w1 + b1);
judgepa2 = tanh(judgepa1 * w2 + b2);
judgepa3 = tanh(judgepa2 * w3 + b3);
judgepa4 = tanh(judgepa3 * w4 + b4);
judgepa5 = judgepa4 * w5 + b5;
judgepa = 1 / (1 + exp(-judgepa5));
if (judgepa > tres) || (ll(1, 3) < 4)
    # 深度学习模型
    # 向上分支计算
    if vub(pXidx) >= fix(x(pXidx)) + 1
        tempVlb(pXidx) = fix(x(pXidx)) + 1;
        label = cat(1, label, ll);
        [~, ~, ~, ~] = BnB_OFDM_learningtres_0728(f, A, B, Aeq, Beq,
            tempVlb, vub, optX, optVal, K, S, curve, L, label, tres
            , C, PT);
    end
    # 向下分支计算
    if vlb(pXidx) <= fix(x(pXidx))
        tempVub(pXidx) = fix(x(pXidx));
        label = cat(1, label, ll);
        [~, ~, ~, ~] = BnB_OFDM_learningtres_0728(f, A, B, Aeq, Beq,
            vlb, tempVub, optX, optVal, K, S, curve, L, label, tres
            , C, PT);
    end
    # 得到最优解
    xOut = optX;
    fitOut = optVal;
    flagOut = optFlag;
    lout = label;
else
    xOut = optX;
    fitOut = optVal;
```

```
flagOut = -101;
lout = label;
return;
end
```

获取程序代码

3.4　本章小结

在本章中，首先介绍了基于概率学习和统计采样的 CE 算法，并通过异构网络中的用户接入问题和 MEC 网络中的任务卸载分配问题具体介绍了 CE 算法在无线网络资源分配中的应用。提出的 CE 学习方法具有良好的鲁棒性，系统性能受超参数影响波动较小，在计算损耗、性能、鲁棒性等方面都有良好的表现。此外，该方法不只局限于二元约束问题，也可以是其他合理的 PDF。之后介绍了基于 DL 的 IBnB 算法，并通过 MEC 网络中的卸载资源分配问题详细介绍了该算法。通过仿真验证了该算法的性能，IBnB 算法较传统 BnB 算法的计算复杂度明显下降，算法性能非常接近。本章提出的算法可被用于广泛的通信优化问题，甚至其他工业科学领域的相关优化问题。

参 考 文 献

[1] DINH T Q, TANG J H, LA Q D, et al. Offloading in mobile edge computing: Task allocation and computational frequency scaling[J]. IEEE Transactions on Communications, 2017, 65(8):3571-3584.

[2] YANG L, CAO J N, CHENG H, et al. Multi-user computation partitioning for latency sensitive mobile cloud applications[J]. IEEE Transactions on Computers, 2015, 64(8): 2253-2266.

[3] SARDELLITTI S, SCUTARI G, BARBAROSSA S. Joint optimization of radio and computational resources for multicell mobile-edge computing[J]. IEEE Transactions on Signal and Information Processing over Networks, 2015, 1(2):89-103.

[4] YANG G S, HOU L, HE X Y, et al. Offloading time optimization via Markov decision process in mobile-edge computing[J]. IEEE Internet of Things Journal, 2021, 8(4): 2483-2493.

[5] CHEN X F, ZHANG H G, WU C, et al. Optimized computation offloading performance in virtual edge computing systems via deep reinforcement learning[J]. IEEE Internet of Things Journal, 2019, 6(3):4005-4018.

[6] DINH T Q, LA Q D, QUEK T Q S, et al. Learning for computation offloading in mobile edge computing[J]. IEEE Transactions on Communications, 2018, 66(12):6353-6367.

[7]   QIAN Y R, XU J D, ZHU S H, et al. Learning to optimize resource assignment for task offloading in mobile edge computing[J]. IEEE Communications Letters, 2022, 26 (6):1303-1307.

[8]   HUANG X T, XU W, XIE G, et al. Learning oriented cross-entropy approach to user association in load-balanced HetNet[J]. IEEE Wireless Communications Letters, 2018, 7(6):1014-1017.

[9]   ZHU S H, XU W, FAN L S, et al. A novel cross entropy approach for offloading learning in mobile edge computing[J]. IEEE Wireless Communications Letters, 2020, 9(3):402-405.

[10]   DE BOER P T, KROESE D P, MANNOR S, et al. A tutorial on the cross-entropy method[J]. Annals of Operations Research, 2005, 134(1):19-67.

[11]   HO S L, YANG S Y, YAO Y Y, et al. Robust optimization using a methodology based on cross entropy methods[J]. IEEE Transactions on Magnetics, 2011, 47(5):1286-1289.

[12]   RUBINSTEIN R Y, KROESE D P. The Cross-Entropy Method: A Unified Approach to Combinatorial Optimization, Monte-Carlo Simulation, and Machine Learning[M]. New York: Springer, 2004.

[13]   MIETTINEN A P, NURMINEN J K. Energy efficiency of mobile clients in cloud computing[C]//USENIX Conference on Hot Topics in Cloud Computing, Boston, 2010: 4-11.

[14]   EHRGOTT M. Multicriteria Optimization[M]. 2nd ed. Berlin: Springer Science and Business Media, 2005.

[15]   YE Q Y, RONG B Y, CHEN Y D, et al. User association for load balancing in heterogeneous cellular networks[J]. IEEE Transactions on Wireless Communications, 2013, 12(6):2706-2716.

[16]   NESTEROV Y, NEMIROVSKII A. Interior-Point Polynomial Algorithms in Convex Programming[M]. Philadelphia: Society for Industrial and Applied Mathematics, 1994.

[17]   NARENDRA P M, FUKUNAGA K. A branch and bound algorithm for feature subset selection[J]. IEEE Transactions on Computers, 1977, 26(9):917-922.

[18]   GAO X B, LIAO L Z. A new one-layer neural network for linear and quadratic programming[J]. IEEE Transactions on Neural Networks, 2010, 21(6):918-929.

[19]   O'SHEA T, HOYDIS J. An introduction to deep learning for the physical layer[J]. IEEE Transactions on Cognitive Communications and Networking, 2017, 3(4):563-575.

[20]   SANAEI Z, ABOLFAZLI S, GANI A, et al. Heterogeneity in mobile cloud computing: taxonomy and open challenges[J]. IEEE Communications Surveys & Tutorials, 2014, 16(1):369-392.

| 第 4 章 |

多维无线信道的自信息表征与智能处理

随着移动通信技术的飞速发展，从最初的 1G 发展到目前的 5G，移动通信技术正在以约 10 年一代的速度不断革新。其中信道状态信息（CSI）压缩反馈技术作为物理层的核心技术，在不同的发展阶段均是热门的创新研究方向。本章主要考虑将 DL 技术与 CSI 压缩反馈技术相结合，针对多天线部署的大规模 MIMO 系统，实现对 CSI 更精确的反馈。

4.1 引　　言

作为 5G 的一项关键性技术，近年来大规模 MIMO 技术 [1] 已经成为学术界与通信领域广泛研究的技术。通过在接收端和发射端配置大量的天线，大规模 MIMO 技术在不增加发射功率和频谱资源的前提下可以成倍地增加信道容量，在系统稳定性、能量利用率和抗干扰能力方面都有着良好的表现。如果想要充分利用大规模 MIMO 技术这些良好的特性，那么发射端需要精确地获取上行链路和下行链路信道的 CSI。针对上行链路的 CSI，发射端获取较容易，只需接收端发送导频信息，发射端根据接收信号便可估计出上行链路的 CSI。而针对下行链路的 CSI，发射端获取比较困难，这也是大规模 MIMO 技术中需要攻克的难题。

在时分双工（time-division duplex，TDD）系统中，基站（BS）利用用户设备（user equipment，UE）发送的导频信息便可以估计出上行链路的 CSI，再利用 TDD 信道的互易性，便可以获取下行链路的 CSI。但是在频分双工（frequency-division duplex，FDD）系统中，上行链路和下行链路工作的频点存在很大的差异，导致其互易性很弱。因此在 FDD 系统中，BS 向 UE 终端发射导频信号，在 UE 处估计出下行链路的 CSI，然后将此 CSI 通过反馈链路反馈到 BS。如果 UE 向 BS 反馈完整的下行链路 CSI，那么反馈链路的开销是巨大的，因此在实际应用中，通常采用基于码本反馈的方法来反馈 CSI。但是在大规模 MIMO 系统中，BS 部署大量的天线，导致码本的设计变得更加复杂，同时反馈量也随着天线数的增加而增长。

为了解决基于码本的反馈方法在大规模 MIMO 系统中面临的挑战，DL 技术 [2] 逐渐受到通信界的广泛关注。DL 技术在并行计算、自适应学习和交叉域学习方面都展现了独特的优势，而且 DL 网络可以利用给定的数据集提取和处理数据集中的隐特征, 有效地拟合和逼近复杂的函数, 因此将 DL 技术引入通信领域有望打破传统通信的设计瓶颈, 在物理层和关键领域实现新的技术突破, 进一步降低建模难度。因此, 国内外学者也考虑将 DL 技术应用到 FDD 系统下的 CSI 压缩反馈中, 实现在大规模 MIMO 系统下的高效 CSI 反馈。

4.2 无线信道的压缩反馈

4.2.1 基于码本的 CSI 反馈方法

在大规模 MIMO 系统中, BS 端预编码性能的优劣与 CSI 复原精度密切相关, 因此 CSI 压缩反馈是保证良好通信性能的关键一环。目前, 无线网络的标准化中主要存在显式反馈、隐式反馈和基于信道的互易性反馈三种反馈方式。显式反馈是指 UE 利用反馈链路直接反馈信道的参数, 例如信道相关矩阵、信道特征向量和信道矩阵等。但是显式反馈开销巨大, 需要进行降维操作来进一步降低反馈开销。隐式反馈是指 UE 利用反馈链路反馈 CSI 的传输参数, BS 可以直接利用 UE 反馈的传输参数进行传输, 而无须在 BS 处恢复 CSI。例如, UE 将预编码矩阵指示 (precoding matrix indicator, PMI) 反馈给 BS, 则 BS 可以利用 PMI 对应的预编码矩阵对发送数据进行处理。隐式反馈的核心在于码本的精确设计, 使得反馈信息能够精确地反映信道的状态。而基于信道的互易性反馈主要包括基于完整信道互易性的反馈和基于部分信道互易性的反馈。

由于针对单 UE 的 MIMO 系统和针对多 UE 的 MIMO 系统需要的反馈精度是不同的[3], 目前无线网主要存在两种基于码本的反馈方式: Type I CSI 反馈和 Type II CSI 反馈。Type I CSI 反馈利用 Type I 码本进行 PMI 反馈, 是一种普通精度的反馈。而 Type II CSI 反馈利用 Type II 码本进行 PMI 反馈, 具有更高的空间分辨率。

1. Type I 码本

为了适应无线网的扩展性、灵活性等特点, 无线网采用参数化码本的结构。参数化码本由统一的码本框架和若干个码本参数组成。无线网码本有两级, 即 $W = W_1 W_2$。其中 W_1 包含一个离散傅里叶变换 (discrete Fourier transform, DFT) 波束组, 代表信道的长期、宽带特性, W_2 代表了信道的短期、子带特性。W_1 的结构表示为

$$W_1 = \begin{bmatrix} B & 0 \\ 0 & B \end{bmatrix} \tag{4.1}$$

其中, $B = [b_0, \cdots, b_{L-1}]$ 是一个矩阵, 由 L 个过采样的 DFT 波束向量组成; W_1 的两个对角块分别作用于两个极化方向, 当两个极化方向的阵列之间的距离远小

于 BS 和 UE 之间的距离时，两个极化方向使用相同的 DFT 波束。

对于一个二维平面阵列来说，假设水平天线端口数为 N_1，垂直天线端口数为 N_2，则总的天线端口数为 $2N_1N_2$，一个极化方向的天线端口数为 N_1N_2，因此 N_1N_2 维的 DFT 向量的个数为 N_1N_2。为了使码本量化时获得更高的精度，二维 DFT 向量通常选择过采样的二维 DFT 向量，即在相邻的二维 DFT 向量中间插入更多的二维 DFT 向量，使相邻的二维 DFT 向量之间的角度间隔更小，从而实现对空间角度的精细量化。假设水平维度和垂直维度的过采样因子分别为 O_1 和 O_2，则过采样后的二维 DFT 向量有 $N_1O_1N_2O_2$ 个，二维 DFT 向量可以表示为

$$\boldsymbol{a}_{m,n} = \boldsymbol{u}_m \otimes \boldsymbol{v}_n, \quad m = 0,1,\cdots,N_1O_1-1, \quad n = 0,1,\cdots,N_2O_2-1 \quad (4.2)$$

其中，$\boldsymbol{u}_m$ 和 $\boldsymbol{v}_n$ 分别是过采样的一维 DFT 向量：

$$\begin{aligned}
\boldsymbol{u}_m &= [1,\cdots,\mathrm{e}^{\mathrm{j}2\pi\frac{(N_1-1)m}{N_1O_1}}]^{\mathrm{T}} \\
\boldsymbol{v}_n &= [1,\cdots,\mathrm{e}^{\mathrm{j}2\pi\frac{(N_2-1)n}{N_2O_2}}]^{\mathrm{T}}
\end{aligned} \quad (4.3)$$

由式 (4.1) 可知，$\boldsymbol{W}_1$ 是一个块对角阵，每个对角块表示一个极化方向的波束组，分别由水平维度的波束组 $\boldsymbol{X}_1$ 和垂直维度的波束组 $\boldsymbol{X}_2$ 的 Kronecker 积计算得到：

$$\boldsymbol{W}_1 = \begin{bmatrix} \boldsymbol{B} & 0 \\ 0 & \boldsymbol{B} \end{bmatrix} = \begin{bmatrix} \boldsymbol{X}_1 \otimes \boldsymbol{X}_2 & 0 \\ 0 & \boldsymbol{X}_1 \otimes \boldsymbol{X}_2 \end{bmatrix} \quad (4.4)$$

其中，$\boldsymbol{X}_1$ 的矩阵维度为 $N_1 \times L_1$；$\boldsymbol{X}_2$ 的矩阵维度为 $N_2 \times L_2$。$\boldsymbol{X}_1$ 和 $\boldsymbol{X}_2$ 分别由 L_1 和 L_2 个长度为 N_1 和 N_2 的 DFT 向量构成，表示为

$$\begin{aligned}
\boldsymbol{X}_1 &= [\boldsymbol{u}_{m_1},\cdots,\boldsymbol{u}_{m_{L_1}}] \\
\boldsymbol{X}_2 &= [\boldsymbol{v}_{n_1},\cdots,\boldsymbol{v}_{n_{L_2}}]
\end{aligned} \quad (4.5)$$

因此 $\boldsymbol{W}_1$ 块对角阵 $\boldsymbol{B} = [\boldsymbol{b}_0,\cdots,\boldsymbol{b}_{L-1}]$ 中的 DFT 向量 $\boldsymbol{b}_k$ 可以表示为

$$\boldsymbol{b}_k = \boldsymbol{a}_{m_{L_1},n_{L_2}} = \boldsymbol{u}_{m_{L_1}} \otimes \boldsymbol{v}_{n_{L_2}} \quad (4.6)$$

Type I 码本中的 $\boldsymbol{W}_2$ 由加权的列选择向量构成。针对一个具有频率选择性的信道，每个子信道对应的最佳波束是不同的，而 $\boldsymbol{W}_2$ 的作用就是从 L 个波束中为不同的子信道选择最合适的波束。若两个极化方向选择相同的波束，则两个极化方向之间需要通过一个相位合并因子进行相位合并，从而保证从两个极化方向发出的信号能同向叠加。

2. Type II 码本

与单 UE 的 MIMO 系统不同，对于多 UE 的 MIMO 系统来说，BS 不仅要保证发送信号在目标 UE 处产生最大的响应，同时还要保证 UE 间的干扰最小化。此时 Type I 码本针对多用户的 MIMO 系统无法实现良好的反馈。而 Type II 码本对 DFT 波束进行线性合并，通过反馈幅度和相位信息实现高精度的信道反馈。与 Type I 码本类似，Type II 码本同样首先寻找二维 DFT 波束空间中的一组正交基，表示为

$$W_1 = \begin{bmatrix} B & 0 \\ 0 & B \end{bmatrix} \tag{4.7}$$

其中，$B = [b_0, \cdots, b_{L-1}]$ 是由 L 个二维 DFT 波束构成的矩阵。二维 DFT 波束空间中正交的二维 DFT 向量的个数为 $N_1 N_2$，选择其中最明显的 L 个二维 DFT 波束作为 B 矩阵。一般来说，两个极化方向的天线阵列排布的位置是相同的，因此两个极化方向的信道参数向量可以使用同一组正交基，信道参数向量在正交基上的表达系数表示为

$$W_2 = \begin{bmatrix} c_{0,0} & c_{0,1} & \cdots & c_{0,Ns-1} \\ c_{1,0} & c_{1,1} & \cdots & c_{1,Ns-1} \\ \vdots & \vdots & & \vdots \\ c_{2L-1,0} & c_{2L-1,1} & \cdots & c_{2L-1,Ns-1} \end{bmatrix} \tag{4.8}$$

其中，N_s 代表频域的子带数。W_2 是信道矩阵 V (或相关矩阵，预编码矩阵) 在 W_1 正交基上的表达系数，经过量化函数 Quant() 后反馈，其表达式为

$$W_2 = \text{Quant}(W_1^H V) \tag{4.9}$$

如果 UE 想要把这些稀疏矩阵反馈给 BS，那么量化操作是必不可少的。由于每个系数都是复数值，因此每个系数可以用实部和虚部的形式表示，也可以用幅度和相位的形式表示。在量化操作过程中，将系数用幅度和相位的形式表示可以实现更精确的量化。给定正交基后，UE 计算预编码矩阵在该正交基上的合并系数为

$$W_1^H V = \begin{bmatrix} d_{0,0} & d_{0,1} & \cdots & d_{0,Ns-1} \\ d_{1,0} & d_{1,1} & \cdots & d_{1,Ns-1} \\ \vdots & \vdots & & \vdots \\ d_{2L-1,0} & d_{2L-1,1} & \cdots & d_{2L-1,Ns-1} \end{bmatrix} \tag{4.10}$$

为了实现高精度 CSI 反馈，每个子带反馈合并系数的相位的获取是非常必要的。相位反馈无须占用较高的位数，一般采用 2 bit 或 3 bit 反馈即可。值得注意的是，宽带反馈合并系数的相位是影响反馈性能的重要因素，由于幅度的频率选择性相较于相位的频率选择性要低得多，采用宽带反馈合并系数的幅度反馈将有利于进一步提升反馈性能。因此，在宽带幅度反馈的基础上增加差分形式的子带反馈是最优的反馈方式。

本节介绍的 Type II 码本的合并系数的幅度反馈，可以分为有子带幅度反馈和没有子带幅度反馈。如果是没有子带幅度反馈，则幅度完全是宽带反馈；如果是有子带幅度反馈，则子带幅度是差分反馈。宽带幅度反馈的码本是

$$\left\{ 1, \sqrt{\frac{1}{2}}, \sqrt{\frac{1}{4}}, \sqrt{\frac{1}{8}}, \sqrt{\frac{1}{16}}, \sqrt{\frac{1}{32}}, \sqrt{\frac{1}{64}}, 0 \right\} \tag{4.11}$$

子带幅度反馈的码本是

$$\left\{ 1, \sqrt{\frac{1}{2}} \right\} \tag{4.12}$$

对于所有合并系数的幅度，其在最终反馈的信道参数向量中的贡献是不同的。幅度值越大的系数，对反馈精度影响越大；反之，幅度值越小的系数，对反馈精度影响越小。因此在进行位数分配时，需要给幅度值较大的合并系数分配更多的位数，实现位数的差额分配。Type II 码本中以宽带反馈的幅度值为基准，在不同的合并系数中间分配子带幅度和子带相位反馈的位数。令 (X, Y, Z) 分别为宽带幅度、子带幅度和子带相位反馈的位数。对于每一层，UE 从 $2L$ 个合并系数中选择一个最强的合并系数（首要系数），其他的 $2L - 1$ 个合并系数相对于首要系数进行归一化，且首要系数设定为 $(X, Y, Z) = (0, 0, 0)$，即首要系数的宽带幅度值和每个子带的子带幅度和子带相位均不需要反馈，首要系数要为 1。

4.2.2　基于人工智能的 CSI 反馈方法

近年来随着 DL 的不断发展，国内外研究者考虑将 DL 应用到 CSI 压缩反馈中进而提升 CSI 反馈的性能。将 CSI 矩阵视为图像，CsiNet 网络[4] 在 UE 端利用编码器压缩 CSI 图像，并在 BS 端利用解码器复原 CSI 图像。这是最早将 DL 应用到 CSI 压缩反馈和恢复结合中的技术方案。针对一个大规模 MIMO 系统，BS 端部署 N_t 个天线，UE 端部署单天线。整个系统运用 OFDM 技术，子载波的数量为 $\widetilde{N}_\mathrm{c}$。在第 n 个子载波上的接收信号的数学建模为

$$y_n = \widetilde{\boldsymbol{h}}_n^\mathrm{H} \boldsymbol{v}_n x_n + z_n \tag{4.13}$$

其中，$\tilde{\boldsymbol{h}}_n \in \mathbb{C}^{N_t \times 1}$ 表示第 n 个子载波的信道向量；$\boldsymbol{v}_n \in \mathbb{C}^{N_t \times 1}$ 表示预编码向量；$x_n \in \mathbb{C}$ 和 $z_n \in \mathbb{C}$ 代表传输信号和加性噪声。将所有子载波的信道合并便得到反馈的 CSI 矩阵 $\widetilde{\boldsymbol{H}} = [\tilde{\boldsymbol{h}}_1, \cdots, \tilde{\boldsymbol{h}}_{\tilde{N}_c}]^H \in \mathbb{C}^{\tilde{N}_c \times N_t}$。在 $\widetilde{\boldsymbol{H}}$ 输入到 CsiNet 网络前，对其进行二维离散傅里叶变换（two dimensional-DFT，2D-DFT）使其变得更加稀疏，变换公式为

$$\boldsymbol{H} = \boldsymbol{F}_d \widetilde{\boldsymbol{H}} \boldsymbol{F}_a^H \tag{4.14}$$

其中，$\boldsymbol{F}_d$ 和 $\boldsymbol{F}_a^H$ 是 2D-DFT 矩阵。$\boldsymbol{H}$ 较 $\widetilde{\boldsymbol{H}}$ 更加稀疏，更便于压缩。由于多径时延的特性，$\boldsymbol{H}$ 中仅仅在前 N_c 行有非零值，因此选择前 N_c 行后的 $\boldsymbol{H}$ 的大小变为 $\boldsymbol{H} \in \mathbb{C}^{N_c \times N_t}$。为了更好地利用图像的性质，将 $\boldsymbol{H}$ 实虚部拆分后最终得到 $\boldsymbol{H} \in \mathbb{R}^{2 \times N_c \times N_t}$，将其作为 CsiNet 网络的输入。CsiNet 网络的整体网络结构如图 4.1 所示，主要由编码器和解码器构成。编码器由一个二维卷积层和全连接层组成，用于将 $\boldsymbol{H}$ 压缩成 M 维的码字 $\boldsymbol{c}$。其中 $M = 2N_c N_t \times \sigma$，$\sigma$ 代表压缩率。解码器由全连接层和若干个卷积层组成，用于将码字 $\boldsymbol{c}$ 复原成重建信道 $\hat{\boldsymbol{H}}$。

图 4.1　CsiNet 网络的整体网络结构

在编码器端，$\boldsymbol{H}$ 首先经过卷积核为 $2 \times 3 \times 3$ 的卷积层进行特征提取，再通过维度变换将提取的特征变为 $2 \times N_c N_t$ 的向量。最后利用全连接层将此向量压缩成 M 维的码字 $\boldsymbol{c}$。

在解码器端，首先利用全连接层将码字 $\boldsymbol{c}$ 还原成 $2 \times N_c N_t$ 的向量，然后将此向量通过维度变换还原成 $2 \times N_c \times N_t$ 的图像，最后利用两个 RefineNet 模块复原 CSI 图像。每个 RefineNet 模块均由三个 $2 \times 3 \times 3$ 的卷积层组成，激活函数均采用 LeakyReLU 函数。最后的卷积层采用 Sigmoid 激活函数，用于将卷积层的输出元素映射到 $(0, 1)$。

作为第一个将 DL 应用在 CSI 压缩反馈中的工作，CsiNet 网络的结构比较简单。编码器-解码器的网络结构有许多改进的空间，同时启发了后续 CSI 压缩反馈的一系列研究。改进的方向主要分为两个：基于编码器-解码器网络结构的改进和基于轻量化的改进。4.2.3 节和 4.2.4 节主要针对这两个改进方向进行介绍。

4.2.3　基于网络结构改进的智能 CSI 反馈方法

在 4.2.2 节提到的 CsiNet 网络，采用了最基本的编码器-解码器结构。如果将这种基本的网络结构针对信道特性进行改进，那么 BS 端的 CSI 复原精度将会

得到进一步的提升。RecCsiNet 网络考虑了信道的时间相关性，进而改进网络结构，提升 CSI 反馈的性能。

本节所述的 RecCsiNet 网络结构如图 4.2 所示，其中编码器（编码网络）包含两个模块：特征提取模块和特征压缩模块。特征提取模块主要通过卷积运算提取信道特征，特征压缩模块负责压缩特征。相应地，解码器（解码网络）也有两个主要模块：特征解压缩模块和信道恢复模块。特征解压缩模块负责恢复特征，信道恢复模块负责恢复原始的信道矩阵。

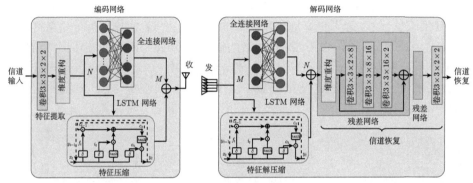

图 4.2　RecCsiNet 网络结构

具体来说，特征提取模块使用了 3×3 的卷积层，与 CsiNet 网络[4] 的设置相同。恢复模块使用了两个 RefineNet 和一个卷积层。特征压缩模块和特征解压缩模块利用的是 LSTM 网络[5]，如图 4.3 所示，该网络具有记忆功能，可以捕获和提取输入序列内部的时序相关性。如图 4.2 所示，特征压缩模块的输入被分成两个并行流：LSTM 网络和全连接网络。全连接网络作为一个跳跃连接，可以加速收敛，减少梯度消失问题。特征压缩模块的输入大小为 N，而输出大小为 M，通常 $N > M$。两个流的输出端维度均为 M，因此可以在输出端将这两个流相加。在提出的神经网络结构中，让 LSTM 网络学习残差特征，而不是直接学习相关特征，因此使其能够具有更强的鲁棒性。LSTM 算法如下：

$$i_t = \sigma(W_{y_i}y_{t-1} + W_{x_i}x_t + b_i) \tag{4.15a}$$

$$\widetilde{C}_t = g(W_{y\widetilde{C}}y_{t-1} + W_{x\widetilde{C}}x_t + b_{\widetilde{C}}) \tag{4.15b}$$

$$f_t = \sigma(W_{y_f}y_{t-1} + W_{x_f}x_t + b_f) \tag{4.15c}$$

$$c_t = f_t \odot c_{t-1} + i_t \odot \widetilde{C}_t \tag{4.15d}$$

$$o_t = \sigma(W_{y_o}y_{t-1} + W_{x_o}x_t + b_o) \tag{4.15e}$$

$$y_t = o_t \odot h(c_t) \tag{4.15f}$$

其中，x_t 和 y_t 分别表示 LSTM 单元的输入和输出；$\widetilde{C}_t$、f_t 和 o_t 的计算结果几乎与 i_t [5] 相同；W 和 b 分别表示权重参数和相应的偏差参数；$\odot$ 表示阿达马乘积；σ 和 h 表示非线性激活函数。

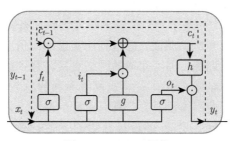

图 4.3　LSTM 网络

上述 LSTM 网络通常用于序列建模，因为它能够捕获序列的相关性。这可以通过式 (4.15) 进行验证，c_t 由它以前的状态 c_{t-1} 和当前的输入 i_t 决定。LSTM 网络保存和遗忘的信息量由学习参数决定。这种内部记忆机制使得 LSTM 网络能够压缩时间冗余。

对于训练过程中的复杂度问题，RecCsiNet 网络中的特征压缩模块和特征解压缩模块占据了待训练参数的大部分。对于 $3 \times 3 \times 2$ 的卷积操作，它只有 18 个参数，可以忽略。在图 4.2 所示的网络中，BS 部分的全连接层网络有 $N \times M$ 个参数。LSTM 网络的参数由 W 和 b 组成。W_y、W_x 和 b 的大小分别是 $N \times N$、$N \times M$ 和 N。因此，在 BS 处的参数数量为 $(NM) + (4N^2 + 4NM + 4N)$。同理，神经网络在 UE 处的训练参数量也是一个数量级。值得注意的是，在 DL 网络中，门控循环单元（gated recurrent unit，GRU）是 LSTM 网络的另一种选择。在提出的神经网络结构中，LSTM 网络可以被 GRU 替代，并且不需要对当前的设计做太多的修改。

4.2.4　基于轻量化改进的智能 CSI 反馈方法

在 CsiNet 网络的基本编码器-解码器结构的基础上，ENet 网络 [6] 在保证 CSI 反馈的复原精度的同时实现了网络的轻量化。ENet 网络主要利用了大规模 MIMO 信道矩阵固有性质的两个发现：① 角度延迟域相关性的差异；② CSI 实部和虚部的相关性。

基于编码器-解码器的大规模 MIMO CSI 反馈神经网络 [4,7–9] 利用编码器中的卷积层在全连接层之前提取信道特征，其缺点在于压缩编码是完全由全连接层独自完成的。值得注意的是，使用单个全连接层进行压缩会导致信道矩阵尺寸急剧减小，从而导致 CSI 过度受损。而且，在低压缩率时，全连接层的参数数量占据了整个网络参数总量的大部分，如果在全连接层之前不进行压缩，那么全连接层的参数数量将会很大。考虑相关差异性，则可以很好地解决这个问题。从信息论的观点来看，具有更强相关性的域，即角度域，可以被更大程度地压缩。因此，对角度域和延迟域采用不同的压缩策略是很自然的。ENet 网络就是在全连接层之前对 CSI 矩阵在角度域进行了压缩。

　　将实部和虚部堆叠为一整个实数值输入是大多数现有基于 DL 的复数值 CSI 反馈方案所采用的方法 [4,7-9]。然而，通过利用实虚部在角度域的强相关性，仅使用 CSI 矩阵的实部进行训练，训练完毕的网络直接转移到虚部使用是可行的。通过将输入和输出减小到堆叠 CSI 的一半，网络参数的总数量至少可以节省一半，从而实现轻量化 CSI 反馈网络设计，其具有更好的性能，并且更易于训练。大规模 MIMO CSI 压缩反馈的 ENet 的设计利用了信道矩阵实部和虚部的相关相似性，以及在角度域和延迟域中的相关差异性。图 4.4 详细展示了 ENet 的整体结构。在图 4.4 中，使用三维值（如 $1 \times N_{cc} \times N_t$）分别表示输入张量的深度、宽度和高度，使用诸如 $f \times 1 \times 3 \times 5$ 的四维值分别表示卷积核和反卷积核的数量、深度、宽度和高度，使用二维值 [如（1，2）] 分别表示输入张量在宽度（对应延迟域）和高度（对应角度域）维度的卷积和反卷积步长。由于在角度域中存在更强的相关性，因此使用步长为 2 的卷积在角度域上压缩 CSI 矩阵。实验表明，在这样的步长下，在角度域使用高度为 5 的卷积核会使网络具有更好的性能。仅在编码器的第一层中使用较大步长卷积的原因是，$\boldsymbol{H}_R$ 和 $\boldsymbol{H}_I$ 的相关性分布在输入网络前是确定性的，而相关性分布可能在第一层之后发生变化。相应地，在解码器的最后一层使用步长为 2 的反卷积来恢复角度域的 CSI 矩阵。对于其他层，以及在延迟域中，使用步长为 1 的卷积和高度、宽度都为 3 的卷积核来处理数据流。

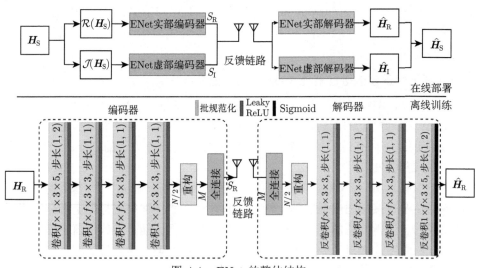

图 4.4　ENet 的整体结构

本节所述的 ENet 网络采用对称结构进行 CSI 压缩和恢复。首先，在编码器的第一层之后，把角度域上 CSI 矩阵的大小从 N_t 压缩为 $N_t/2$。然后，依次放置两个相同的卷积层以增强网络表达能力。实验证明，额外的两个卷积层可以提高网络的性能效率。最后，再使用卷积核尺寸为 $1 \times f \times 3 \times 3$ 的卷积层将特征大小压缩为 $1 \times N_{cc} \times (N_t/2)$。在编码器的末尾，特征映射重构为向量后经过全连接层生成压缩码字 s_R、s_I。

解码器的功能是作为编码器的逆运算，从接收到的码字中重建原始 CSI 矩阵的实部和虚部，即 $\boldsymbol{H}_R$ 和 $\boldsymbol{H}_I$。在 ENet 网络中，除解码器最后一个反卷积层外，所有卷积和反卷积层都使用批归一化（batch normalization，BN）和 LeakyReLU 激活函数。BN 用于加快网络训练的收敛速度，LeakyReLU 激活函数用于增加网络的非线性。对于解码器的最后一层，使用 Sigmoid 激活函数将输出值约束为 $(0,1)$。

相关差异性和相似性不仅使得 ENet 网络具备合理的数据压缩和恢复能力，而且为大规模 MIMO CSI 反馈提供了轻量化的网络结构。在相关相似性的帮助下，全连接层的参数数量从 $2N \times 2\sigma N + 2\sigma N$ 减少到 $N \times \sigma N + \sigma N$，参数数量显著减少。由于相关差异性，全连接层的参数量进一步下降到 $(N/2) \times \sigma N + \sigma N$。

此外，ENet 网络中引入了一个可调参数 f，即卷积核的数量，来控制网络的复杂度。对于面向性能的应用，建议使用较大的 f（如 $f = 32$），而对于复杂度受限的应用，则建议使用较小的 f（如 $f = 16$）。

本节所述的 ENet 网络采用端到端的训练方式，并且使用均方误差（mean square error，MSE）损失函数，表达式为

$$L = \frac{1}{T} \sum_{i=1}^{T} \| f_{DE}(f_{EN}(\boldsymbol{H}_R[i])) - \boldsymbol{H}_R[i] \|^2 \tag{4.16}$$

其中，T 表示训练样本的总数。网络的训练目标是使重建的 CSI 矩阵实部 $\hat{\boldsymbol{H}}_R[i]$ 与对应信道系数真实值的实部 $\boldsymbol{H}_R[i]$ 之间的 MSE 最小。通过仅利用 CSI 矩阵的实部来训练网络，ENet 网络在具有良好的反馈性能的前提下实现了网络的轻量化。

4.3 无线信道的自信息表征

现有的基于 DL 的 CSI 压缩反馈网络[4,7-9] 均是将角度时延域的 CSI 图像作为网络的输入，利用网络"自行"提取 CSI 图像的相关特征，最后利用编码器压缩此相关特征。由于网络输入的 CSI 图像是时延和角度的表达，因此网络提取的特征也是时延和角度的相关特征。根据香农的信息论[10]，压缩的本质是压缩信

息，如果压缩码字中包含原 CSI 图像更多的信息量，那么 BS 端恢复的 CSI 图像将会更精确。因此，如果能够首先计算出 CSI 图像的信息量分布，那么对 CSI 图像信息量较多的区域分配更多的压缩资源，对 CSI 图像中信息量较少的区域分配较少的压缩资源，即根据信息量实现压缩资源的"差额"分配。相较于等概率压缩时延和角度的相关特征的压缩方法 [4,7-9]，这种"差额"分配方式能够使压缩资源的利用最大化，进一步提高 BS 端 CSI 图像的复原质量。为了能够精确地获取 CSI 图像中的信息分布，本节提出了"自信息"的概念 [11]，自信息可以通过数值来显式地表征 CSI 图像中各区域的信息分布。下面分别介绍自信息计算和自信息删选（self-information deleting and selecting，IDAS）算法。

4.3.1　自信息计算

自信息可以衡量 CSI 图像中包含的信息量，也可以更好地表征 CSI 图像中的信息分布。在计算自信息之前，首先要利用 $n \times n$ 的网格将 CSI 图像划分为若干个区域。不失一般性，假设信道的大小与 4.2.2 节中的一致，即 $\boldsymbol{H} \in \mathbb{R}^{2 \times N_c \times N_t}$。针对 $\boldsymbol{H}$ 的实部 $\mathcal{R}(\boldsymbol{H})$ 和虚部 $\mathcal{I}(\boldsymbol{H})$，$\mathcal{R}(\boldsymbol{H})$ 和 $\mathcal{I}(\boldsymbol{H})$ 的每个区域表示为 $\boldsymbol{p}_j$，$j \in \{1, 2, \cdots, (N_c - n + 1)(N_r - n + 1)\}$。在得到整体的 CSI 图像的信息分布之前，需要首先计算每个 $\boldsymbol{p}_j$ 的自信息，自信息的计算公式如下：

$$I_j = -\log_2 q_j(\boldsymbol{p}_j), \quad \forall j \tag{4.17}$$

其中，$q_j(\boldsymbol{p}_j)$ 代表 $\boldsymbol{p}_j$ 的似然概率。值得注意的是，若 $\boldsymbol{p}_j$ 包含更多的信息量，则其具有较大的自信息值。反之，若 $\boldsymbol{p}_j$ 包含很少的信息量，则其具有较小的自信息值。由式 (4.17) 可知，如果想计算 $\boldsymbol{p}_j$ 的自信息值，首先要计算出 $\boldsymbol{p}_j$ 的似然概率 q_j。

在计算 q_j 之前，首先需要定义 $\boldsymbol{p}_j$ 的附近区域集合。令 $\mathcal{N}_j$ 代表 $\boldsymbol{p}_j$ 的附近区域集合，此集合包括 $\boldsymbol{p}_j$ 本身。另外，利用曼哈顿半径 R 控制 $\mathcal{N}_j$ 的边界，即控制集合中附近区域的数量。总的来说，$\mathcal{N}_j$ 是以 $\boldsymbol{p}_j$ 为中心，包含了 $(2R+1)^2$ 个区域的集合。为了更好地彰显曼哈顿半径 R 和 $\mathcal{N}_j$ 的边界之间的关系，图 4.5 展现了曼哈顿半径 $R = 1$ 和 $R = 3$ 时 $\mathcal{N}_j$ 的边界。令 $\boldsymbol{p}'_{j,r}$ 代表 $\boldsymbol{p}_j$ 周围的区域，$r \in \{1, 2, \cdots, (2R+1)^2\}$。假设 $\boldsymbol{p}_j$ 和 $\boldsymbol{p}'_{j,r}$ 服从相同的分布，即 $\boldsymbol{p}_j, \boldsymbol{p}'_{j,r} \sim q_j(\boldsymbol{p})$。$\boldsymbol{p}_j$ 的似然概率估计值 $\hat{q}_j$ 计算如下：

$$\hat{q}_j(\boldsymbol{p}_j) = \frac{1}{(2R+1)^2} \sum_{\boldsymbol{p}'_{j,r} \in \mathcal{N}_j} K(\boldsymbol{p}_j, \boldsymbol{p}'_{j,r}) \tag{4.18}$$

其中，$K(\cdot, \cdot)$ 表示核函数。为了更精确地计算 $\boldsymbol{p}_j$ 和 $\boldsymbol{p}'_{j,r}$ 的距离，核函数采用高

斯核函数，表达式如下：

$$K(\boldsymbol{p}_j, \boldsymbol{p}'_{j,r}) = \frac{1}{\sqrt{2\pi}h} \exp(-\left\|\boldsymbol{p}_j - \boldsymbol{p}'_{j,r}\right\|_2^2 / 2) \tag{4.19}$$

通过结合式 (4.17) 和式 (4.18)，每个区域 $\boldsymbol{p}_j$ 的自信息估计值 $\widehat{I}_j$ 计算如下：

$$\widehat{I}_j(\boldsymbol{p}_j) = -\log_2 \frac{1}{(2R+1)^2} \sum_{\boldsymbol{p}'_{j,r} \in \mathcal{N}_j} \frac{1}{\sqrt{2\pi}} \mathrm{e}^{-\left\|\boldsymbol{p}_j - \boldsymbol{p}'_{j,r}\right\|_2^2 / 2h^2} + 常数 \tag{4.20}$$

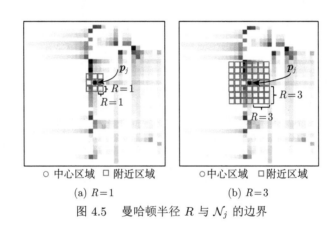

○ 中心区域　□ 附近区域　　　　○中心区域　□ 附近区域

(a) $R=1$　　　　　　　　(b) $R=3$

图 4.5　曼哈顿半径 R 与 $\mathcal{N}_j$ 的边界

当计算出 $\mathcal{R}(\boldsymbol{H})$ 和 $\mathcal{I}(\boldsymbol{H})$ 中的所有区域的自信息估计值后，将所有的自信息估计值组合便可以得到 $\boldsymbol{H}$ 对应的自信息矩阵 $\boldsymbol{I} \in \mathbb{R}^{2 \times (N_c-n+1) \times (N_r-n+1)}$。在 $\boldsymbol{I}$ 中，较大的元素值代表其对应的区域 $\boldsymbol{p}_j$ 包含较多的信息量，较小的元素值代表其对应的区域 $\boldsymbol{p}_j$ 包含较少的信息量。将自信息值较小的区域称为"信息冗余"，将自信息值较大的区域称为"关键信息"。

4.3.2　自信息删选算法

对于 CSI 压缩反馈来说，在有限反馈带宽的前提下，为了使得压缩码字中包含更多有用的 CSI 图像信息，本节提出了 IDAS 算法。由 4.3.1 节可知，在自信息矩阵 $\boldsymbol{I}$ 中，自信息值的大小代表对应的区域 $\boldsymbol{p}_j$ 包含信息量的多少。因此通过设定自信息阈值 T，IDAS 算法可以删除小于自信息阈值的元素，即去除信息冗余，保留其余大于自信息阈值的元素，即保留关键信息。IDAS 算法的数学表达式如下：

$$s_j = \begin{cases} 0, & s_j < T \\ s_j, & 其他 \end{cases} \tag{4.21}$$

其中，s_j 代表 $\mathcal{R}(\boldsymbol{I})$ 和 $\mathcal{I}(\boldsymbol{I})$ 中的元素值，$j \in \{1, 2, \cdots, (N_c - n + 1)(N_r - n + 1)\}$。为了更好地理解信息冗余和关键信息，图 4.6 展示了原始 CSI 图像的实部 $\mathcal{R}(\boldsymbol{H})$ 和经过 IDAS 算法处理后的自信息图像 $\boldsymbol{H}_e$。

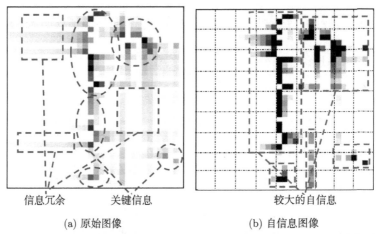

信息冗余　　　　关键信息　　　　　　　　较大的自信息

　　　　(a) 原始图像　　　　　　　　　　　　(b) 自信息图像

图 4.6　原始 CSI 图像的实部 $\mathcal{R}(\boldsymbol{H})$ 和经过 IDAS 算法处理后的自信息图像 $\boldsymbol{H}_e$

从图 4.6(a) 可以看出，原始 CSI 图像中存在几个信息簇，并且每个簇中均包含关键信息和信息冗余。关键信息对应 MIMO 系统中的可解路径；而信息冗余对应低功率的传播路径。IDAS 算法就是删除 CSI 图像中的信息冗余，保留其关键信息。从图 4.6(b) 可以看出，在自信息图像中信息冗余被有效地删除，关键信息更加明显。值得注意的是，信息冗余并不是完全被舍弃，而是被融合到附近的关键信息中。此结论可以通过式 (4.19) 进行论证，对于处在信息冗余和关键信息的边界的 $\boldsymbol{p}_j$，其计算自信息时既利用了包含信息冗余的区域，也利用了包含关键信息的区域。

对于自信息阈值 T 的设定，针对不同的 CSI 图像，其每个关键信息对应的区域和信息冗余对应的区域计算出的自信息值都是不同的，导致每个 CSI 图像中区分关键信息和信息冗余的自信息边界值也是不同的。为了解决上述问题，由于每个 CSI 图像的大小均是相同的，即 $\boldsymbol{H} \in \mathbb{R}^{2 \times N_c \times N_t}$，因此首先设定出 CSI 图像中包含信息冗余的区域的数量，将其作为先验知识，使 IDAS 算法能够针对不同的 CSI 图像自适应地确定对应的自信息阈值。

4.4　基于无线信道的自信息 CSI 压缩反馈

在 4.3 节中介绍了自信息的概念和 IDAS 算法，对于反馈带宽受限的 CSI 压缩反馈来说，在压缩之前将信息冗余删除有助于将更多的关键信息压缩到码字中，进而提升 CSI 的反馈精度。其中将自信息应用到高维 CSI 压缩反馈中的典型网络是 IdasNet 网络。

4.4.1 IdasNet 网络设计

经典的基于 DL 的 CSI 压缩反馈网络[4,7-9]将 CSI 视为图像进行压缩，但是却忽略了 CSI 作为图像的结构特征，即形状特征和纹理特征。如果在压缩过程中能够结合 CSI 图像的结构特征进行压缩，那么 BS 端的 CSI 复原精度将会得到进一步提升。因此，通过考虑 CSI 图像的结构特征，本节提出了一种轻量化的模型-数据驱动的 DL 网络，即 IdasNet 网络，来实现 CSI 的高效压缩和反馈。

在介绍 IdasNet 网络之前，首先需要了解 CSI 图像的形状特征和纹理特征的具体含义。为了便于理解，以一幅三基色的 RGB 图像为例进一步解释图像中的形状特征和纹理特征，如图 4.7 所示。

形状特征：与周围区域有明显的不同，包含较多的信息量

纹理特征：与周围区域很相似，包含较少的信息量

图 4.7 图像中的形状特征和纹理特征

图像的形状特征定义：若一个区域与周围区域有明显的不同，则此区域称为图像的形状特征。图像的纹理特征定义：若一个区域与周围区域很相似，则此区域称为图像的纹理特征。形状特征更注重于描述图像的"轮廓"，因此包含较多的信息量。而纹理特征更注重于描述图像的"背景和纹理"，因此包含较少的信息量。

为了辨别 CSI 图像中的一个区域属于形状特征还是纹理特征，IdasNet 网络引入了自信息的思想。如果一个区域具有较大的自信息值，则该区域属于形状特征；如果一个区域具有较小的自信息值，则该区域属于纹理特征，这与 4.3 节中自信息的定义是契合的。IdasNet 网络的整体结构如图 4.8 所示。

本节所述的 IdasNet 网络主要包括 IDAS 模块、信息特征压缩（informative feature compression, IFC）编码器和信息特征复原（informative feature recovery, IFR）解码器。IDAS 模块首先预压缩 CSI 图像 $\boldsymbol{H}_c$，去除 $\boldsymbol{H}_c$ 中的信息冗余。IFC 编码器将去除信息冗余的 CSI 图像压缩成码字 $\boldsymbol{c}$。最后 IFR 解码器利用码字 $\boldsymbol{c}$ 复原 CSI 图像。下面是每个模块的详细介绍。

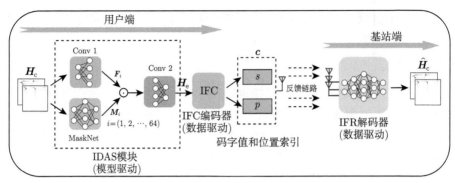

图 4.8　IdasNet 网络的整体结构

1. IDAS 模块

对于输入的 CSI 图像，IDAS 模块是第一个处理模块，用于去除 CSI 图像 H_c 的信息冗余。IDAS 模块的详细结构如图 4.9 所示，其主要包括三个内容：卷积层 1（Conv 1）、MaskNet、卷积层 2（Conv 2）。Conv 1 将 CSI 图像 H_c 转换成 64 个特征图，每个特征图表示为 $F_i \in \mathbb{R}^{N_c \times N_r}$，$i \in \{1, 2, \cdots, 64\}$，其中每个特征图代表 H_c 的特有特征。MaskNet 产生 64 个大小为 $N_c \times N_r$ 的 $(0,1)$ 二值索引矩阵，每个索引矩阵表示为 M_i，$i \in \{1, 2, \cdots, 64\}$。值得注意的是，为了获得更好的性能，IDAS 模块对提取的特征图 F_i 进行 IDAS，而不是对 CSI 图像 H_c 本身。令 $F_i \odot M_i$ 即可去除特征图中的信息冗余。最后 Conv 2 将去除信息冗余的特征图复原成低维的自信息图像 $H_e \in \mathbb{R}^{2 \times N_c \times N_r}$。

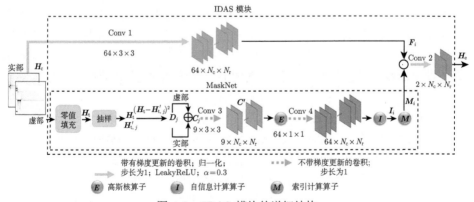

图 4.9　IDAS 模块的详细结构

从图 4.9 可以看出，Conv 1 采用卷积核大小为 $64 \times 3 \times 3$ 的卷积层来提取 64 个特征图。在 IdasNet 网络中，Conv 1 采用典型的梯度下降算法进行训练，将这类参与梯度下降的参数作为网络参数。此外，Conv 1 采用 BN 和 LeakyReLU 激

活函数保证训练的稳定性。LeakyReLU 函数定义为

$$\text{LeakyReLU}(x) = \begin{cases} x, & x > 0 \\ 0.3x, & x \leqslant 0 \end{cases} \tag{4.22}$$

另外，MaskNet 由卷积层 3（Conv 3）、算子 "E"、卷积层 4（Conv 4）、算子 "I" 和算子 "M" 组成。为了简化计算，将 CSI 图像中每个元素点视为一个区域，即划分网格大小为 1×1。为了能够计算 $\boldsymbol{H}_c$ 的边缘元素的自信息值，需要对 $\boldsymbol{H}_c$ 进行零均值填充，填充后的矩阵表示为 $\boldsymbol{H}_t \in \mathbb{R}^{2 \times (N_c + R - 1) \times (N_r + R - 1)}$。对于 $\boldsymbol{H}_t$ 的每个元素，基于曼哈顿半径 R 抽样其附近的 9 个元素点，抽样后的矩阵由这些附近的抽样元素组成，表示为 $\boldsymbol{H}_{t,j}' \in \mathbb{R}^{2 \times (N_c + R - 1) \times (N_r + R - 1)}$，$j \in \{1, 2, \cdots, 9\}$。将填充矩阵 $\boldsymbol{H}_t$ 和抽样矩阵 $\boldsymbol{H}_{t,j}'$ 做平方差即可得到插值矩阵，表示为 $\boldsymbol{D}_j \in \mathbb{R}^{2 \times (N_c + R - 1) \times (N_r + R - 1)} \triangleq (\boldsymbol{H}_t - \boldsymbol{H}_{t,j}')^2$，$j \in \{1, 2, \cdots, 9\}$。通过将插值矩阵的实部信息和虚部信息融合得到融合矩阵 $\boldsymbol{C}_j \in \mathbb{R}^{(N_c + R - 1) \times (N_r + R - 1)} \triangleq \mathcal{R}(\boldsymbol{D}_j) + \mathcal{I}(\boldsymbol{D}_j)$，$j \in \{1, 2, \cdots, 9\}$。

后续的 Conv 3 是一个大小为 $9 \times 3 \times 3$ 的映射层，用于将 $\boldsymbol{C}_j$ 映射为 $\boldsymbol{C}' \in \mathbb{R}^{9 \times N_c \times N_r}$。注意，Conv 3 是一个带有固定参数的映射层，它不需要参与网络的迭代更新，因此在图 4.9 中用虚线表示。算子 "E" 利用式 (4.19) 计算 $\boldsymbol{C}'$ 的高斯核矩阵。Conv 4 卷积核的大小为 $64 \times 1 \times 1$，用于将高斯核矩阵映射为 64 维的高维特征图，同样 Conv 4 作为映射层也不参与网络的迭代更新。最后，算子 "I" 利用式 (4.20) 计算高维特征图的自信息矩阵，表示为 $\boldsymbol{I}_i$，$i \in \{1, 2, \cdots, 64\}$。

通过设定一个自信息阈值 T，算子 "M" 输出一个大小为 $64 \times N_c \times N_r$ 的索引矩阵。算子 "M" 迫使 $\boldsymbol{I}_i$ 中值小于 T 的元素的位置置 0，迫使其他剩余元素的位置置 1。最后获得索引矩阵 $\boldsymbol{M}_i$，其仅包含 0 和 1 两个值。将 Conv 1 的输出 $\boldsymbol{F}_i$ 与索引矩阵 $\boldsymbol{M}_i$ 做阿达马积，即可得到去除信息冗余的 64 维高维特征图。最后，Conv 2 将去除信息冗余的高维特征图复原为低维自信息图像 $\boldsymbol{H}_e$，其卷积核的大小为 $2 \times 3 \times 3$。

2. IFC 编码器

如图 4.8 所示，IFC 编码器输出的码字 $\boldsymbol{c}$ 等效于 $\boldsymbol{c} = [\boldsymbol{s}\ \boldsymbol{p}]$。码字值 $\boldsymbol{s} \in \mathbb{R}^{M \times 1}$ 由 $\boldsymbol{H}_e$ 具有较大自信息值的元素组成。其对应的位置索引 $\boldsymbol{p} \in \mathbb{R}^{M \times 1}$ 是每个码字值在 $\boldsymbol{H}_e$ 中对应的位置。在自信息图像 $\boldsymbol{H}_e$ 中，由于利用 IDAS 模块删除了具有较小自信息值的元素，因此 $\boldsymbol{H}_e$ 仅包含 $\boldsymbol{H}$ 的关键信息。IFC 编码器的算法过程如算法 4.1 所示。

算法 4.1   IFC 编码器的算法过程

输入: 自信息图像 $\boldsymbol{H}_e$

输出: 码字 $\boldsymbol{c} = [\boldsymbol{s}, \boldsymbol{p}]$

1. 将 $\boldsymbol{H}_e$ 转换为向量 $\boldsymbol{v}$
2. 将向量 $\boldsymbol{v}$ 的元素 v_i 降序排列
3. 通过式 (4.23) 确定 M
4. 当 $i = 1, 2, \cdots, M$ 时
5.   选择排序后的 v_i 作为第 i 个码字值 s_i
6.   存储 v_i 对应的位置索引 p_i
7. 循环结束

首先,$\boldsymbol{H}_e$ 通过维度变换被转换为 $\boldsymbol{v} \in \mathbb{R}^{2N_cN_r \times 1}$,然后对 $\boldsymbol{v}$ 中的元素 v_i 依据自信息值的大小进行降序排列。根据预先设定的压缩率,将排序后的具有较大自信息值的 v_i 存储到 $\boldsymbol{s}$ 中,同时将 v_i 对应在向量 $\boldsymbol{v}$ 中的位置索引存储到 $\boldsymbol{p}$ 中。最后将包含了 $\boldsymbol{s}$ 和 $\boldsymbol{p}$ 的码字 $\boldsymbol{c}$ 反馈到 IFR 解码器进行 CSI 复原。

由于 IFC 编码器不仅仅反馈码字值 $\boldsymbol{s}$,还反馈位置索引 $\boldsymbol{p}$,因此需要将位置索引 $\boldsymbol{p}$ 所占的反馈资源也考虑进压缩率中。为了实现公平的比较,IdasNet 网络的压缩率计算公式为

$$\sigma = \frac{k_1 M + k_2 M}{2k_1 N_c N_r} \tag{4.23}$$

其中,M 表示 $\boldsymbol{s}$ 中反馈码字值的数量,即 $\boldsymbol{p}$ 中位置索引的数量;k_1 表示传输每个码字值所需的位数;k_2 表示传输每个位置索引所需的位数。

3. IFR 解码器

本节所述的 IFR 解码器部署在 BS 端,用于复原 CSI 图像。IFR 解码器由预处理模块和 CSI 重构模块组成,其详细结构如图 4.10 所示。在预处理模块中,首先创建一个大小为 $2N_cN_r \times 1$ 的全零向量 $\boldsymbol{z}_e$,$\boldsymbol{z}_e$ 的大小与向量 $\boldsymbol{v}$ 相同。通过利用接收到的码字 $\boldsymbol{c}$,定位插值算子 "P" 将码字值 $\boldsymbol{s}$ 按照其对应的位置索引 $\boldsymbol{p}$ 插入 $\boldsymbol{z}_e$ 中。均值填充算子 "F" 将 $\boldsymbol{z}_e$ 的其余位置用 $\boldsymbol{H}_c$ 的均值 ρ 填充。其中 $\rho = \dfrac{1}{2N_cN_r} \sum\limits_{i=1}^{2N_cN_r} h_{c,i}$,$h_{c,i}$ 是原始 CSI 图像 $\boldsymbol{H}_c$ 的第 i 个元素。数学上,算子 "P" 和 "F" 可以表示为

$$z_i = \begin{cases} s_i, & y_i = p_i \\ \rho, & \text{其他} \end{cases} \tag{4.24}$$

其中,z_i 表示 $\boldsymbol{z}_e$ 中的第 i 个元素;y_i 表示 z_i 的位置索引,$i \in \{1, 2, \cdots, 2N_cN_r\}$;$s_i$ 表示 $\boldsymbol{s}$ 中第 i 个码字值;p_i 代表 $\boldsymbol{p}$ 中的第 i 个位置索引。将经过式 (4.24)

填充后的 $\boldsymbol{z}_{\mathrm{e}}$ 进行维度变换,变换为 $\boldsymbol{Z}_{\mathrm{f}} \in \mathbb{R}^{2 \times N_{\mathrm{c}} \times N_{\mathrm{r}}}$,$\boldsymbol{Z}_{\mathrm{f}}$ 的大小与 $\boldsymbol{H}_{\mathrm{c}}$ 的大小相同。

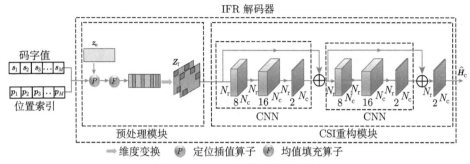

图 4.10 IFR 解码器的详细结构

在预处理模块之后,CSI 重构模块包含两个连续的 CNN 和归一化层。每个 CNN 都由卷积核大小为 $8 \times 3 \times 3$、$16 \times 3 \times 3$ 和 $2 \times 3 \times 3$ 的三个卷积层组成,激活函数采用 LeakyReLU 函数。为了防止 CSI 重构模块在训练过程中出现梯度消失的现象,基于 ResNet 的启发[12],在 CNN 网络的输入与输出之间添加了一条短接线。最后的归一化层用于将输出限制在 $[0,1]$,激活函数采用 Sigmoid 函数。数学上,给定一幅图像 $\boldsymbol{A} \in \mathbb{R}^{C \times H \times W}$ 和卷积核 $\boldsymbol{K} \in \mathbb{R}^{C \times H \times W}$,2D 卷积 $\boldsymbol{A} \otimes \boldsymbol{K}$ 可以表示为

$$(\boldsymbol{A} \otimes \boldsymbol{K})_{i,j} = \sum_{i_{\mathrm{h}}=1}^{H} \sum_{i_{\mathrm{w}}=1}^{W} \sum_{i_{\mathrm{c}}=1}^{C} \boldsymbol{K}_{i_{\mathrm{c}},i_{\mathrm{h}},i_{\mathrm{w}}} \boldsymbol{I}_{i_{\mathrm{c}},i+i_{\mathrm{h}}-1,j+i_{\mathrm{w}}-1} \tag{4.25}$$

4. IdasNet 训练

本节所述的 IdasNet 参数量集合表示为 $\boldsymbol{\Phi} = \{\varphi_{\mathrm{IDAS}}, \varphi_{\mathrm{IFC}}, \varphi_{\mathrm{IFR}}\}$,其中 φ_{IDAS}、φ_{IFC} 和 φ_{IFR} 代表 IDAS 模块、IFC 编码器和 IFR 解码器的参数。复原 CSI 图像 $\hat{\boldsymbol{H}}_{\mathrm{c}}$ 表示为

$$\hat{\boldsymbol{H}}_{\mathrm{c}} = f(\boldsymbol{H}_{\mathrm{c}}; \boldsymbol{\Phi}) \triangleq f_{\mathrm{IFR}}(f_{\mathrm{IFC}}(f_{\mathrm{IDAS}}(\boldsymbol{H}_{\mathrm{c}}; \varphi_{\mathrm{IDAS}}); \varphi_{\mathrm{IFC}}); \varphi_{\mathrm{IFR}}) \tag{4.26}$$

其中,f_{IDAS}、f_{IFC} 和 f_{IFR} 分别表示 IDAS 模块、IFC 编码器和 IFR 解码器的内部函数。网络采用 Adam 优化器[13]来训练 MSE 损失函数。损失函数表达式为

$$\mathrm{Loss}(\boldsymbol{\Phi}) = \frac{1}{D} \sum_{i=1}^{D} \|f_{\mathrm{IFR}}(f_{\mathrm{IFC}}(f_{\mathrm{IDAS}}(\boldsymbol{H}_{\mathrm{c}}[i]))) - \boldsymbol{H}_{\mathrm{c}}[i]\|_2^2 \tag{4.27}$$

其中，D 表示训练集中训练样本的总数量。最后，利用归一化均方误差（normalized mean square error，NMSE）评估 CSI 复原的性能，NMSE 的计算公式为

$$\text{NMSE} = E\left\{ \left\| \boldsymbol{H}_\text{c} - \hat{\boldsymbol{H}}_\text{c} \right\|_2^2 \Big/ \left\| \boldsymbol{H}_\text{c} \right\|_2^2 \right\} \tag{4.28}$$

注意，在 IdasNet 网络中，所有卷积层的卷积窗的大小均为 3×3。实际上，3×3 的卷积窗相较于 5×5 和 7×7 的卷积窗可以更精确地提取信息[14]。当计算自信息图像的自信息时，关键信息和信息冗余都需要被考虑，而 5×5 和 7×7 的卷积窗会平滑掉图像中的微小信息，不利于捕捉信息冗余。因此，所有卷积层的卷积窗的大小都被选择为 3×3。

4.4.2 实验分析

1. 仿真设计

本节所述的 IdasNet 网络使用的数据集为 COST 2100 室内信道模型[15]，数据集分为训练集、验证集和测试集三部分。BS 端天线数为 $N_\text{r} = 32$，子载波的数量为 $N_\text{s} = 1024$。当将 CSI 图像转换到角度时延域时，选取信道矩阵的前 32 行，即 $N_\text{c} = 32$。训练集、验证集和测试集的信道样例数分别为 100000、30000 和 20000。在 IDAS 模块中，选取了 64 个特征图做自信息删选，对应 Conv 1 中的 $64 \times 3 \times 3$ 的卷积核。当计算似然概率时，曼哈顿半径被设置为 $R = 1$。同时设置 $\mathcal{R}(\boldsymbol{H})$ 和 $\mathcal{I}(\boldsymbol{H})$ 中包含信息冗余的区域数量为 224。数据集中所有的测试样例均独立于训练样例和验证样例。IdasNet 网络的网络参数被随机初始化，训练周期设置为 1400。仿真结果通过在 GTX3090 GPU 上训练得到。

2. NMSE 性能比较

为了验证 IdasNet 网络针对 CSI 复原的有效性，将 IdasNet 复原 CSI 的性能与经典的网络如 CsiNet[4]、CRNet[16] 和 CLNet[17] 的性能进行比较。NMSE 的计算基于式 (4.28)，不同压缩率 σ 下 NMSE 的性能比较如图 4.11 所示。当压缩率 $\sigma = 1/8$ 时，IdasNet 和 CLNet 的 NMSE 分别为 -18.87 dB 和 -15.63 dB，IdasNet 的 NMSE 性能增益约为 3 dB。当压缩率下降到 $\sigma = 1/16$ 时，IdasNet 和 CLNet 的 NMSE 分别为 -13.51 dB 和 -10.17 dB，IdasNet 的 NMSE 性能增益仍然保持 3 dB。当压缩率为 $\sigma = 1/32$、$1/64$ 时，IdasNet 相对于 CLNet 保持同样的 NMSE 增益。当压缩率逐渐下降时，由于反馈带宽在逐渐减小，信息冗余对 CSI 复原的质量影响也会越来越大，因此有效地去除信息冗余有利于在低反馈带宽下实现精确的 CSI 复原。以上结论说明，IdasNet 在低压缩率下仍然能够保持优秀的 NMSE 增益。

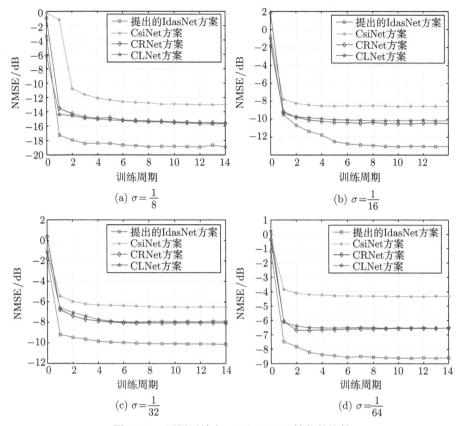

图 4.11 不同压缩率 σ 下 NMSE 性能的比较

3. 网络参数量对比

这里比较了 IdasNet 网络和其他经典 DL 网络的网络参数量, 比较结果如表 4.1 所示。从表 4.1 可以看出, IdasNet 有着比 CsiNet[4]、CRNet[16] 和 CLNet[17] 更少的参数量, 数量级方面少了将近三个数量级。原因在于经典的 DL 网络 CsiNet、CRNet 和 CLNet 的编码器和解码器均采用了全连接层, 而全连接层是一个网络中包含参数量最多的部分。同时, 随着压缩率的变化, 编码器中全连接层的输出维度和解码器中全连接层的输入维度也随之改变, 导致网络的参数量随压缩率的变化而变化。而对于 IdasNet 网络来说, IdasNet 网络中 IFC 编码器和 IFR 解码器不包含全连接层, IFC 编码器设计了压缩算法来压缩码字, 而不是简单地利用全连接层进行压缩, IFR 解码器的预填充模块同样也是算法设计。因此, IdasNet 网络整体的参数量要远远少于 CsiNet、CRNet 和 CLNet 网络的。同时, 由于 IFC 编码器和 IFR 解码器不使用全连接层, 因此网络的整体参数量不随压缩率的变化而变化。在表 4.1 中, IdasNet 网络中不可训练的参数量包含在 IDAS 模块的两个映射层中。

表 4.1　网络参数量比较结果

压缩率	σ=1/8		σ=1/16		σ=1/32		σ=1/64	
方法/参数	可训练	总计	可训练	总计	可训练	总计	可训练	总计
CsiNet [4]	1052626	**1052626**	528210	**528210**	266002	**266002**	134898	**134898**
CRNet [16]	1054006	**1054006**	529590	**529590**	267382	**267382**	136278	**136278**
CLNet [17]	2105538	**2105538**	1056578	**1056578**	532162	**532162**	269954	**269954**
IdasNet	4202	**4859**	4202	**4859**	4202	**4859**	4202	**4859**

4.4.3　代码分析

本节将给出 IdasNet 网络各个模块和整体网络训练的具体仿真代码说明。

第一步，导入网络代码所需要的资源包和库函数。

```
# 导入数据处理和神经网络搭建所需的资源包和库函数
import os
import numpy as np
import math
import random
import torch.nn as nn
import torch.nn.functional as F
import torch
import matplotlib.pyplot as plt
import scipy.io as sio
import torch.optim as optim
import torchvision.transforms as transforms
from torchvision.utils import save_image
from torch.utils.data import DataLoader,Dataset,TensorDataset
from torchvision.utils import make_grid,save_image
from torchvision import datasets
from torch.autograd import Variable
from torch.optim.lr_scheduler import _LRScheduler
# 选择GPU进行神经网络的训练
device = torch.device("cuda" if torch.cuda.is_available() else "cpu
    ")
```

第二步，导入数据集。

```
class mydataset(Dataset):
    def __init__(self):
        super(mydataset,self).__init__()
```

```
# 读取已下载的COST 2100 indoor数据集
self.H_train_in = sio.loadmat("/workspace/DATASET/
    DATA_Htrainin.mat")
self.H_test_in = sio.loadmat("/workspace/DATASET/
    DATA_Htestin.mat")
self.H_valid_in = sio.loadmat("/workspace/DATASET/
    DATA_Hvalin.mat")
self.H_train = self.H_train_in["HT"]
self.H_test = self.H_test_in["HT"]
self.H_valid = self.H_valid_in["HT"]

def __len__(self):
    # 获取数据集长度
    return len(self.H_train)
    return len(self.H_test)

def __getitem__(self):
    # 调用数据集
    H_train = self.H_train[0:100000]
    H_test = self.H_test[0:20000]
    H_valid = self.H_valid[0:30000]
    return H_train,H_valid,H_test
```

第三步，搭建 IDAS 模块。

```
def sample(prob, num):
    # 确定CSI图像中自信息较小的区域
    batch_size, channels, h, w = prob.shape
    prob = prob.reshape(batch_size * channels,h * w)
    prob1,idx = prob.sort()
    idx_r = idx[:,0:num]
    idx_d = idx[:,num:1024]
    return idx_r,idx_d

class IDAS(nn.Module):
    # IDAS类需要的参数
    def __init__(self, indim, outdim, kernel_size, stride=1, padding
    =0,
            dilation=1, groups=1, if_pool=False,
                pool_kernel_size=2,
                pool_stride=None, pool_padding=0, pool_dilation=1):
        super(IDAS, self).__init__()
```

```python
# 训练时是否采用多个进程
if groups != 1:
    raise ValueError("IDAS only supports groups=1")
self.indim = indim
self.outdim = outdim
self.if_pool = if_pool
self.band_width = 1.0
# 设置曼哈顿半径
self.radius = 1
#每个区域的附近区域数量
self.patch_sampling_num = 9
# IDAS模块中的两个映射层构建
self.all_one_conv_indim_wise = nn.Conv2d(
    self.patch_sampling_num,
    self.patch_sampling_num,
    kernel_size=kernel_size,
    stride=stride,
    padding=0,
    dilation=dilation,
    groups= self.patch_sampling_num,
    bias=False,
)
self.all_one_conv_indim_wise.weight.data = \
    torch.ones_like(self.all_one_conv_indim_wise.weight,
                        dtype=torch.float)
# 映射层无须梯度更新和偏置
self.all_one_conv_indim_wise.weight.requires_grad = False
self.all_one_conv_radius_wise = nn.Conv2d(
    self.patch_sampling_num,
    outdim,
    kernel_size = 1,
    padding = 0,
    bias = False,
)
self.all_one_conv_radius_wise.weight.data = \
    torch.ones_like(self.all_one_conv_radius_wise.weight,
                        dtype=torch.float)
self.all_one_conv_radius_wise.weight.requires_grad = False
# 选择是否采用池化操作
if if_pool:
```

```python
        self.pool = nn.MaxPool2d(pool_kernel_size, pool_stride,
                                 pool_padding, pool_dilation)
        # 对原CSI图像进行零填充
        self.padder = nn.ConstantPad2d((padding + self.radius,
                                        padding + self.radius + 1,
                                        padding + self.radius,
                                        padding + self.radius + 1),
                                        0)
# 映射层的参数初始化
def initialize_parameters(self):
    self.all_one_conv_indim_wise.weight.data = \
        torch.ones_like(self.all_one_conv_indim_wise.weight,
                        dtype = torch.float)
    self.all_one_conv_indim_wise.weight.requires_grad = False
    self.all_one_conv_radius_wise.weight.data = \
        torch.ones_like(self.all_one_conv_radius_wise.weight,
                        dtype = torch.float)
    self.all_one_conv_radius_wise.weight.requires_grad = False
# 构建IDAS模块的前向传播函数
def forward(self, x_old, x):
    # 数据预处理无须梯度
    with torch.no_grad():
        distances = []
        padded_x_old = self.padder(x_old)
        sampled_i = torch.randint(low=-self.radius,
                                  high=self.radius + 1,
                                  size=(self.patch_sampling_num
                                        ,),
                                  ).tolist()
        sampled_j = torch.randint(low=-self.radius,
                                  high=self.radius + 1,
                                  size=(self.patch_sampling_num
                                        ,),
                                  ).tolist()
        # 随机取了(2R+1)^2区域中的9个
        for i, j in zip(sampled_i, sampled_j):
            tmp1 = padded_x_old[:, :,
                                self.radius: -self.radius - 1,
                                self.radius: -self.radius - 1]
            tmp2 = padded_x_old[:, :,
```

```
                                    self.radius + i: -self.radius -
                                        1 + i,
                                    self.radius + j: -self.radius -
                                        1 + j]
            tmp = tmp1 - tmp2
            # 复制已提取的矩阵
            distances.append(tmp.clone())
        distance = torch.cat(distances, dim = 1)
        batch_size, _, h_dis, w_dis = distance.shape
        # 计算区域与周围区域的距离，并将实虚部信息融合
        distance = (distance**2).view(-1, self.indim, h_dis,
            w_dis)
        distance = distance.sum(dim=1)
        distance = distance.view(batch_size, -1, h_dis, w_dis)
        # 利用映射层进行映射
        distance = self.all_one_conv_indim_wise(distance)
        distance = torch.exp(
            -distance / distance.mean() / 2 / self.band_width **
                2
        )
        prob = (self.all_one_conv_radius_wise(distance) / self.
            patch_sampling_num) ** (1 / self.temperature)
        # 是否需要加入池化
        if self.if_pool:
            prob = -self.pool(-prob)
        prob /= prob.sum(dim = (-2, -1), keepdim = True)
        batch_size, channels, h, w = x.shape
        # 计算索引矩阵
        idx_r,idx_d = sample(prob, 900)
        random_mask = torch.ones((batch_size * channels, h * w),
                                device = "cuda:0")
        random_mask[torch.arange(batch_size * channels,device =
            "cuda:0"
                                ).view(-1, 1), idx_d] = 0
    return x * random_mask.view(x.shape)
```

第四步，搭建 IFC 编码器，编码器的输出为码字值 s 和对应的位置索引 p。

```
# 构建IdasNet网络
class IdasNet(nn.Module):
    def __init__(self):
        super(IdasNet,self).__init__()
```

```python
# 构建神经网络中的所有卷积层
self.layer1 = nn.Sequential(
    nn.Conv2d(in_channels=2,
              out_channels=64,
              kernel_size=3,
              stride=1,
              padding=1),
    nn.BatchNorm2d(64),
    nn.LeakyReLU(0.3, inplace=True),
)
self.layer11 = nn.Sequential(
    nn.Conv2d(in_channels=64,
              out_channels=2,
              kernel_size=3,
              stride=1,
              padding=1),
    nn.BatchNorm2d(2),
    nn.LeakyReLU(0.3, inplace=True),
)
self.layer2 = nn.Sequential(
    nn.Conv2d(in_channels=2,
              out_channels=8,
              kernel_size=3,
              stride=1,
              padding=1),
    nn.BatchNorm2d(8),
    nn.LeakyReLU(0.3, inplace=True),
)
self.layer3 = nn.Sequential(
    nn.Conv2d(in_channels=8,
              out_channels=16,
              kernel_size=3,
              stride=1,
              padding=1),
    nn.BatchNorm2d(16),
    nn.LeakyReLU(0.3, inplace=True),
)
self.layer4 = nn.Sequential(
    nn.Conv2d(in_channels=16,
              out_channels=2,
```

```
                          kernel_size=3,
                          stride=1,
                          padding=1),
            nn.BatchNorm2d(2),
        )
        # 构建用于预处理的IDAS模块
        self.idas = IDAS(2, 128,
                          kernel_size=3,
                          stride=1,
                          padding=1,
                          dilation=1,
                          groups=1,
                          if_pool=False,
                          pool_kernel_size=3,
                          pool_stride=2,
                          pool_padding=1,
                          pool_dilation=1)
        # 构建归一化层
        self.layer5 = nn.Sequential(
            nn.Conv2d(in_channels=2,
                          out_channels=2,
                          kernel_size=3,
                          stride=1,
                          padding=1),
            nn.Sigmoid(),
        )
# 构建IFC编码器
def coding(self,input):
    x = input.reshape(-1,2048)
    value,idx = x.sort(descending = True)
    #根据压缩率选择自信息较大的元素作为码字值
    value1 = value[:, 0:encoded_dim]
    #存储对应的位置索引
    idx1 = idx[:, 0:encoded_dim]
    return value1,idx1
```

第五步，构建 IFR 解码器，输出为 CSI 图像估计 $\hat{\boldsymbol{H}}_c$。

```
# 构建残差网络
def residual_block_decoded(self,input):
    out = self.layer2(input)
    out = self.layer3(out)
```

```
        out = self.layer4(out)
        out = out + input
        out = nn.LeakyReLU(0.3,inplace = True)(out)
        return out
    # 构建预处理模块
    def decoding(self,value,idx):
        mask = torch.full((value.shape[0],2048),0.5).to(device)
        mask = mask.scatter(1,idx,value)
        return mask
    # 网络整体编码、解码流程
    def forward(self,input):
        #编码器端算法
        out = self.layer1(input)
        out = self.idas(input,out)
        out = self.layer11(out)
        value,idx = self.coding(out)
        #解码器端算法
        out = self.decoding(value,idx)
        out = out.reshape(-1,2,32,32)
        out = self.residual_block_decoded(out)
        out = self.residual_block_decoded(out)
        out = self.layer5(out)
        return out
```

获取程序代码

4.5 基于无线信道的自信息时序 CSI 压缩反馈

在 4.4 节中介绍了利用自信息进行高效 CSI 压缩反馈的 IdasNet 网络。经典的基于 DL 的 CSI 反馈网络 [4,7-9] 和 IdasNet 网络均是对每一帧信道进行处理的，在某些信道场景下，一个周期内的信道彼此之间是存在时间相关性的。对于具有时间相关性的信道，如果能够同时考虑信道的自信息表征和信道的时间相关性，那么时序 CSI 将会获得更加精确的反馈。基于上述考虑，本节提出了自信息域下时空信息耦合的 CSI 反馈网络，命名为 SD-CsiNet。SD-CsiNet 同时利用信道的自信息表征和时序 CSI 的时间相关性，从而实现对时序 CSI 精确地反馈和复原。

4.5.1 SD-CsiNet 网络设计

本节所述的 SD-CsiNet 的整体结构如图 4.12 所示，由自信息域变换（self-information transformation，SF）模块、特征耦合编码器和特征耦合解码器组成。

其中，SF 模块将角度时延域的 CSI 矩阵转换到新定义的"自信息域"，自信息域下的矩阵更加凸显了时序 CSI 的信息特征。特征耦合编码器提取自信息域矩阵的时间特征和空间特征，并将二者耦合输出码字 c。特征耦合解码器解耦合时间特征和空间特征进行 CSI 复原。

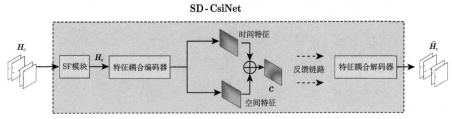

图 4.12　SD-CsiNet 的整体结构

1. SF 模块

为了更好地显式反映 CSI 矩阵中包含的信息量，SF 模块将角度时延域中的时序 CSI 矩阵转换到自信息域。SF 模块和特征耦合编码器结构如图 4.13 所示，其同样利用了 4.3 节所述的自信息和 IDAS 算法。SF 模块由特征提取层、索引矩阵计算模块和特征还原层组成。注意，SF 模块的输入是时序 CSI 矩阵，表示为 $\boldsymbol{H}_c \in \mathbb{R}^{T \times 2 \times N_c \times N_t}$，其中 T 代表时间步长，2 代表 $\boldsymbol{H}_c$ 的实部 $\mathcal{R}(\boldsymbol{H}_c)$ 和虚部 $\mathcal{I}(\boldsymbol{H}_c)$。SF 模块的输出是时序 CSI 的自信息矩阵，表示为 $\boldsymbol{H}_e \in \mathbb{R}^{T \times 2 \times N_c \times N_t}$。

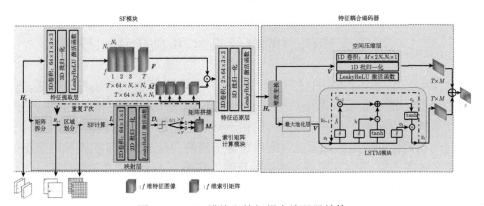

图 4.13　SF 模块和特征耦合编码器结构

首先，特征提取层将 $\boldsymbol{H}_c$ 转换成 64 个特征图，表示为 $\boldsymbol{F} \in \mathbb{R}^{T \times 64 \times N_c \times N_t}$，每个特征图刻画了 $\boldsymbol{H}_c$ 的一个特有隐特征。不同于现有的基于 DL 的 CSI 反馈方法[4,7-9]，由于 $\boldsymbol{H}_c$ 中包含时间维度，特征提取层采用 3D 卷积层，卷积核大小为 $64 \times 1 \times 3 \times 3$。索引矩阵计算模块是将 $\boldsymbol{H}_c$ 转换到自信息域最为关键的模

块，其首先以元素为单位分析 CSI 矩阵的信息熵，计算 CSI 矩阵的自信息，最后输出一个索引矩阵。在索引矩阵计算模块中，$\boldsymbol{H}_c$ 首先被拆分成 T 个 CSI 矩阵 $\boldsymbol{H}_{c,i} \in \mathbb{R}^{2 \times N_c \times N_t}$，$i \in \{1, 2, \cdots, T\}$。然后利用 1×1 的网格将每个 $\mathcal{R}(\boldsymbol{H}_{c,i})$ 和 $\mathcal{I}(\boldsymbol{H}_{c,i})$ 分为 $N_c \times N_t$ 个元素，每个元素表示为 $p_j \in \mathbb{R}^{1 \times 1}$，$j \in \{1, 2, \cdots, N_c N_t\}$。结合式 (4.20)，$p_j$ 的自信息计算如下：

$$\widehat{I}_j = -\log_2 \frac{1}{9} \sum_{r=1}^{9} \frac{1}{\sqrt{2\pi}} \exp\left(-\|p_j - p'_{j,r}\|_2^2 / 2\right) \tag{4.29}$$

其中，$\widehat{I}_j$ 表示自信息的估计值；$p'_{j,r}$ 表示 p_j 周围第 r 个元素值。针对一个元素 p_j，其周围有 9 个元素点，因此 $r \in \{1, 2, \cdots, 9\}$。当所有元素 p_j 的自信息估计值计算完成后，将其组合便得到自信息矩阵 $\boldsymbol{I}_i \in \mathbb{R}^{2 \times N_c \times N_t}$。接下来映射层将自信息矩阵 $\boldsymbol{I}_i$ 映射为信息特征矩阵 $\boldsymbol{D}_i \in \mathbb{R}^{64 \times N_c \times N_t}$。由于 $\boldsymbol{I}_i$ 不含时间维度，因此映射层采用常规的 2D 卷积层，卷积核大小为 $64 \times 1 \times 1$，同样其参数也无须进行迭代更新。按照 4.3 节介绍的 IDAS 算法，通过设定自信息阈值 Y，将 $\boldsymbol{D}_i$ 中小于 Y 的元素的位置置 0，其余元素的位置置 1，数学表达式为

$$m_j = \begin{cases} 1, & d_j \geqslant Y \\ 0, & \text{其他} \end{cases} \tag{4.30}$$

其中，d_j 表示 $\boldsymbol{D}_i$ 中第 j 个元素；m_j 表示 d_j 在 $\boldsymbol{D}_i$ 中的位置。索引矩阵 $\boldsymbol{M}_i \in \mathbb{R}^{64 \times N_c \times N_t}$ 是仅包含 0 和 1 的二值化矩阵。由于索引矩阵计算模块每次只能处理单个 CSI 矩阵 $\boldsymbol{H}_{c,i}$，因此该模块需要运行 T 次来得到所有的 $\boldsymbol{H}_{c,i}$ 对应的 $\boldsymbol{M}_i$。最后将所有的 $\boldsymbol{H}_{c,i}$ 拼接得到索引矩阵 $\bar{\boldsymbol{M}} \in \mathbb{R}^{T \times 64 \times N_c \times N_t}$，数学表达式为

$$\bar{\boldsymbol{M}} = [\boldsymbol{M}_1, \boldsymbol{M}_2, \cdots, \boldsymbol{M}_T] \tag{4.31}$$

在获得 $\bar{\boldsymbol{M}}$ 后，利用 $\boldsymbol{F} \odot \bar{\boldsymbol{M}}$ 去除 $\boldsymbol{F}$ 中的信息冗余。最后特征还原层将去除信息冗余的 $\boldsymbol{F}$ 转换为自信息域下的图像 $\boldsymbol{H}_e$，卷积核大小为 $2 \times 64 \times 3 \times 3$。自信息域下的图像 $\boldsymbol{H}_e$ 更加显式地凸显了 $\boldsymbol{H}_c$ 的信息特征，有利于后续的编码器网络更好地提取自信息的时间特征和空间特征。

2. 特征耦合编码器

针对自信息域中的图像 $\boldsymbol{H}_e$，特征耦合编码器提取 $\boldsymbol{H}_e$ 的时间特征和空间特征，并将二者耦合作为码字 $\boldsymbol{c}$。特征耦合编码器结构如图 4.13 所示，由空间压缩层和 LSTM 模块组成。

自信息域下的图像 $\boldsymbol{H}_e$ 首先通过维度变换，转换为矩阵 $\boldsymbol{V} \in \mathbb{R}^{T \times 2N_c N_t}$。空间压缩层采用卷积核大小为 $M \times 2N_c N_t \times 1$ 的 1D 卷积层来提取 $\boldsymbol{V}$ 的空间相关

性特征。其中 M 是反馈码字的维度，$M = \sigma \times 2N_cN_t$，$\sigma$ 为压缩率。另外，LSTM 模块提取 $\boldsymbol{V}$ 的时间特征，其中 LSTM 模块的层数等同于时间步长 T，每一层的详细结构如图 4.13 所示。最后特征耦合编码器将时间特征和空间特征相加耦合输出码字 $\boldsymbol{c}$。

3. 特征耦合解码器

在获得码字 $\boldsymbol{c}$ 后，特征耦合解码器从 $\boldsymbol{c}$ 中解耦合时间特征和空间特征，复原时序 CSI 矩阵。特征耦合解码器详细结构如图 4.14 所示，由解耦合模块和 CSI 复原模块组成，复原的时序 CSI 矩阵表示为 $\hat{\boldsymbol{H}}_c \in \mathbb{R}^{T \times 2 \times N_c \times N_t}$。

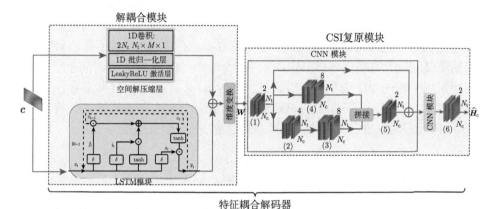

图 4.14　特征耦合解码器详细结构

解耦合模块采用与特征耦合编码器对称的结构，由空间解压缩层和 LSTM 模块组成。空间解压缩层采用卷积核大小为 $2N_cN_t \times M \times 1$ 的 1D 卷积层，用于从码字 $\boldsymbol{c}$ 中解压缩空间特征。相应地，LSTM 模块从码字 $\boldsymbol{c}$ 中解压缩时间特征。将解压缩后的时间特征和空间特征融合，经过维度变换后得到初始化矩阵 $\boldsymbol{W} \in \mathbb{R}^{T \times 2 \times N_c \times N_t}$。CSI 复原模块包含两个 CNN 模块和一个归一化层，卷积层的网络参数如表 4.2 所示。其中较大的卷积核，例如 $1 \times 7 \times 7$ 和 $1 \times 5 \times 5$，由于具有较大的感知野，因此能够提取特征图中的明显特征，但是却平滑了细节特征。因此采用较小的卷积核，例如 $1 \times 3 \times 3$ 来提取特征图中的细节特征。除了 3D 卷积层 (6)，其他 3D 卷积层均采用 BN 和 LeakyReLU 激活函数。3D 卷积层 (6) 采用 Sigmoid 激活函数将输出元素值规范到 $(0,1)$ 中。

本节所述的 SD-CsiNet 采用端到端的训练方式进行训练，优化器采用 Adam 优化器[13]，损失函数表示为

$$\text{Loss}(\Phi) = \frac{1}{D}\sum_{i=1}^{D} \left\| \hat{\boldsymbol{H}}_c - \boldsymbol{H}_c \right\|_2^2 \tag{4.32}$$

其中，$\varPhi = \{\varTheta_{\mathrm{SF}}, \varTheta_{\mathrm{E}}, \varTheta_{\mathrm{D}}\}$ 表示网络参数，$\varTheta_{\mathrm{SF}}$、$\varTheta_{\mathrm{E}}$、$\varTheta_{\mathrm{D}}$ 分别表示 SF 模块、特征耦合编码器和特征耦合解码器的网络参数；D 表示训练样例的总数目。

表 4.2 卷积层的网络参数

输入 $W \in \mathbb{R}^{T \times 2 \times N_c \times N_t}$,	输出 $\hat{H}_c \in \mathbb{R}^{T \times 2 \times N_c \times N_t}$	
卷积层	卷积核/步长/填充	激活函数
(1)	$2 \times 1 \times 7 \times 7/1/3$	$\mathrm{BN} + \mathrm{LeakyReLU}_{(0.3)}$
(2)	$4 \times 1 \times 5 \times 5/1/2$	$\mathrm{BN} + \mathrm{LeakyReLU}_{(0.3)}$
(3)	$8 \times 1 \times 5 \times 5/1/2$	$\mathrm{BN} + \mathrm{LeakyReLU}_{(0.3)}$
(4)	$8 \times 1 \times 3 \times 3/1/1$	$\mathrm{BN} + \mathrm{LeakyReLU}_{(0.3)}$
(5)	$2 \times 1 \times 1 \times 1/1/1$	$\mathrm{BN} + \mathrm{LeakyReLU}_{(0.3)}$
(6)	$2 \times 1 \times 3 \times 3/1/1$	$\mathrm{BN} + \mathrm{Sigmoid}$

4.5.2 实验分析

1. 仿真设置

本节所述的 SD-CsiNet 同样利用 COST 2100 室内信道模型[15] 作为数据集进行仿真，数据集被分为训练集、验证集和测试集。训练集、验证集和测试集的信道样例数量分别为 100000、30000 和 20000。BS 端部署的天线数量为 $N_t = 32$，天线以均匀线性阵列方式排列。OFDM 子载波的数量为 $N_s = 1024$，主值行数选取为 $N_c = 32$。时序 CSI 的时间步长设置为 $T = 5$。网络的训练参数被随机初始化。仿真在 GTX3090 GPU 上进行。

2. NMSE 性能比较

为了验证 SD-CsiNet 对 CSI 复原的有效性，将 SD-CsiNet 的 NMSE 性能与 4.2.3 节的 RecCsiNet 和 CLNet[17] 的 NMSE 性能进行了比较，不同压缩率 σ 下 NMSE 的性能比较如图 4.15 所示。NMSE 的表达式如式 (4.28) 所示，压缩率选择 1/8、1/16、1/32 和 1/64 进行比较。从图 4.15 可以看出，针对输入的时序 CSI，SD-CsiNet 在不同压缩率下的 NMSE 均优于 RecCsiNet 和 CLNet 的。当压缩率为 $\sigma = 1/8$ 时，SD-CsiNet 的 NMSE 为 -21.19 dB，相较 RecCsiNet 的 NMSE 增益为 7.17 dB，相较 CLNet 的 NMSE 增益为 5.45 dB。当压缩率为 $\sigma = 1/16$ 时，SD-CsiNet 的 NMSE 为 -15.08 dB，相较 RecCsiNet 的 NMSE 增益为 3.68 dB，相较 CLNet 的 NMSE 增益为 3.03 dB。当压缩率 $\sigma = 1/32$、1/64 时，SD-CsiNet 的 NMSE 增益与上述类似。

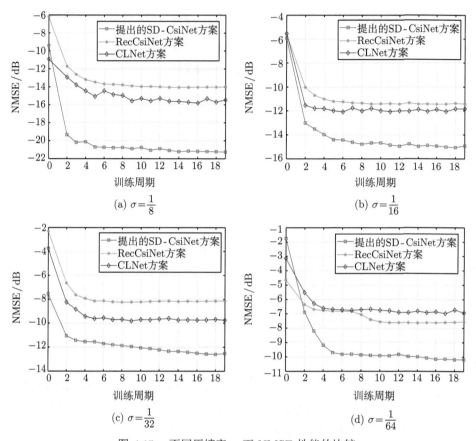

图 4.15　不同压缩率 σ 下 NMSE 性能的比较

3. 量化反馈比较

在实际的 CSI 反馈中，通过反馈链路传输连续的码字值几乎是不可实现的。因此，在码字反馈给 BS 端之前对其进行量化是非常有必要的。在 SD-CsiNet 的离线训练阶段，首先不考虑码字值的量化，即网络依旧反馈连续的码字值到 BS端。在 SD-CsiNet 的在线部署阶段，利用 Lloyd-Max 算法[18] 对码字 c 进行量化，量化和非量化时不同网络的 NMSE 比较如表 4.3 所示。每个码字值量化位数为 4 bit。从表 4.3 可以看出，当码字值进行量化后，SD-CsiNet 的 NMSE 仍优于 RecCsiNet 和 CLNet。而且也可以观测到在选择合适的反馈位数的前提下，不同网络的量化和非量化的 NMSE 相差很小。

表 4.3   量化和非量化时不同网络的 NMSE 比较

方法	压缩率	NMSE/dB	NMSE-Q/dB
RecCsiNet		−14.02	−13.87
CLNet	1/8	−15.74	−15.53
SD-CsiNet		**−21.19**	**−20.76**
RecCsiNet		−11.40	−11.18
CLNet	1/16	−12.05	−11.87
SD-CsiNet		**−15.08**	**−14.84**

4.5.3 代码分析

本节将给出 SD-CsiNet 各个模块和整体网络训练的具体仿真代码说明。

第一步，导入构建网络所需的库函数和资源包。

```python
# 导入构建网络所需的库函数和资源包
import os
import torch
import random
import math
import numpy as np
import torchvision.transforms as transforms
import torch.nn as nn
import torch.nn.functional as F
import matplotlib.pyplot as plt
import scipy.io as sio
import torch.optim as optim
from torchvision.utils import save_image
from torch.utils.data import DataLoader,Dataset,TensorDataset
from torchvision.utils import make_grid,save_image
from torchvision import datasets
from torch.autograd import Variable
from torch.optim.lr_scheduler import _LRScheduler
# 选择服务器GPU
os.environ["CUDA_VISIBLE_DEVICES"] = "0"
# 如果有GPU则采用GPU进行训练
device = torch.device("cuda" if torch.cuda.is_available() else "cpu")
```

第二步，导入输入数据集。

```python
# 设定CSI图像的长、宽和通道维度数
img_height = 32
img_width = 32
```

```
img_channels = 2
# 对信道数据进行维度变换
def reshape_data(data):
    for i in range(0, 5):
        data[i] = data[i].astype("float32")
        data[i] = np.reshape(data[i], (len(data[i]), img_channels,
                             img_height, img_width))
    return data
# 拼接信道数据
def concate_data(data):
    return np.stack(data, axis = 1)
# 对信道数据进行预处理
def process_data(data):
    data = reshape_data(data)
    data = concate_data(data)
    return data
# 读取带有时间相关性的数据集，时间步长T=5
# 读取带有时间相关性的训练集
Htrain = sio.loadmat("./DATA_Htrainin.mat")["HT"]
Htrain0 = Htrain[0:10000]
Htrain1 = torch.load("./train11.txt")
Htrain2 = torch.load("./Htrain22.txt")
Htrain3 = torch.load("./Htrain33.txt")
Htrain4 = torch.load("./Htrain44.txt")
# 读取带有时间相关性的验证集
Hvalid = sio.loadmat("./DATA_Hvalin.mat")["HT"]
Hvalid0 = Hvalid[0:40]
Hvalid1 = torch.load("./Hvalid11.txt")
Hvalid2 = torch.load("./Hvalid22.txt")
Hvalid3 = torch.load("./Hvalid33.txt")
Hvalid4 = torch.load("./Hvalid44.txt")
# 读取带有时间相关性的测试集
Htest = sio.loadmat("./DATA_Htestin.mat")["HT"]
Htest0 = Htest[0:40]
Htest1 = torch.load("./Htest11.txt")
Htest2 = torch.load("./Htest22.txt")
Htest3 = torch.load("./Htest33.txt")
Htest4 = torch.load("./Htest44.txt")
```

第三步，构建 SD-CsiNet 中的 SF 模块和网络层。

```
# 信道数据的大小设置
```

```python
img_height = 32
img_width = 32
img_channels = 2
img_total = img_height * img_width * img_channels
# 压缩后的维度设置
encoded_dim = 512


class SD-CsiNet(nn.Module):
    # 创建用于进行信道压缩-重构的SD-CsiNet网络
    def __init__(self):
        super(SD-CsiNet,self).__init__()
        # 构建特征提取层
        self.layer1 = nn.Sequential(
            nn.Conv3d(in_channels=2,
                      out_channels=64,
                      kernel_size=(1,3,3),
                      stride=1,
                      padding = (0,1,1)),
            nn.BatchNorm3d(64),
            nn.LeakyReLU(0.3, inplace=True),
        )
        # 构建特征还原层
        self.layer11 = nn.Sequential(
            nn.Conv3d(in_channels=64,
                      out_channels=2,
                      kernel_size=(1,3,3),
                      stride=1,
                      padding = (0,1,1)),
            nn.BatchNorm3d(2),
            nn.LeakyReLU(0.3, inplace=True),
        )
        # 构建CSI复原模块的头卷积层
        self.layer2 = nn.Sequential(
            nn.Conv3d(in_channels=2,
                      out_channels=2,
                      kernel_size=(1,7,7),
                      stride=1,
                      padding=(0,3,3)),
            nn.BatchNorm3d(2),
            nn.LeakyReLU(0.3, inplace=True),
```

```
)
self.layer3 = nn.Sequential(
    nn.Conv3d(in_channels=2,
              out_channels=4,
              kernel_size=(1,5,5),
              stride=1,
              padding = (0,2,2)),
    nn.BatchNorm3d(4),
    nn.LeakyReLU(0.3, inplace=True),
)
self.layer33 = nn.Sequential(
    nn.Conv3d(in_channels=4,
              out_channels=8,
              kernel_size=(1,5,5),
              stride=1,
              padding=(0,2,2)),
    nn.BatchNorm3d(8),
    nn.LeakyReLU(0.3, inplace=True),
)
# 构建小卷积窗的卷积层
self.layer4 = nn.Sequential(
    nn.Conv3d(in_channels=2,
              out_channels=8,
              kernel_size=(1,3,3),
              stride=1,
              padding=(0,1,1)),
    nn.BatchNorm3d(8),
    nn.LeakyReLU(0.3, inplace=True),
)
self.layer6 = nn.Sequential(
    nn.Conv3d(in_channels=16,
              out_channels=2,
              kernel_size=(1,1,1),
              stride=1,
              padding=0),
    nn.BatchNorm3d(2),
    nn.LeakyReLU(0.3, inplace=True),
)
# 声明自信息变换域模块
self.SF = SF(2, 64,
```

```
                    kernel_size=3,
                    stride=1,
                    padding=1,
                    dilation=1,
                    groups=1,
                    if_pool=False,
                    pool_kernel_size= ,
                    pool_stride=2,
                    pool_padding=1,
                    pool_dilation=1)
# 构建归一化层
self.layer5 = nn.Sequential(
    nn.Conv3d(in_channels=2,
              out_channels=2,
              kernel_size=(1,3,3),
              stride=1,
              padding=(0,1,1)),
    nn.Sigmoid(),
)
# 构建提取时间特征的LSTM网络
self.LSTM1 = nn.LSTM(input_size=2048,
                     hidden_size=encoded_dim,
                     num_layers=5,
                     bias=True,
                     batch_first=True)
# 构建解耦合时间特征的LSTM网络
self.LSTM2 = nn.LSTM(input_size=encoded_dim,
                     hidden_size=2048,
                     num_layers=5,
                     bias=True,
                     batch_first=True)
self.LeakyReLU = nn.LeakyReLU(0.3,inplace=True)
# 构建空间压缩层
self.conv1 = nn.Conv1d(2048,encoded_dim,kernel_size=1,
    padding=0)
# 构建空间解压缩层
self.conv2 = nn.Conv1d(encoded_dim,2048,kernel_size=1,
    padding=0)
# 通过网络层的数据，使其输入和输出方差相同
for m in self.modules():
```

```
    if isinstance(m, (nn.Conv3d, nn.Conv1d)):
        nn.init.xavier_uniform_(m.weight)
    elif isinstance(m, nn.BatchNorm3d):
        nn.init.constant_(m.weight, 1)
        nn.init.constant_(m.bias, 0)
```

第四步，构建 SF 模块和特征耦合编码器模块，编码器输出为融合了自信息域中图像的时间特征和空间特征的码字 c。由于 LSTM 网络和 3D 卷积中实虚部维度和时间维度所处的位置正好相反，因此需要运用转置操作。

```
def forward(self,input):
    # 定义网络前向传播逻辑
    # 将实虚部维度和时间维度转置
    input_real = torch.transpose(input,1,2)
    out = self.layer1(input_real)
    out = torch.transpose(out,1,2)
    info_input2 = out.reshape(-1,64,32,32)
    # 将输入图像从角度时延域转换到自信息域
    out = self.SF(input,info_input2)
    out = out.reshape(-1,5,64,32,32)
    out = torch.transpose(out,1,2)
    # 通过特征还原层将高维图像还原成低维图像
    out = self.layer11(out)
    out = torch.transpose(out,1,2)
    out = out.reshape(-1,5,2048)
    LSTM_input = out.clone()
    out = torch.transpose(out,1,2)
    # 提取空间特征
    conv1Dout = self.conv1(out)
    conv1Dout = torch.transpose(conv1Dout,1,2)
    # 提取时间特征
    LSTM_out,(x,y) = self.LSTM1(LSTM_input)
    # 将时间特征信息和空间特征信息融合
    feedvalue = LSTM_out + conv1Dout
```

第五步，构建特征耦合解码器模块，输出为时序 CSI 估计 $\hat{\boldsymbol{H}}_c$。

```
# 构建CSI复原模块
# 定义残差网络模块
def residual_block_decoded(self,input):
    #通过头卷积层
    out1 = self.layer2(input)
```

```
        out2 = self.layer3(out1)
        out22 = self.layer33(out2)
        out222 = self.layer4(out1)
        #将提取的特征进行拼接
        out_pin = torch.cat((out22,out222),dim = 1)
        out = self.layer6(out_pin)
        #残差相加
        out = out + out1
        out = self.LeakyReLU(out)
        return out

    def forward(self,input):
        LSTM_input2 = feedvalue.clone()
        #解耦合时间特征信息
        LSTM_out2,(x,y) = self.LSTM2(LSTM_input2)
        feedvalue = torch.transpose(feedvalue,1,2)
        #解耦合空间特征信息
        conv1Dout2 = self.conv2(feedvalue)
        conv1Dout2 = torch.transpose(conv1Dout2,1,2)
        #将解耦合的时间特征信息和空间特征信息融合
        out = LSTM_out2 + conv1Dout2
        out = out.reshape(-1,5,2,32,32)
        out = torch.transpose(out,1,2)
        #通过CNN训练网络
        out = self.residual_block_decoded(out)
        out = self.residual_block_decoded(out)
        out = self.layer5(out)
        return out
```

获取程序代码

4.6 本 章 小 结

  本章主要介绍了高维无线信道的自信息表征和智能 CSI 反馈。首先介绍了传统基于码本的 CSI 反馈方法和经典的基于 DL 的智能 CSI 反馈网络。其次,通过从"信息量"的角度压缩和反馈 CSI,本章提出了自信息的思想,利用自信息来衡量 CSI 中的信息分布,并详细介绍了自信息计算和 IDAS 算法。通过考虑 CSI 的形状特征和纹理特征,本章介绍了一种基于 DL 的模型-数据驱动的 CSI 反馈网络,该网络利用 IDAS 算法对 CSI 的形状特征和纹理特征进行特定的处理,并利用码字值和位置索引的反馈方式反馈码字,进而实现高精度的 CSI 复原,同时极大减少了网络参数量。最后,针对时序 CSI 的反馈,本章介绍了一种基于自信息域时空信息耦合的 CSI 反馈网络，该网络首先利用自信息将 CSI 从角度时延域变换到自信息域，并对自信息域中的 CSI 进行时间特征和空间特征提取和耦合，实现了对时序 CSI 的精确反馈。本章介绍的自信息思想，能够以数值的方式显式地表征 CSI 的分布，为后续基于信息量压缩的 CSI 反馈提供了良好的研究思路。

参 考 文 献

[1] CHEN X M, NG D W K, YU W, et al. Massive access for 5G and beyond[J]. IEEE Journal on Selected Areas in Communications, 2021, 39(3): 615-637.

[2] SZEGEDY C, LIU W, JIA Y Q, et al. Going deeper with convolutions[C]//2015 IEEE Conference on Computer Vision and Pattern Recognition, Boston, 2015: 1-9.

[3] HAJJAR R, VENKATRAMAN R. Codebook Based Multi-User MIMO for 5G[M]. Lund: Tryckeriet i E-huset, 2019.

[4] WEN C K, SHIH W T, JIN S. Deep learning for massive MIMO CSI feedback[J]. IEEE Wireless Communications Letters, 2018, 7(5): 748-751.

[5] GREFF K, SRIVASTAVA R K, KOUTNÍK J, et al. LSTM: A search space odyssey [J]. IEEE Transactions on Neural Networks and Learning Systems, 2017, 28(10): 2222-2232.

[6] SUN Y Y, XU W, LIANG L, et al. A lightweight deep network for efficient CSI feedback in massive MIMO systems[J]. IEEE Wireless Communications Letters, 2021, 10(8): 1840-1844.

[7] SUN Y Y, XU W, FAN L S, et al. AnciNet: An efficient deep learning approach for feedback compression of estimated CSI in massive MIMO systems[J]. IEEE Wireless Communications Letters, 2020, 9(12): 2192-2196.

[8] GUO J J, WEN C K, JIN S, et al. Convolutional neural network-based multiple-rate compressive sensing for massive MIMO CSI feedback: Design, simulation, and analysis [J]. IEEE Transactions on Wireless Communications, 2020, 19(4): 2827-2840.

[9] SONG X, WANG J, WANG J, et al. SALDR: Joint self-attention learning and dense refine for massive MIMO CSI feedback with multiple compression ratio[J]. IEEE Wireless Communications Letters, 2021, 10(9): 1899-1903.

[10] SHANNON C E. A mathematical theory of communication[J]. The Bell System Technical Journal, 1948, 27(3): 379-423.

[11] SHI B F, ZHANG D H, DAI Q, et al. Informative dropout for robust representation learning: A shape-bias perspective[C]//International Conference on Machine Learning, 2020: 8828-8839.

[12] HE K M, ZHANG X Y, REN S Q, et al. Deep residual learning for image recognition [C]//IEEE Conference on Computer Vision and Pattern Recognition, Las Vegas, 2016: 770-778.

[13] KINGMA D P, BA J L. Adam: A method for stochastic optimization[C]//International Conference on Learning Representations, San Diego, 2015: 27-32.

[14] SIMONYAN K, ZISSERMAN A. Very deep convolutional networks for large-scale image recognition[C]//International Conference on Learning Representations, San Diego, 2015: 1-14.

[15] LIU L F, OESTGES C, POUTANEN J, et al. The COST 2100 MIMO channel model [J]. IEEE Wireless Communications, 2012, 19(6): 92-99.

[16] LU Z L, WANG J T, SONG J. Multi-resolution CSI feedback with deep learning in massive MIMO system[C]//IEEE International Conference on Communications, Dublin, 2020: 1-6.

[17] JI S J, LI M. CLNet: Complex input lightweight neural network designed for massive MIMO CSI feedback[J]. IEEE Wireless Communications Letters, 2021, 10(10): 2318-2322.

[18] GERSHO A, GRAY R M. Vector Quantization and Signal Compression[M]. Boston: Kluwer Academic Publishers, 1992.

| 第 5 章 |

MIMO收发机的智能学习

MIMO 技术的提出使得无线通信的信道容量和传输速率得到了质的提升，同时给收发机处的信号处理算法带来了挑战。如何设计 MIMO 系统下的信号检测算法、如何设计预编码算法以消除用户间干扰等问题得到了广泛的研究。随着 DL 的不断发展与应用，通信研究者正积极尝试智能化的 MIMO 收发机技术研究。本章聚焦基于 DL 的 MIMO 系统中的信号检测和预编码技术，对基于模型参数化的智能 MIMO 检测设计与预编码设计进行研究。

5.1 引　　言

大规模 MIMO 技术作为 5G 的核心技术之一，可以显著提高通信系统的频谱效率、传输速率和链路可靠性，因而近年来得到了移动通信领域的广泛研究[1]。但在带来系统性能提升的同时，大规模 MIMO 技术也为各种信号处理算法带来了挑战，特别是在收发机处对信号的处理。图 5.1 展示了 MIMO 系统模型。发射天线的数目和接收天线的数目分别为 N_t、N_r。在发射端，信息符号流被分离为 N_t 路并行子流，在经过调制后，通过 N_t 根发射天线同时发送，从而得到最大的传输速率。在接收端，N_r 根接收天线接收到的信号通过输入 MIMO 检测器进行检测。在独立准静态瑞利衰落信道条件下，MIMO 系统的信号模型可以表示为

$$y = Hx + n \tag{5.1}$$

其中，$x = [x_1, x_2, \cdots, x_{N_t}]^H$ 表示 N_t 维发射向量；$y = [y_1, y_2, \cdots, y_{N_r}]^H$ 表示 N_r 维接收向量；H 表示 $N_r \times N_t$ 维信道矩阵；$n = [n_1, n_2, \cdots, n_{N_r}]^H$ 表示 N_r 维加性高斯白噪声向量。在发射端对发送信号进行预处理的技术，称为预编码技术，作用是减少用户之间的干扰，提高系统性能。在接收端对发送信号进行检测的技术，称为信号检测技术，是通信系统中非常关键的一项技术。

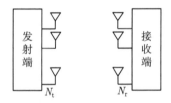

图 5.1　MIMO 系统模型

由于在大规模 MIMO 场景下的信道建模存在困难,高维 MIMO 预编码技术和信号检测技术在应对信道变化和高维数据处理方面存在局限性。现如今,DL 已经成功应用在计算机视觉、语音识别、机器翻译和自然语言处理等多个领域,这启发了研究人员积极尝试应用 DL 技术设计新的预编码算法和检测算法或改进已有的算法的性能 [2]。DL 技术可以从大量的数据中学习信道特征,将提取到的特征运用到预编码计算和信号检测中,不仅可以降低计算参数所需的复杂度,还能适当提高算法的泛化能力,可以很好地适用于大规模 MIMO 系统。

5.2 基于模型参数化的智能 MIMO 检测设计

基于 DL 的 MIMO 检测已经有了许多成功应用。首先,可以使用 DL 技术学习通信信道的输入、输出关系,在不知道任何信道的情况下实现信号检测,将检测器视为一个黑盒,从而实现数据驱动的信号检测,例如一种经典的基于黑盒的 DL 检测方法 [3]。这种方法设计了一个 DNN 模型来预测不同信道条件下传输的数据,该模型直接对传输的数据进行恢复而不需要明确的信道信息。仿真结果表明,基于 DL 的方法具有与最小均方误差方法相当的性能,并且比最小二乘方法具有更好的性能。另外,基于黑盒的标准神经网络的训练通常需要大量的训练数据和长时间的训练,没有运用通信领域的知识,实际性能受到限制,为了解决这一弊端,研究人员研究了一种基于模型驱动的 DL 方法 [4],其基于已知的通信领域知识和已开发的模型和算法的形式构建检测网络。即便如此,当信道模型未知时,基于模型驱动的 DL 方法在信号检测问题中的应用仍然受到限制。然而,将 DL 技术与通信领域知识相结合的想法仍然是有益的。一种基于 DL 的球形译码算法实现了 DL 与经典算法的巧妙结合 [5],其主要思想是通过少量半径实现球形译码检测,译码超球体的半径由 DNN 智能地学习和选择。基于 DL 的球形译码算法使得基于噪声统计和信道结构选择译码半径成为可能,这显著增加了仅搜索少量节点的球形译码成功的概率。仿真结果表明,这种基于 DL 的球形译码算法在广泛的信噪比(signal-to-noise ratio,SNR)范围内表现出接近于最优的极大似然检测算法的误码率性能。本节首先对传统的经典检测算法进行介绍,然后着重介绍基于 DL 的信号检测技术。

5.2.1 经典检测算法

1. 极大似然检测算法

极大似然(ML)检测算法是最优的信号检测算法 [6],其判决准则为选择使得信道转移概率 $p(\boldsymbol{y}|\boldsymbol{x})$ 最大的向量 $\boldsymbol{x}$ 作为发射符号向量的估计值,即令 $\boldsymbol{x} \in \Omega$,

在所有可能的发射集合中找出满足 $p(\boldsymbol{y}|\boldsymbol{x}) \geqslant p(\boldsymbol{y}|\boldsymbol{x}')$ 的发送集合，其中 $\boldsymbol{x}' \in \Omega$，$\Omega$ 表示所有发射符号向量的集合。

MIMO 信道的信道转移概率是一个多维高斯分布，表达式为

$$p(\boldsymbol{y}|\boldsymbol{x}) = \frac{1}{(\pi N_0)^{N_t}} \exp\left(-\frac{1}{N_0}\|\boldsymbol{y} - \boldsymbol{H}\boldsymbol{x}\|^2\right) \tag{5.2}$$

由式 (5.2) 可知，使得 $p(\boldsymbol{y}|\boldsymbol{x})$ 最大的解同样使得 $\|\boldsymbol{y} - \boldsymbol{H}\boldsymbol{x}\|^2$ 最小，因此 ML 检测的解为

$$\hat{\boldsymbol{x}} = \arg\min_{\boldsymbol{x} \in \Omega} \|\boldsymbol{y} - \boldsymbol{H}\boldsymbol{x}\|^2 \tag{5.3}$$

虽然 ML 检测算法具有最优的检测性能，但它的运算复杂度极高，为 $\mathcal{O}(Q^{N_t})$。随着传送天线数以及调制维度的增加，ML 检测算法的复杂度呈指数级增加，在实际信号检测应用中受到限制。

2. 最小均方误差检测算法

最小均方误差（minimum mean square error，MMSE）算法是被广泛使用的经典检测算法之一[6]。对于发射信号为 $\boldsymbol{x}$、信道矩阵为 $\boldsymbol{H}$、接收信号为 $\boldsymbol{y}$ 的通信系统，在接收端已知完美 CSI 下，解码矩阵 $\boldsymbol{G}_{\text{MMSE}}$ 设计如下：

$$\boldsymbol{G}_{\text{MMSE}} = \arg\min_{\boldsymbol{G}} \mathbb{E}\left[\|\boldsymbol{G}\boldsymbol{y} - \boldsymbol{x}\|^2\right] = \left(\boldsymbol{H}^{\text{H}}\boldsymbol{H} + \sigma^2\boldsymbol{I}\right)^{-1}\boldsymbol{H}^{\text{H}} \tag{5.4}$$

其中，$\mathbb{E}[\cdot]$ 是针对高斯噪声取期望值。MMSE 检测器框图如图 5.2 所示。

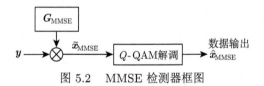

图 5.2   MMSE 检测器框图

由图 5.2 可知，MMSE 检测器的输出为

$$\hat{\boldsymbol{x}}_{\text{MMSE}} = \boldsymbol{G}_{\text{MMSE}}\boldsymbol{y} \tag{5.5}$$

传统的 MMSE 检测算法是低复杂度的线性检测算法。在大规模 MIMO 系统中，由于信道环境复杂、信道估计误差较高，以及大量非线性因素，MMSE 检测算法的性能往往差 ML 检测算法 3 dB 以上，并且需要高阶矩阵求逆，使得 MMSE 检测算法的计算复杂度与发射天线数呈三次方关系，即 $\mathcal{O}(N_t^3)$。

3. 基于树搜索的检测算法

基于树搜索的检测算法依赖于信道矩阵的分解[7]，其将 ML 检测转化为搜索树的节点选择，是一类渐近最优的信号检测算法。首先，对矩阵 $\boldsymbol{H}$ 进行 QR 分解可以得到：

$$\boldsymbol{H} = \boldsymbol{Q}\boldsymbol{R} = \boldsymbol{Q} \begin{bmatrix} \boldsymbol{R}_{N_t \times N_t} \\ \boldsymbol{0}_{(N_r - N_t) \times N_t} \end{bmatrix} = [\boldsymbol{Q}_1\ \boldsymbol{Q}_2] \begin{bmatrix} \boldsymbol{R} \\ \boldsymbol{0} \end{bmatrix} \tag{5.6}$$

经过 QR 分解，可以将 ML 检测算法优化问题中的 $\|\boldsymbol{y} - \boldsymbol{H}\boldsymbol{x}\|^2$ 进一步等价表示为

$$\begin{aligned}
\|\boldsymbol{y} - \boldsymbol{H}\boldsymbol{x}\|^2 &= \left\| \boldsymbol{y} - [\boldsymbol{Q}_1\ \boldsymbol{Q}_2] \begin{bmatrix} \boldsymbol{R} \\ \boldsymbol{0} \end{bmatrix} \boldsymbol{x} \right\|^2 = \left\| \begin{bmatrix} \boldsymbol{Q}_1^* \\ \boldsymbol{Q}_2^* \end{bmatrix} \boldsymbol{y} - \begin{bmatrix} \boldsymbol{R} \\ \boldsymbol{0} \end{bmatrix} \boldsymbol{x} \right\|^2 \\
&= \|\boldsymbol{Q}_1^* \boldsymbol{y} - \boldsymbol{R}\boldsymbol{x}\|^2 + \|\boldsymbol{Q}_2^* \boldsymbol{y}\|^2
\end{aligned} \tag{5.7}$$

其中，上标 * 表示矩阵求逆操作。令 $\boldsymbol{z} = \boldsymbol{Q}_1^* \boldsymbol{y}$，则 ML 检测式 (5.3) 可以改写为

$$\hat{\boldsymbol{x}}_{\mathrm{ML}} = \arg\min_{\boldsymbol{x} \in \Omega} \|\boldsymbol{y} - \boldsymbol{H}\boldsymbol{x}\|^2 = \arg\min_{\boldsymbol{x} \in \Omega} \|\boldsymbol{z} - \boldsymbol{R}\boldsymbol{x}\|^2 = \arg\min_{\boldsymbol{x} \in \Omega} \sum_{i=1}^{N_t} \left(z_i - \sum_{j=1}^{N_t} r_{ij} x_j \right) \tag{5.8}$$

其中，z_i 表示向量 $\boldsymbol{z}$ 的第 i 个元素；r_{ij} 表示矩阵 $\boldsymbol{R}$ 第 i 行第 j 列的元素；x_j 表示向量 $\boldsymbol{x}$ 的第 j 个元素。

根据式 (5.8)，可以将 ML 检测问题转化为加权树的最小路径搜索问题，加权树搜索模型如图 5.3 所示。其中，树的第 j 层对应发射符号向量 $\boldsymbol{x}$ 的第 j 个元素，根节点到树的每一层的各个节点的路径可以唯一确定该节点，定义路径度量 PM：

$$\mathrm{PM}\,(\boldsymbol{x}_j) = \mathrm{PM}\,(\boldsymbol{x}_{j+1}) + \sigma\,(\boldsymbol{x}_j) \tag{5.9}$$

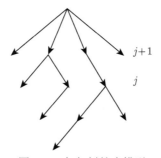

图 5.3　加权树搜索模型

从式 (5.9) 可以看出，从根节点沿任何路径到叶子节点，PM 是非递减的。于是，ML 检测问题可以转化为搜索树中具有最小路径度量的节点问题。与 ML 检测算法相同，图 5.3 中叶子节点的数目与发射天线数目和调制阶数具有相同的指数关系。ML 检测算法具有极高的复杂度，因此在不损失性能或尽量减少损失性能的前提下减小叶子节点的搜索范围成了必然。基于不同的减小搜索范围的方法，研究人员提出了三种不同的检测算法。第一种是深度优先算法，其代表为球形译码算法，它优先扩展接近叶子节点的路径；第二种是宽度优先算法，其代表为 K-best 算法 [8]，它优先保留某一层的节点，然后向下扩展；第三种是度量优先算法，其代表为栈算法，它优先保留度量小的路径节点。

球形译码算法的基本思想是以接收符号向量为球心，以一定度量为半径作球，只搜索球内的叶子节点，从而减小了搜索范围，降低了计算复杂度。球形译码算法以根节点为起点，沿着一条路径向下扩展，直至该路径上节点的度量大于半径或路径节点均在半径内，然后重新从根节点沿着一条新路径向下扩展，在搜索过程中只保留度量在半径内的路径。在完成整个树的搜索之后，在所有保留下来的叶子节点中求得路径度量最小的路径节点，作为最终的检测结果。

如果不限制半径范围，球形译码算法得到的解为最优解，复杂度也接近 ML 检测算法。因此，球形译码算法的关键问题就是如何确定半径的值，如果半径选取过大，性能虽然获得了提升，但是会导致计算复杂度过高；如果半径选取过小，则有可能在球内搜索不到节点，与 ML 检测算法的性能差距过大。除此之外，球形译码算法的计算复杂度还与信道状况有关，与 SNR 成反比，在信道状态极差的情况下，球形译码算法的计算复杂度接近 ML 检测算法的计算复杂度。

算法 5.1 展示了 K-best 检测算法的步骤，其基本思想是在搜索树中的每一层只保留 K 个路径度量最小的节点，然后从这 K 个保留下的节点再向下一层扩展节点，每层重复操作，始终只保留度量最小的 K 个路径，直至到达叶子节点。在完成整个树的搜索之后，在所有保留下来的 K 个路径中求得路径度量最小的路径节点，作为 K-best 算法对发射符号向量的估计值。

算法 5.1　*K*-best 检测算法的步骤

输入：信道矩阵 H，向量 z
输出：检测信号 $\hat{x}$
　初始化：$j = N_t, \mathrm{PM}(x_j) = 0, \sigma(x_j) = 0$
　while $j > 0$ **do**
　　保存在第 j 层的 K 条路径对应于 K 个子向量：$x_j^1, x_j^2, \cdots, x_j^K$
　　将 K 个子向量展开到第 $j-1$ 层的 $K \times Q$ 个子节点，Q 表示调制阶数
　　计算第 $j-1$ 层每个节点的路径度量：$\mathrm{PM}(x_{j-1}) = \mathrm{PM}(x_j) + \sigma(x_{j-1})$
　　保留最小路径度量的 K 个节点，舍弃其他子节点
　　$j \leftarrow j - 1$

end while
以最终 K 个保留路径中具有最小路径度量的节点作为检测结果

与球形译码算法相比，K-best 算法的运算复杂度较为固定，但是受到参数 K 的制约，K-best 算法的性能随着 K 的增大而变好，同时计算复杂度也会升高。为了得到接近 ML 检测算法的性能，往往 K 要选取较大的值，在实际应用中提高了计算复杂度。

5.2.2 基于黑盒的深度学习检测

本节介绍一种经典的基于黑盒的深度学习（DL）检测方法，其应用 DL 进行 OFDM 系统的信道估计和信号检测 [3]。该方法设计了一个 DNN 模型来预测不同信道条件下的发送数据，DNN 模型直接应用于发送数据的恢复而不需要明确的信道信息。基带 OFDM 系统为经典的 OFDM 系统。在发射端，先将插入导频信号的传输符号转换成并行数据流，然后用逆离散傅里叶变换（inverse discrete Fourier transform，IDFT）将信号从频域转换成时间域。之后，插入循环前缀（cyclic prefix，CP）用于减轻符号间干扰（intersymbol interference，ISI），CP 的长度需要大于信道的最大延迟扩展 [9,10]。

接收端的工作与发射端的相反，将接收的数据用离散傅里叶变换从时间域转换到频域，然后去除 CP，其中设计的 DNN 模型用作联合信道估计和符号检测，作为恢复传输数据的模块。DNN 模型以由一个导频块和一个数据块组成的接收数据作为输入，并以端到端的方式恢复发送数据。设定导频符号在第一个 OFDM 块中，之后的 OFDM 块由发送数据组成，所有的 OFDM 块统一形成最终的模型框架。

在网络结构上，该 DNN 模型由五层网络层组成。输入层的神经元数量与包含导频和发送信号的 OFDM 块的实部和虚部的数量相对应；隐藏层为三层，隐藏层的输出连接到最后的输出层用于最终预测输出。神经网络选择 L2 损失函数作为代价函数：

$$\text{Loss} = \frac{1}{N} \sum_k \left[\hat{X}(k) - X(k) \right]^2 \tag{5.10}$$

其中，$\hat{X}(k)$ 表示发送符号的预测；$X(k)$ 表示实际发送符号。神经网络将 OFDM 调制和无线信道视为黑盒来训练检测模型。用于联合信道估计和符号检测的 DNN 模型训练包括两个阶段。在离线训练阶段，利用所接收的 OFDM 样本训练模型。首先生成随机数据序列作为发送符号，然后用导频符号序列形成相应的 OFDM 帧，在训练和部署阶段需要固定导频符号。在在线部署阶段，DNN 模型生成恢复传输数据的输出，而无须对无线信道进行明确估计。

5.2.3　基于元学习的智能 MIMO 检测网络

1. 改进的 K-best 检测算法设计

K-best 检测算法是渐近最优的树搜索算法中的一种典型算法, 它基于宽度优先的思想, 在每层只保留 K 个路径度量最小的节点, 从保留的节点向下层扩展, 并重新选取 K 个最小路径, 最终在保留的 K 个路径中选择路径度量最小的叶子节点作为检测输出。前面已经介绍了 K-best 检测算法的优缺点, 要达到接近 ML 检测算法的性能, K 需要设置为较大值, 这提高了检测算法的复杂度和实现难度。因此, 本节介绍一种基于元学习的智能 MIMO 检测网络, 其可以在不损失太多误码率性能的情况下选取较小的 K 值, 从而实现高性能、低复杂度的检测。

对于取得最优路径所需的 K 值, 上层节点的需求明显小于下层节点的需求, 原因是上层节点的数量远远少于下层节点的数量。因此在本节中, 用变量取代 K-best 算法中每层固定的 K 值, 为了探究变量 K 在各层之间的可能联系, 为变量 K 的取值设计了拟合函数形式:

$$K = ak^b + c \tag{5.11}$$

其中, a、b、c 均为可学习的参数; k 为路径节点层数。

除了设计变量 K 的近似拟合函数形式, 如何选取参数得到一组最优的 K 值也是一个值得探究的问题。对于拟合函数中的可学习参数, 引入了 DL 方法来进行参数训练, 并在改进的 K-best 检测算法的基础上, 采用 DL 网络完成路径选择[11]。本节介绍的基于元学习的智能 MIMO 检测网络如图 5.4 所示。检测网络为嵌套网络结构, 包括基于网络融合的元学习参数学习模块、智能参数模型以及 DL 路径选择模块。基于网络融合的元学习参数学习模块学习拟合函数的参数, 并反馈给智能参数模型。智能参数模型将拟合的整数序列反馈给 DL 路径选择模块, 指导 DL 路径选择模块的网络结构搭建。接下来将具体介绍两个模块的结构及作用。

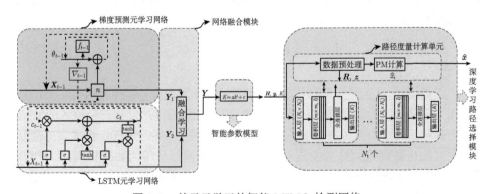

图 5.4　基于元学习的智能 MIMO 检测网络

2. 基于网络融合的元学习参数学习模块

设计的基于网络融合的元学习参数学习模块部署在发送端，结构如图 5.5 所示，包括梯度预测元学习网络、LSTM 元学习网络以及网络融合模块。

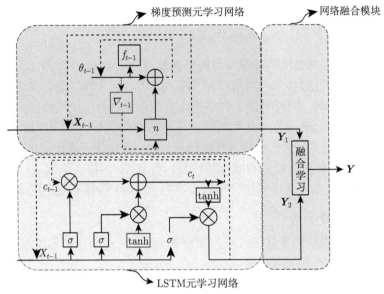

图 5.5　基于网络融合的元学习参数学习模块结构

传统的 K-best 检测算法的性能和复杂度与 K 的取值直接相关，为了获得尽可能低的计算复杂度，K 的取值应该在保证不损失太多性能的情况下尽可能地小。对于变量 K 的拟合函数，很难直接选取合适的参数，得到一组最优的 K 值，因此考虑利用 DL 方法来进行参数训练，选取的 K 值作为之后检测中路径选择的参数。

2.4 节介绍了元学习的概念，元学习在利用少量数据实现快速训练方面具有优势，是解决参数训练问题的 DL 方法之一。这里利用元学习方法构建神经网络来学习拟合函数的参数，间接得到最优的一组 K 值。首先，将可学习的参数 a、b、c 合并为网络的输入 $\boldsymbol{X}$：

$$\boldsymbol{X} = (a, b, c) \tag{5.12}$$

图 5.5 中分别采用了梯度预测元学习网络和 LSTM 元学习网络。在梯度预测元学习网络中，通过梯度预测，得到了更快、更准确的神经网络优化器。输入 $\boldsymbol{X}$ 通过神经网络优化器更新为输出 $\boldsymbol{Y}_1$。在 LSTM 元学习网络中，通过门结构对输入进行删除或者添加信息。通过 LSTM 元学习网络训练可学习参数 $\boldsymbol{X}$，输入当前可

学习参数，直接输出新的更新结果 Y_2。两种元学习网络都将它们的输出作为下一轮训练的输入，从而使参数训练速度更快。

在网络设计中，基于多种实现思路的元学习网络均表现出良好的性能，因此本节通过设计网络融合模块，将多个不同结构的元学习网络的学习结果进行融合，来取得比单一网络模型更好的结果。网络融合公式为

$$Y = W_1 Y_1 + W_2 Y_2 \tag{5.13}$$

其中，Y_1 和 Y_2 分别表示两种元学习网络参数预测的输出；W_1 与 W_2 表示可学习的标量，可以通过融合学习网络学习 W_1 与 W_2。引入网络融合学习方法，不仅提高了网络的性能，同时增强了网络泛化能力和应对信道变化的能力。

为了充分发挥元学习方法在网络快速更新方面的优势，利用发射天线数 N_t 和调制阶数 Q 对元学习网络参数进行初始化，进一步加快了网络训练速度。经过网络融合训练的参数被反馈给智能参数模型，得到 K 的拟合函数，以及一组 K 值，K 输出到 DL 路径选择模块，作为改进的 K-best 检测算法中的参数。

3. DL 路径选择模块

DL 路径选择模块部署在接收端，如图 5.6 所示，由路径度量（path metric，PM）计算单元和 N_t 层 CNN 构成。

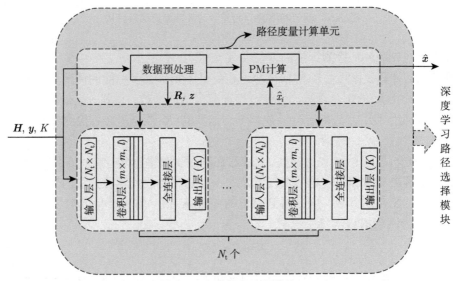

图 5.6　DL 路径选择模块

路径度量计算单元用于完成 K-best 检测算法的数据预处理，并计算输出最终的检测结果。路径度量计算单元对输入的信道矩阵 H 进行 QR 分解，得到具

有路径计算信息的矩阵 $\boldsymbol{Q}$ 和矩阵 $\boldsymbol{R}$。利用 QR 分解得到矩阵计算向量 $\boldsymbol{z}$，并将包含路径度量信息的向量 $\boldsymbol{z}$ 和矩阵 $\boldsymbol{R}$ 反馈给 CNN。CNN 用于实现改进 K-best 检测算法中每层的最优路径选择，本节中设计了 N_t 个 CNN，与发射向量阵 $\boldsymbol{x}$ 的维度 N_t 保持一致，将向量 $\boldsymbol{z}$ 和矩阵 $\boldsymbol{R}$ 作为 N_t 个 CNN 的输入。每个 CNN 由若干个复合卷积层组成，使用卷积核大小为 $m \times m$、个数为 l 的卷积层，激活函数采用 ReLU，输出层的维度为 K，与智能参数模型的结果保持一致，也就是每个卷积网络输出当前层保留的 K 个路径节点，实现了改进 K-best 检测算法的路径选择。其中各参数可根据使用需求进行调整，N_t、m、l、K 均为正整数。最后，路径度量计算单元汇总计算所有卷积网络的输出，计算得到具有最小路径度量的节点，作为最终估计的检测信号 $\hat{\boldsymbol{x}}$。

4. 网络参数训练与在线更新流程

这里介绍基于元学习的智能 MIMO 检测网络的参数训练过程。首先，根据信道估计得到的信道矩阵数据 $\boldsymbol{H}$，模拟生成发射信号 $\boldsymbol{x}$ 与接收信号 $\boldsymbol{y}$。将生成的数据分为训练集、验证集和测试集，在发射端利用基于网络融合的元学习参数学习模块训练拟合函数的可学习参数，并将参数结果反馈给 DL 路径选择模块。之后对两个模块进行联合学习训练，使得网络输出的检测信号与发射信号 $\boldsymbol{x}$ 的差距最小。在训练过程中，为了使网络可以学习到全局最优解，网络的学习率采用渐变的方式，训练完毕后，保存模型参数。训练完毕的网络，可以作为 MIMO 通信检测模块部署在接收端，将接收到的接收信号 $\boldsymbol{y}$，以及信道估计得到的 $\boldsymbol{H}$ 输入检测网络，获得检测信号。

然而，面对复杂多变的信道环境，部署完成的检测网络性能可能会发生变化，当性能差到无法完成信号检测时，就需要对网络参数进行在线更新。经典的 DL 方法在线收集足够的训练数据时可能会经历严重的延迟，特别是在低 SNR 状态下，这为检测网络的训练和部署带来了困难。元学习在获得训练数据和快速训练方面的优势，为解决在线更新应用的局限性提供了潜在可能。因此，这里设计了网络在线更新流程，用于在复杂多变的信道环境下保持性能，网络在线更新流程如图 5.7 所示，包括 5 个子过程。

首先是评估旧模型性能是否发生改变，当检测到 CSI 发生变化时，对网络模型在当前信道环境下的性能进行评估，在性能显著降低时对网络进行重新训练。其次是收集新数据，向发射端发送信息，在发射端根据发射天线数 N_t 和调制阶数对元学习网络参数重新初始化，并收集发射向量 $\boldsymbol{x}$，一同反馈给接收端，在接收端收集反馈结果，将发射向量 $\boldsymbol{x}$ 与信道矩阵 $\boldsymbol{H}$ 作为网络训练数据。再次是网络更新训练，利用元学习快速学习的优势，利用以往的知识经验来指导新任务的学习，通过少量的训练实例快速更新训练网络模型。之后是评估新模型性能是否达到要求。最后是重新部署，将重新训练完毕的网络再次作为通信检测模块部署在接收端，将接收到的接收信号 y，以及信道估计得到的 H 输入检测网络，获得估计的检测信号。

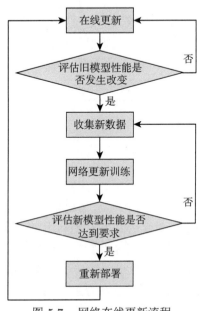

图 5.7　网络在线更新流程

5.2.4　实验分析

　　本节给出了基于元学习的智能 MIMO 检测网络的案例分析，验证其在误码率和训练速度方面的有效性，特别地，本节对基于元学习的智能 MIMO 检测网络和其他检测算法的误码率性能进行了仿真，并对基于元学习的方法和经典 DL方法的训练速度进行了比较。在仿真结果图中，"元学习 K-best"表示基于元学习的智能 MIMO 检测网络，"极大似然"表示极大似然检测算法，"K-best"表示 K-best 检测算法，"MMSE"表示 MMSE 检测算法，"DNN"表示经典 DL检测网络。仿真中考虑 10×10 的空间复用 MIMO 系统，分别采用 16-QAM 和64-QAM 调制，SNR 范围为 14~24 dB，噪声为零均值的复高斯随机变量。在训练阶段，采用了 1000 批的训练数据。将 Adam 优化算法的学习率 η 设为变化学习率，初始值为 0.01。

　　图 5.8(a) 展示了 16-QAM 调制下的误码率性能曲线。如图所示，基于元学习的智能 MIMO 检测网络具有接近极大似然检测算法的误码率性能，与极大似然检测算法的性能差距为 0.29 dB；其性能优于 K-best 检测算法，且远远优于MMSE 检测算法，相较于 K-best 检测算法及 MMSE 检测算法分别有 0.39 dB

和 1.81 dB 的平均性能增益。

图 5.8(b) 展示了 64-QAM 调制下的误码率性能曲线。可以看到，基于元学习的智能 MIMO 检测网络具有接近极大似然检测算法的误码率性能，与极大似然检测算法的性能差距为 0.27 dB；其性能优于 K-best 检测算法，且远远优于 MMSE 检测算法，相较于 K-best 检测算法及 MMSE 检测算法分别有 0.32 dB 和 1.93 dB 的平均性能增益。

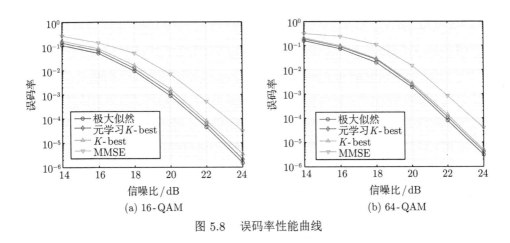

图 5.8 误码率性能曲线

图 5.9(a) 展示了 64-QAM 调制下基于元学习的智能 MIMO 检测网络与不同 K 值的 K-best 检测算法的性能对比。具体地，基于元学习的智能 MIMO 检测网络具有接近 $K = 256$ 时的 K-best 检测算法的性能，且优于 $K = 8$ 和 $K = 32$ 时 K-best 检测算法的性能。同时，基于元学习的智能 MIMO 检测网络具有 K-

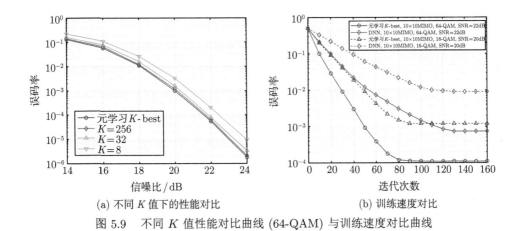

图 5.9 不同 K 值性能对比曲线 (64-QAM) 与训练速度对比曲线

best 检测算法的渐近最优误码率性能，并且具有远低于 *K*-best 检测算法的计算复杂度。

　　图 5.9(b) 中将基于元学习的智能 MIMO 检测网络训练速度与经典的 DNN 网络进行了比较。从图中可以看出，在广泛的 SNR 范围内以及多种调制下，基于元学习的智能 MIMO 检测网络的训练速度均明显快于经典 DNN 网络。仿真结果验证了基于元学习的智能 MIMO 检测网络在训练速度方面的优势，能够更好地适应信道变化的环境。

5.2.5　代码分析

　　程序运行在 Python + PyTorch 的环境中。

　　第一步，导入所需要的工具包和库函数，以及设置信道基本参数。

```python
# 导入所需要的工具包和库函数
import os
import numpy as np
import math
import scipy.io as sio
import torch
import torch.nn as nn
from torch.utils.data import DataLoader, TensorDataset
# 参数设置
M = 10      # 基站天线数
N = 10      # 用户天线数
snrdb_low = 14.0        # 信噪比下限
snrdb_high = 24.0       # 信噪比上限
snr_low = 10.0 ** (snrdb_low / 10.0)
snr_high = 10.0 ** (snrdb_high / 10.0)
v_size = 2 * M
hl_size = 4 * M         # 隐藏层大小
startingLearningRate = 0.0001   # 初始步长
decay_factor = 0.97
decay_step_size = 1000
train_iter = 20000      # 训练阶段
train_batch_size = 5000
test_iter = 200         # 测试阶段
test_batch_size = 1000
LOG_LOSS = 1
res_alpha = 0.9
num_snr = 6
snrdb_low_test = 14.0   # 测试信噪比下限
```

```
snrdb_high_test = 24.0  # 测试信噪比上限
```

第二步，仿真产生测试与训练数据。

```
# 生成测试数据
def generate_data_iid_test(B, M, N, snr_low, snr_high):
    H_ = np.random.randn(B, N, M)
    W_ = np.zeros([B, M, M])
    x_ = np.sign(np.random.rand(B, M)-0.5)
    y_ = np.zeros([B, N])
    w = np.random.randn(B, N)
    Hy_ = x_ * 0
    HH_ = np.zeros([B, M, M])
    SNR_ = np.zeros([B])
    for i in range(B):
        SNR = np.random.uniform(low = snr_low, high = snr_high)
        H = H_[i, :, :]
        tmp_snr = (H.T.dot(H)).trace() / M
        H_[i, :, :] = H
        y_[i, :] = (H.dot(x_[i, :]) + w[i, :] * \
            np.sqrt(tmp_snr) / np.sqrt(SNR))
        Hy_[i, :] = H.T.dot(y_[i, :])
        HH_[i, :, :] = H.T.dot( H_[i, :, :])
        SNR_[i] = SNR
    return y_, H_, Hy_, HH_, x_, SNR_
# 生成训练数据
def generate_data_train(B, M, N, snr_low, snr_high):
    H_ = np.random.randn(B, N, M)
    W_ = np.zeros([B, M, M])
    x_ = np.sign(np.random.rand(B, M)-0.5)
    y_ = np.zeros([B, N])
    w = np.random.randn(B, N)
    Hy_ = x_ * 0
    HH_ = np.zeros([B, M, M])
    SNR_ = np.zeros([B])
    for i in range(B):
        SNR = np.random.uniform(low = snr_low, high = snr_high)
        H = H_[i, :, :]
        tmp_snr = (H.T.dot(H)).trace() / M
        H_[i, :, :] = H
        y_[i, :] = (H.dot(x_[i, :]) + w[i, :] * \
            np.sqrt(tmp_snr) / np.sqrt(SNR))
```

```
        Hy_[i, :] = H.T.dot(y_[i, :])
        HH_[i, :, :] = H.T.dot( H_[i, :, :])
    SNR_[i] = SNR
    return y_, H_, Hy_, HH_, x_, SNR_
```

第三步，构建网络，训练网络。

```
for i in range(train_iter):
    # 生成训练数据
    batch_Y, batch_H, batch_HY, batch_HH, batch_X , SNR1= \
        generate_data_train(train_batch_size, M, N, snr_low,
            snr_high)
    # 转化为tersor
    batch_Y = TensorDataset(torch.tensor(batch_Y, dtype=torch.
        float32))
    batch_H = TensorDataset(torch.tensor(batch_H, dtype=torch.
        float32))
    batch_HY = TensorDataset(torch.tensor(batch_HY, dtype=torch.
        float32))
    batch_HH = TensorDataset(torch.tensor(batch_HH, dtype=torch.
        float32))
    batch_X = TensorDataset(torch.tensor(batch_X, dtype=torch.
        float32))
    temp1 = torch.matmul(torch.expand_dims(S[-1], 1), HH)
    temp1 = torch.squeeze(temp1, 1)
    Z = torch.concat([HY, S[-1], temp1, V[-1]], 1)
    Z = Z.to(device)

    # 进行网络前向传播
    ZZ = nn.relu_layer(Z, 3 * M + v_size, hl_size, "relu" + str(i)
        )
    S.append(nn.sign_layer(ZZ, hl_size , M, "sign" + str(i)))
    S[i] = (1-res_alpha) * S[i] + res_alpha * S[i-1]
    V.append(nn.affine_layer(ZZ, hl_size, v_size, "aff" + str(i)))
    V[i] = (1-res_alpha) * V[i] + res_alpha * V[i-1]
    # 损失函数计算
    if LOG_LOSS == 1:
        LOSS = np.log(i) * \
            torch.reduce_mean(
                torch.reduce_mean(torch.square(X - S[-1]), 1) / \
                torch.reduce_mean(torch.square(X - X_LS), 1)
            )
```

```
else:
    LOSS = torch.reduce_mean(
        torch.reduce_mean(torch.square(X - S[-1]), 1) / \
        torch.reduce_mean(torch.square(X - X_LS), 1)
    )

# 反向梯度更新传播
optimizer.zero_grad()
LOSS.backward()
optimizer.step()
```

获取程序代码

5.3 基于模型参数化的智能 MIMO 预编码设计

大规模 MIMO 系统通过部署大量天线，可以有效利用时频资源来服务多个用户设备，充分挖掘空间自由度，提升信道容量和频谱效率。但是，在多用户系统中，采用相同的时频资源，不可避免地会导致用户之间的信号相互干扰。除此之外，信道或收发机中的噪声也会影响通信。为了解决用户间信号干扰以及信道噪声对通信的负面影响，预编码技术被研究应用于发射信号之前根据信道信息对发送信号进行预处理，使发射波束朝着指定用户发射，消除信道和接收端噪声引起的信号干扰，提高通信质量。

目前主流的预编码技术可以分为两类：经典的预编码技术与基于 DL 的预编码技术。经典的预编码又分为两种：启发式预编码与迭代式预编码。基于 DL 的预编码也分为两种：基于黑盒神经网络的预编码与基于可解释神经网络的预编码。图 5.10 中总结了 MIMO 预编码技术的分类。

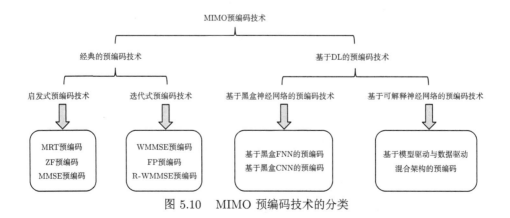

图 5.10　MIMO 预编码技术的分类

接下来将对目前主流的预编码技术进行介绍，并着重对基于 DL 的预编码技术进行分析。

5.3.1　经典的预编码技术

图 5.11 展示了经典的多用户 MIMO 预编码模型，其中每个用户配置了一根接收天线。对于下行链路传输，待发射信号 $s = [s_1, s_2, \cdots, s_{N_r}]^H$ 在基站端首先被进行预编码处理，通过预编码器 W 得到预编码向量 $x = [x_1, x_2, \cdots, x_{N_t}]^H$，之后通过天线将预编码信号发送，通过信道传输至用户端的接收天线。在假设完美 CSI 与基站端同步的情况下，可以通过预编码矩阵将发射信号指向特定的接收端，实现高效通信。

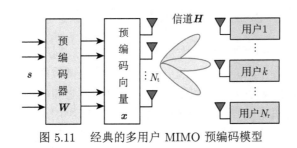

图 5.11　经典的多用户 MIMO 预编码模型

整个系统模型在数学上表示为

$$y = HWs + n = Hx + n \tag{5.14}$$

其中，$y \in \mathbb{C}^{N_r \times 1}$ 表示接收端接收到的信号；$H \in \mathbb{C}^{N_r \times N_t}$ 表示信号空间的传输信道矩阵；$W \in \mathbb{C}^{N_t \times N_r}$ 表示预编码矩阵；$n \in \mathbb{C}^{N_r \times 1}$ 表示接收机中的热噪声，n 一般建模为 N_r 维的加性高斯白噪声向量，并服从复高斯分布 $\mathcal{CN}(0, \sigma_n^2 I_{N_r})$；$N_t$ 与 N_r 分别表示发射端发射天线数和单天线用户数，并且满足 $N_t \geqslant N_r$。

启发式预编码技术是具有闭合数学公式的预编码技术，其在发射端对发射信号进行矩阵变换等线性操作来实现预编码矩阵的设计。经典的启发式预编码技术有最大比例传输（maximum ratio transmission，MRT）预编码技术、迫零（zero forcing，ZF）预编码技术、MMSE 预编码技术。这类具有闭合公式的预编码算法直接将 CSI 矩阵代入公式即可得到对应的预编码矩阵，计算复杂度相对较低，这对于大规模天线系统非常重要。此外，从数学的角度来看，当发射端天线数远多于用户端天线数时，用户间信道接近正交化，这使得闭合式预编码也可以达到非常好的系统性能提升。因此，启发式预编码技术深受工业界中通信工程师的广泛青睐。下面对经典的预编码技术进行介绍。

1. 启发式预编码技术

经典的 MRT 预编码技术是通过对信道矩阵求共轭转置来得到的，表示为

$$W_{\mathrm{MRT}} = H^{\mathrm{H}} \tag{5.15}$$

基于信道转置的 MRT 预编码技术的目标是使得信号到达特定接收端的增益最大化，但这种算法并没有考虑用户间干扰（IUI）。当发射端天线数趋近无穷时，MRT 预编码技术可以实现较好的系统容量总和，但在实际系统中，由于发射天线数的受限，IUI 会对系统产生较大的影响，使得系统的吞吐量变得很低。

经典的 ZF 预编码技术利用信道矩阵构造方阵，并对此方阵求广义逆，使得基站多天线发射的信号直接指向预定用户，并且在信道中呈现相互正交的特性。这种方法在不考虑信道噪声的情况下，可以有效地消除 IUI。具体来说，ZF 预编码矩阵 W_{ZF} 是信道矩阵 H 的 Moore-Penrose 伪逆，表示为

$$W_{\mathrm{ZF}} = H^{\mathrm{H}} \left(H H^{\mathrm{H}} \right)^{-1} \tag{5.16}$$

相比于 MRT 预编码技术，ZF 预编码技术可以完全消除 IUI，使得接收端接收的信号只受到噪声的影响。当系统不存在噪声时，通过对发射信号进行 ZF 预编码处理，可以使接收端完全恢复发射信号。然而，在实际系统中，噪声是难以避免的。在噪声很小的情况下，即高 SNR，ZF 预编码技术可以获取接近最优的性能。但随着噪声的增加，ZF 预编码技术在消除 IUI 时放大了噪声功率，这也会导致系统的性能降低，尤其是在低 SNR 时，系统吞吐量性能损耗会更严重。

为了解决 ZF 预编码技术放大噪声的缺陷，MMSE 预编码技术充分利用 MRT 预编码技术和 ZF 预编码技术的优点，既考虑 IUI，也考虑信道噪声带来的影响，在两者之间追求平衡，使得存在噪声和干扰的系统具有可接受的性能。具体来说，在发送功率不变的情况下，通过最小化接收信号与发射信号的 MSE，找到能使收发信号间均方误差最小的预编码矩阵。MMSE 预编码矩阵可以表示为

$$W_{\mathrm{MMSE}} = H^{\mathrm{H}} \left(H H^{\mathrm{H}} + \lambda I \right)^{-1} \tag{5.17}$$

其中，$\lambda = \dfrac{\sigma_n^2}{E_{\mathrm{s}}}$，$E_{\mathrm{s}}$ 为每个符号的能量。MMSE 预编码考虑了噪声影响，在低 SNR 情况下，具有非常好的系统性能。随着 SNR 的增加，ZF 预编码技术与 MMSE 预编码技术的性能逐渐接近，最终两种预编码技术都可以达到最优的性能。

2. 迭代式预编码技术

启发式预编码技术由于其闭合式处理的特性，计算复杂度比较低，但是系统性能较差，尤其是在低 SNR 情况下。为了提升系统的性能，迭代式预编码技

术被广泛研究。经典的迭代式预编码技术有加权最小均方误差（weighted minimum mean square error，WMMSE）预编码技术 [12] 和缩减加权最小均方误差（reduced-weighted minimum mean square error，R-WMMSE）预编码技术 [13]。其中 R-WMMSE 技术为低复杂度的 WMMSE 预编码技术。这里以 WMMSE 预编码技术为例，介绍迭代式预编码技术的原理与步骤。

在大规模 MIMO 系统中，预编码问题可以归结为以下的加权和速率最大化问题：

$$
\begin{aligned}
&\max_{\boldsymbol{V}_k} \sum_{k=1}^{N_r} \alpha_k R_k \\
&\text{s.t.} \sum_{k=1}^{N_r} \text{tr}\left(\boldsymbol{W}_k \boldsymbol{W}_k^{\mathrm{H}}\right) \leqslant P_{\max}
\end{aligned}
\tag{5.18}
$$

其中，$P_{\max}$ 表示基站功率上限；权值 α_k 表示用户 k 在系统中的优先级；R_k 表示用户 k 的速率，表示如下：

$$
R_k = \log\left[\det\left(\boldsymbol{I} + \boldsymbol{H}_k \boldsymbol{W}_k \boldsymbol{W}_k^{\mathrm{H}} \boldsymbol{H}_k^{\mathrm{H}}\left(\sum_{i \neq k}^{N_r} \boldsymbol{H}_k \boldsymbol{W}_i \boldsymbol{W}_i^{\mathrm{H}} \boldsymbol{H}_k^{\mathrm{H}} + \sigma_k^2 \boldsymbol{I}\right)^{-1}\right)\right]
\tag{5.19}
$$

系统加权和速率最大化问题作为大规模 MIMO 系统中常见的优化问题之一，其是一个典型的非凸非线性优化问题。经典的 WMMSE 算法以其数学上可证明性、低计算复杂度等特点成为目前求解此类问题最有效的方法之一。WMMSE 算法的核心原理可以归结为：通过引入权重矩阵变量，将加权和速率最大化问题转化为等价的加权 MSE 最小化问题进行求解。具体来说，式 (5.18) 中的优化问题等价于以下优化问题：

$$
\begin{aligned}
&\min_{\{\boldsymbol{W},\,\boldsymbol{U},\,\boldsymbol{V}\}} \sum_{k=1}^{N_r} \alpha_k \left\{\text{tr}\left(\boldsymbol{V}_k \boldsymbol{E}_k\right) - \log\left[\det\left(\boldsymbol{V}_k\right)\right]\right\} \\
&\text{s.t.} \sum_{k=1}^{N_r} \text{tr}\left(\boldsymbol{W}_k \boldsymbol{W}_k^{\mathrm{H}}\right) \leqslant P_{\max}
\end{aligned}
\tag{5.20}
$$

其中，$\boldsymbol{V}_k$ 表示加权矩阵；$\boldsymbol{E}_k$ 表示 MSE 矩阵，其表示为

$$
\begin{aligned}
\boldsymbol{E}_k \triangleq &\left(\boldsymbol{I} - \boldsymbol{U}_k^{\mathrm{H}} \boldsymbol{H}_k \boldsymbol{W}_k\right)\left(\boldsymbol{I} - \boldsymbol{U}_k^{\mathrm{H}} \boldsymbol{H}_k \boldsymbol{W}_k\right)^{\mathrm{H}} \\
&+ \sum_{i \neq k}^{N_r} \boldsymbol{U}_k \boldsymbol{H}_k \boldsymbol{W}_i \boldsymbol{W}_i^{\mathrm{H}} \boldsymbol{H}_k^{\mathrm{H}} \boldsymbol{U}_k^{\mathrm{H}} + \sigma_k^2 \boldsymbol{U}_k^{\mathrm{H}} \boldsymbol{U}_k
\end{aligned}
\tag{5.21}
$$

其中，U_k 表示接收端 MMSE 接收器。

通过优化问题的转化，只需要求解式 (5.20) 中的优化问题，便可得到预编码矩阵 W 的最优解。式 (5.20) 中的每个变量都是凸函数，因此可以采用块坐标下降（block coordinate drop，BCD）法来求解。BCD 法通过交替地迭代三个变量实现加权总 MSE 最小化。算法 5.2 给出了 WMMSE 预编码技术的整体更新迭代过程。

算法 5.2   WMMSE 预编码技术的整体更新迭代过程

输入： 信道矩阵 H，ZF 预编码初始化的 $W_k = H^{\mathrm{H}}\left(HH^{\mathrm{H}}\right)^{-1}$

输出： WMMSE 预编码矩阵 W_{WMMSE}

1. 重复步骤 2 至步骤 6
2. $W_k' \leftarrow W_k$
3. $U_k \leftarrow \left(\sum\limits_{m=1}^{N_\mathrm{r}} H_k W_m W_m^{\mathrm{H}} H_k^{\mathrm{H}} + \sum\limits_{j=1}^{N_\mathrm{r}} \mathrm{tr}\left(W_j W_j^{\mathrm{H}}\right) I\right)^{-1} H_k W_k, \; \forall k$
4. $V_k \leftarrow \left(I - U_k^{\mathrm{H}} H_k^{\mathrm{H}} W_k\right)^{-1}, \; \forall k$
5. $W_k \leftarrow \left(\sum\limits_{m=1}^{N_\mathrm{r}} H_m^{\mathrm{H}} U_m V_m U_m^{\mathrm{H}} H_m + \sum\limits_{j=1}^{N_\mathrm{r}} \alpha_j \mathrm{tr}\left(U_j V_j U_j^{\mathrm{H}}\right) I\right)^{-1} \alpha_k H_k^{\mathrm{H}} U_k V_k$
6. 直到满足 $\left|\sum\limits_{j=1}^{N_\mathrm{r}} \alpha_j \log\left[\det\left(W_j\right)\right] - \sum\limits_{j=1}^{N_\mathrm{r}} \log\left[\det\left(W_j'\right)\right]\right| \leqslant \epsilon$

为了确保基站的总功率约束，即式 (5.20) 中的约束，对预编码矩阵 W_{WMMSE} 进行功率归一化：

$$W_k^* = \sqrt{\frac{P_{\max}}{\sum\limits_{k=1}^{N_\mathrm{r}} \|W_k\|^2}} W_k \tag{5.22}$$

经典的 WMMSE 预编码技术有效地解决了加权和速率最大化问题，算法可以达到很高的系统性能，特别是在低 SNR 情况下，系统的吞吐量得到了大幅度的提升。但是相比于启发式预编码技术，如 ZF 预编码技术和 MMSE 预编码技术，WMMSE 预编码技术的计算复杂度非常高。WMMSE 预编码的每一次迭代过程中都会有矩阵的求逆操作，复杂度至少为 $\mathcal{O}\left(N_\mathrm{r}^3\right)$，再加上需要进行多次迭代，使得求解耗时非常长。这对于通信时延要求很高的场景是不能接受的。从工程应用的角度来看，这种高复杂度的迭代式预编码技术不如启发式预编码技术。

5.3.2   基于黑盒神经网络的预编码设计

近年来，DL 技术在解决大数据和复杂非线性问题方面展现出卓越的处理能力，在通信领域也得到了广泛的关注，并在预编码设计上取得了成功应用[14,15]。

DL 技术主要通过 DNN 来实现信道矩阵到预编码矩阵的映射。简单来说，可以将神经网络当成一个黑盒，其通过学习大量的信道数据样本，来自主地发掘信道数据中的规律，最小化损失函数，从而实现针对性的预编码输出。目前，主流的基于黑盒神经网络[16,17]的预编码设计的流程如图 5.12 所示，它主要由四个步骤组成，分别是获取训练数据、搭建网络模型、设置训练参数及训练网络，接下来对每个步骤进行介绍。

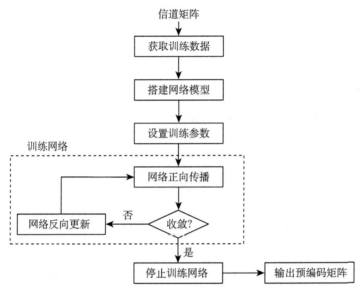

图 5.12　主流的基于黑盒神经网络的预编码设计的流程

1. 获取训练数据

对于预编码神经网络来说，输入的训练数据是 CSI 矩阵。但是由于目前神经网络不支持复数输入，因此这里首先需要对 CSI 矩阵进行复数分离预处理操作。主流的预处理操作有两种：实部/虚部分离与相位/幅值分离。

数学上对于两种预处理的表达如下：

$$\boldsymbol{H} \to [R(\boldsymbol{H}); I(\boldsymbol{H})] \tag{5.23}$$

$$\boldsymbol{H} \to [P(\boldsymbol{H}); A(\boldsymbol{H})] \tag{5.24}$$

其中，$R(\cdot)$ 和 $I(\cdot)$ 分别表示取实部和取虚部操作；$P(\cdot)$ 和 $A(\cdot)$ 分别表示取相位和取幅值操作。

两种 CSI 矩阵预处理流程如图 5.13 所示。两种预处理方式均是将 CSI 矩阵按特定含义分离后，将两个矩阵在通道维度上进行拼接，就可以得到一张两通道的图。目前主流的预处理采用的是实部/虚部分离的方式。

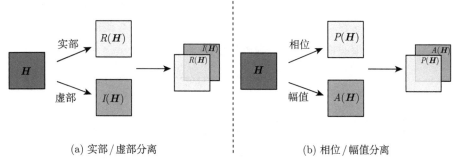

(a) 实部/虚部分离　　　　　　　　(b) 相位/幅值分离

图 5.13　两种 CSI 矩阵预处理流程

2. 搭建网络模型

在预编码设计中, 神经网络模型的搭建一般有两种, 分别是全连接神经网络和 CNN。全连接神经网络是由多层全连接隐藏层级联组成的, 每两层之间的节点都有边相连。CNN 是由多层卷积层级联组成的, 相邻两层之间只有部分节点相连。

典型的基于全连接神经网络的预编码过程如图 5.14 所示, 它主要由输入层、隐藏层、输出层三部分组成。全连接神经网络只支持实数向量输入, 因此首先需要对 CSI 矩阵进行实部/虚部分离, 再对矩阵进行向量化, 最终得到输入的 CSI 向量数据。之后将向量化的 CSI 向量输入全连接神经网络, 利用多层级联的隐藏层进行处理。在隐藏层中, 采用了归一化层和激活函数层, 作用是加快网络学习速率和提高网络学习性能。全连接神经网络的输出是带有功率约束的预编码向量。

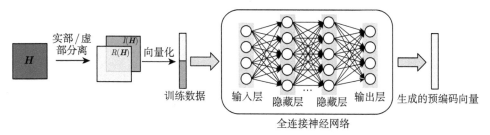

图 5.14　典型的基于全连接神经网络的预编码过程

典型的基于 CNN 的预编码过程如图 5.15 所示, 它主要由卷积层、全连接层组成。相比于全连接神经网络, CNN 处理的是图像形式的输入, 因此, 只需要对原 CSI 矩阵进行实部/虚部分离预处理即可, 之后将所得到的两通道 CSI 图像输入 CNN 进行处理。在 CNN 中, 卷积层的主要操作是卷积核和输入图像的卷积操作。一般来说, 卷积核的大小代表对输入图像的感受野, 一般用 3×3 的卷积核提取小感受野的特征, 用 7×7 的卷积核提取大感受野的特征。经过多层卷积层的处理，网络可以得到一个具有代表性的特征图来表示输入，相当于对输入进行了有效的编码。之后，将特征图向量化，然后通过一个全连接层实现降维，即将特征图映射成预编码向量，最后输出生成的预编码向量。

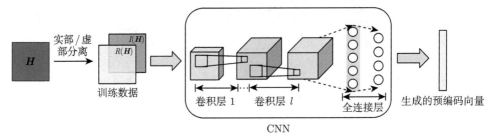

图 5.15　典型的基于 CNN 的预编码过程

3. 设置训练参数

无论是全连接神经网络还是 CNN，网络均只是一个提取输入特征的载体，采用什么样的网络训练参数也是非常关键的问题。训练参数主要有三方面的设置：损失函数的设置、优化器的选择和学习率的设置。接下来对这三方面进行简单的介绍。

第一，损失函数的设置有两种方式：基于监督学习的损失函数和基于无监督学习的损失函数。具体来说，监督学习是指让网络的输出趋近于事先所给的标签。例如，对于预编码设计，基于监督学习的损失函数采用平均绝对误差（mean absolute error，MAE）或者 MSE，分别表示为

$$\text{Loss}_{\text{MAE}} = \frac{1}{N} \sum_{n=1}^{N} \|\boldsymbol{w}_n^{\text{predict}} - \boldsymbol{w}_n^{\text{label}}\|_1 \tag{5.25}$$

$$\text{Loss}_{\text{MSE}} = \frac{1}{N} \sum_{n=1}^{N} \|\boldsymbol{w}_n^{\text{predict}} - \boldsymbol{w}_n^{\text{label}}\|_2^2 \tag{5.26}$$

其中，标签可以由现有的预编码技术生成，如 ZF 预编码、MMSE 预编码。

无监督学习是指让网络的损失函数直接作用于预编码相关的系统指标，如最大和速率、最小发射功率等。以系统最大化和速率问题为例，损失函数可设置为

$$\text{Loss} = -\frac{1}{N} \sum_{i=1}^{N} \sum_{k=1}^{N_r} R_k \tag{5.27}$$

其中，R_k 表示第 k 个用户的速率。这种无监督学习的方式通过直接优化系统指标，可以有效地提高预编码的性能。

第二，优化器是指更新网络参数的算法，目前主流的优化器有批量梯度下降（batch gradient descent，BGD）、动量（momentum）、均方根传播（root mean square propagation，RMSprop）、自适应矩估计（adaptive moment estimation，Adam）算法。以经典的 BGD 算法和主流的 Adam 算法为例展开介绍。经典的 BGD 算法在更新网络时，会根据整个训练集计算梯度进行梯度下降：

$$\theta := \theta - \eta \nabla_\theta J(\theta) \tag{5.28}$$

其中，η 表示学习率；$J(\theta)$ 表示根据整个训练集计算出来的损失。

主流的 Adam 算法使用梯度的一阶矩估计和梯度平方的二阶矩估计来动态地调整每个参数的学习率。具体来说，梯度的一阶矩有偏估计 m_t 和梯度平方的二阶矩有偏估计 n_t 如下获得

$$m_t = \beta m_{t-1} + (1 - \beta) g_t \tag{5.29}$$

$$n_t = \gamma n_{t-1} + (1 - \gamma) g_t^2 \tag{5.30}$$

然后，对 m_t 和 n_t 进行偏差修正：

$$\hat{m}_t = \frac{m_t}{1 - \beta^t} \tag{5.31}$$

$$\hat{n}_t = \frac{n_t}{1 - \gamma^t} \tag{5.32}$$

通过偏差修正，$\hat{m}_t$ 和 $\hat{n}_t$ 可以看成无偏估计。最后，梯度的更新方法为

$$\theta := \theta - \frac{\eta}{\sqrt{\hat{n}_t} + \epsilon} \hat{m}_t \tag{5.33}$$

通常，β 设置为 0.9，γ 设置为 0.999，ϵ 设置为 10^{-8}。

第三，学习率的设置一般也分两种：固定式和变换式。固定式的学习率设置指的是在初始时固定学习率 η 不变，例如，在训练网络时一直保持 $\eta = 0.1$。变换式的学习率设置是指在训练网络时对学习率 η 进行改变，例如，每经过 10 次迭代，学习率就变成原来的 1/10。这种变化式的学习率可以帮助网络收敛至最优解附近，而不会因为学习率过大导致网络性能产生剧烈振荡。

4. 训练网络

训练网络的过程就是网络正向传播计算损失函数，然后反向传播参数更新的过程。优化器通过采用 BGD 或 Adam 算法，如式 (5.28) 或者式 (5.33)，不断调节网络中可学习的参数，比如全连接层中隐藏神经元的权重参数或者 CNN 中卷积核的权重参数。当网络的损失函数收敛后，就可以停止训练网络，得到一个预编码映射网络。之后，将这个预编码映射网络部署使用，实现信道矩阵向预编码矩阵的映射。

5.3.3   基于可解释神经网络的预编码设计

基于黑盒神经网络的预编码设计简捷有效，但这种隐式等效预编码映射器不具有性能增益可解释性。为了解决黑盒神经网络带来的问题，本节介绍一种基于可解释神经网络的预编码（iPNet）[14] 设计，其利用改进的 MMSE 预编码技术实现一个显式等效 MMSE 预编码映射网络，同时采用无监督学习的方式，使网络在性能增益、性能可解释性、网络复杂度等方面具有一定的优势。iPNet 的整个流程如图 5.16 所示，它主要由两个子网络组成：模型驱动的信道数据扩充网络（iDANet）和数据驱动的预编码映射网络（PNet）。接下来对 iPNet 进行详细介绍。

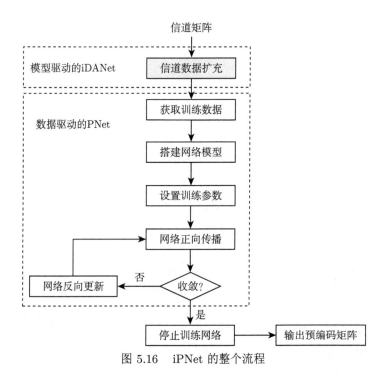

图 5.16   iPNet 的整个流程

1. 信道数据扩充网络

信道数据扩充是由一个模型驱动的 iDANet 来实现的，其不需要任何梯度更新，其结构如图 5.17 所示。iDANet 的结构设计以 MMSE 预编码器的分析模型为指导。对于典型的 DNN，学习矩阵求逆运算比学习近似线性映射要困难得多，因为矩阵求逆的学习精度很难保证。因此，为了有效提高后续预编码映射网络的学习能力，本节通过引入变换和增强的 CSI 数据，将式 (5.17) 中的矩阵求逆运算转换为线性形式。

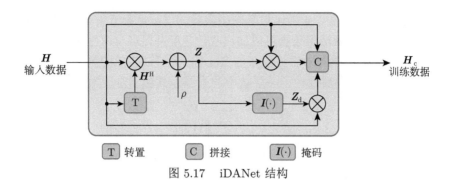

图 5.17　iDANet 结构

首先，对于一个可逆矩阵 Z，其在 Z_0 处的一阶泰勒展开表达式为

$$Z^{-1} = 2Z_0^{-1} - ZZ_0^{-2} + o\left(Z_0^{-2}\right) \tag{5.34}$$

其中，$o\left(Z_0^{-2}\right)$ 表示 Z_0^{-2} 的高阶无穷小。为了方便起见，选择 Z_0 为仅包含矩阵 Z 对角元素的对角矩阵，记为 Z_d。通过引入可训练变量，可以将式 (5.34) 改写为

$$Z^{-1} \approx Z_d X_0 + Z X_1 + X_2 \tag{5.35}$$

其中，X_0、X_1 和 X_2 都表示可训练的参数，可由神经网络自适应训练获得。

令 $Z \triangleq H^H H + \lambda I$，并将式 (5.35) 代入式 (5.17)，可得改进的 MMSE 预编码表达式为

$$W_{\text{MMSE}} = HZ^{-1} = HZ_d X_0 + HZ X_1 + H X_2 + X_3 \tag{5.36}$$

其中，X_3 表示一个可训练的参数，用于提高式 (5.36) 中近似的精度。通过上述转换将原来含有逆运算的 MMSE 预编码转化成仅带有矩阵相乘的改进 MMSE 预编码，即实现了以下预编码映射转换：

$$\mathcal{W}\left(H\right) \to \hat{\mathcal{W}}\left(HZ_d, HZ, H\right) \tag{5.37}$$

式 (5.37) 中映射的转换也带来了网络输入数据的转化，即从单一信道矩阵转化为扩充的 CSI 矩阵，表示为

$$H_c = [HZ_d, HZ, H] \tag{5.38}$$

2. 预编码映射网络

作为 iPNet 的第二个子网络，PNet 从扩充的 CSI 数据 H_c 中映射出预编码向量。PNet 是一个数据驱动的全连接网络，其结构如图 5.18 所示，所采用的网

络层数、输入/输出维度、激活函数等网络参数的设置可参考表 5.1。特别地，网络中引入的 BN 层和激活函数层可以加快收敛速度并提高学习性能。输出层的激活函数是 tanh，隐藏层的激活函数都是 ReLU。为了让生成的预编码向量满足功率约束条件，在输出层后设计了一层功率约束层，其功能对应为

$$\boldsymbol{W} = \sqrt{P_{\max}} \frac{\boldsymbol{W}}{\|\boldsymbol{W}\|_F} \tag{5.39}$$

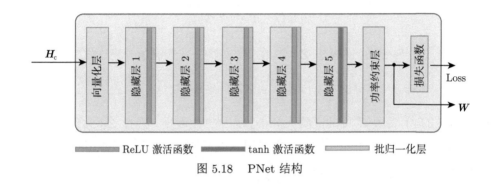

图 5.18　PNet 结构

表 5.1　PNet 的结构细节

项目	层名	输出维度	激活函数
输入	输入层	$6\,N_t N_r$	无
隐藏	隐藏层 1	$64\,N_t N_r$	批归一化层 + ReLU 激活函数
	隐藏层 2	$32\,N_t N_r$	批归一化层 + ReLU 激活函数
	隐藏层 3	$16\,N_t N_r$	批归一化层 + ReLU 激活函数
	隐藏层 4	$8\,N_t N_r$	批归一化层 + ReLU 激活函数
预编码向量	隐藏层 5	$2\,N_t N_r$	批归一化层 + tanh 激活函数
输出层	功率约束层	$2\,N_t N_r$	无

为了提高系统总速率和，采用无监督学习的训练方式。具体来说，iPNet 设置的损失函数不是 MAE 或 MSE，而是直接设置为总速率和的相反数，表示为

$$\text{Loss} = -\frac{1}{T} \sum_{i=1}^{T} \sum_{k=1}^{N_r} \log_2 \left(1 + \frac{|\boldsymbol{h}_k^{\mathrm{H}}[i]\boldsymbol{w}_k[i]|^2}{\sum\limits_{j=1,\,j\neq k}^{K} |\boldsymbol{h}_k^{\mathrm{H}}[i]\boldsymbol{w}_j[i]|^2 + \sigma^2} \right) \tag{5.40}$$

其中，T 表示总训练样本的个数；$[i]$ 表示第 i 个训练样本。这种无监督学习的方式直接将优化目标转化为最大化系统总速率和，相比于监督学习，有更好的性能表现。

令 $\Gamma = \left\{ \boldsymbol{V}_l \in \mathbb{C}^{f_l \times f_{l-1}}, \boldsymbol{b}_l \in \mathbb{C}^{f_l \times 1} \right\}_{l=1,2,3,4,5}$ 为 PNet 的权重矩阵和偏差向量的参数集，f_l 表示第 l 层中的神经元数量。在这种情况下，PNet 的整体流程可以显式地表达为

$$\boldsymbol{W} = \boldsymbol{V}_5 \left[\boldsymbol{V}_4 \cdots (\boldsymbol{V}_1 \boldsymbol{H}_c + \boldsymbol{b}_1) \cdots + \boldsymbol{b}_4 \right] + \boldsymbol{b}_5 \tag{5.41}$$

其中，$\boldsymbol{W}$ 表示 PNet 的输出，预编码矩阵最终由功率约束层获得，以保证功率约束。式 (5.34) 与式 (5.41) 都是一种矩阵级联相乘的数学表达形式，因此 iPNet 可以显式地表达为 MMSE 预编码器，设计上具有一定的数学可解释性。同时，通过应用以和速率最大化为目标的无监督学习方式，所提出的 iPNet 在总速率和性能上优于 MMSE 预编码。除此之外，MMSE 预编码通常与一些多用户调度策略结合，以确保公平性的概念。因此，如果需要多用户公平性，大多数现有的多用户调度方法，包括比例公平性调度，可以直接应用于所提出的 iPNet 预编码。

对于 iPNet 网络的部署，采用了一种离线训练与在线部署的两阶段方式。如图 5.19 所示，首先利用已有的训练样本对 iPNet 进行离线训练，训练完毕后，将已训练的 iPNet 直接部署。在在线部署使用时，输入 iPNet 的数据是在线收集的信道数据，通过 iPNet 就可以快速获取有效的预编码向量。

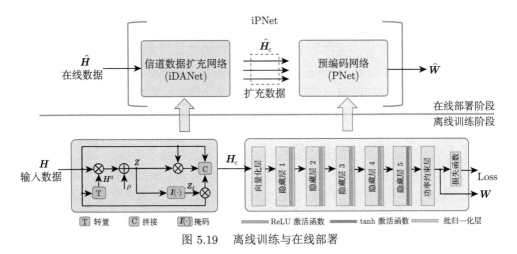

图 5.19　离线训练与在线部署

5.3.4　实验分析

在本节中，通过仿真给出了基于可解释神经网络的预编码设计方案的性能，并对其进行了相应的分析。

考虑一个多用户 MIMO 系统，其中包含 1 个 4 发射天线的基站和 4 个单接收天线的用户。使用 MATLAB 生成 100000 组瑞利信道和对应采用 MMSE 估计器的估计信道，其中 80000 组用作训练集，10000 组用作验证集，10000 组用作

测试集。在网络训练中，Adam 优化器被采用来对网络进行反向传播与梯度更新。训练迭代次数设置为 100。学习率采用固定式策略，设置为 0.01。

表 5.2 比较了 iPNet 和黑盒神经网络预编码的可训练参数量，特别地，黑盒神经网络采用的是图 5.14 模拟的基于监督学习的网络结构。可以看出，iPNet 相比于黑盒神经网络，参数量只是略微地增加，这主要源于输入的高维度的扩充 CSI 数据。为了突出 iPNet 的优势，将 iPNet 的隐藏层的神经元数减半，这样可以减少网络可训练参数量，将对应的 iPNet 网络模型记为 iPNet-half。观察表 5.2 可以看到，iPNet-half 的总参数量约是黑盒神经网络的 1/3。

表 5.2　网络参数量

方案	总参数量	可训练参数量	不可训练参数量
黑盒神经网络	734752	730848	3904
提出的 iPNet	800544	796512	4032
提出的 iPNet-half	228448	226336	2112

图 5.20(a) 比较了不同导频信噪比（pilot-to-noise ratio，PNR）下，iPNet、iPNet-half 和目前几种主流的预编码方法的系统总速率和性能。可以看到，相比于现有的基于黑盒神经网络的预编码方法，所提出的 iPNet 有明显的性能增益，特别是在高 PNR 下。相比于 MMSE 预编码，所提出的 iPNet 有大概 10% 的系统总速率和的性能增益，并在高 PNR 下，即信道估计非常准确的情形，可以超越完美 CSI 下的 MMSE 预编码的性能，这是由于采用了直接关联总速率和的无监督学习训练方式，同时侧面解释了显式等效为 MMSE 预编码的 iPNet 网络在性能上可以逼近甚至超越 MMSE 预编码。此外，可以观察到 iPNet-half 在网络参数量减少超 2/3 的情况下，仍然逼近完美 CSI 下的 MMSE 预编码的性能，并实现了比基于黑盒神经网络预编码更高的性能，并且与基于黑盒神经网络预编码之间的性能差距随着 PNR 的增加而增大。这是因为通过所提出的 iPNet 从增强的 CSI 数据中学习可解释的线性映射比通过黑盒神经网络从原始 CSI 数据中学习非线性映射更有效。

图 5.20(b) 比较了不同发射信噪比下，iPNet、iPNet-half 和目前几种主流的预编码方法的系统总速率和性能。可以看到，相比于现有的基于黑盒神经网络的预编码和 MMSE 预编码，所提出的 iPNet 有明显的性能增益，也验证了 iPNet 的有效性。

图 5.21(a) 比较了 iPNet 和基于黑盒神经网络预编码的泛化性能。特别地，先用某个 PNR 下的 CSI 数据训练网络，然后代入不同 PNR 下的 CSI 数据来进行测试。在这里仿真中，选择 PNR = 0dB 和 PNR = 20dB 两种训练数据来测试网络的泛化性能。通过观察仿真可以发现，iPNet 的性能仍然优于黑盒神经网络的

性能，并且随着 PNR 的增加，性能差异越来越大。

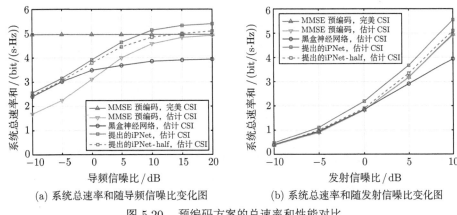

(a) 系统总速率和随导频信噪比变化图   (b) 系统总速率和随发射信噪比变化图

图 5.20 预编码方案的总速率和性能对比

同样，本节还测试了选择固定发射信噪比下的训练网络的泛化能力，如图 5.21(b) 所示，可以得出与图 5.21(a) 相同的结论。这些表明了所提出的 iPNet 相比于黑盒神经网络具有更强的泛化能力，可以训练后就部署使用。iPNet 的这种泛化增益来自 iPNet 中的预编码网络可以从增强的 CSI 数据中学习映射而不是从原始 CSI 中学习。

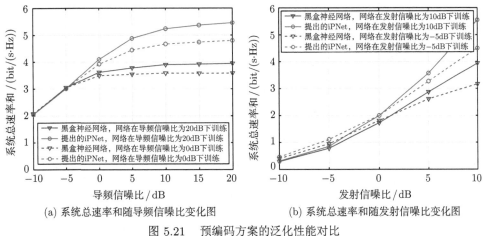

(a) 系统总速率和随导频信噪比变化图   (b) 系统总速率和随发射信噪比变化图

图 5.21 预编码方案的泛化性能对比

5.3.5 代码分析

本节主要对 iPNet 中的预编码神经网络进行代码分析，网络由 PyTorch 框架搭建。

　　第一步，导入所需要的包，主要是 PyTorch 下面有关神经网络的库函数。

```
#导入所需要的包
import os
import numpy as np
import math
import scipy.io as sio
import torch
import torch.nn as nn
from torch.utils.data import DataLoader, TensorDataset
```

　　第二步，定义基本参数，加载信道数据集。

```
#配置
M = 4 #发送天线数
K = 4  #用户数
snr = 15 #上行信道信噪比
#加载信道数据
data = sio.loadmat("your csi saving path")
h_imp = data["H_imp"]
allSampleNum = h_imp.shape[0]

# 取训练集、验证集、测试集
train_ratio = 1
vali_ratio = 0
train_end = int(train_ratio * allSampleNum)
validation_end = int((train_ratio + vali_ratio) * allSampleNum)
h_imp_train = h_imp[:train_end]
h_imp_val = h_imp[train_end:validation_end]
h_imp_test = h_imp[validation_end:allSampleNum]

# 转化为tensor
h_imp_train = TensorDataset(torch.tensor(h_imp_train, dtype=torch.
    float32))
h_imp_val = TensorDataset(torch.tensor(h_imp_val, dtype=torch.
    float32))
h_imp_test = TensorDataset(torch.tensor(h_imp_test, dtype=torch.
    float32))
# 加载数据集
train_loader = DataLoader(h_imp_train, batch_size=100, shuffle=True)
val_loader = DataLoader(h_imp_val, batch_size=100, shuffle=False)
test_loader = DataLoader(h_imp_test, batch_size=100, shuffle=False)
```

第三步，定义损失函数与功率约束函数。

```python
# 计算总速率和，以速率和的相反数为损失函数
def hmulw(h, w_hat):
    half = M
    hleft = h[:, 0:half]
    hright = h[:, half:2 * half]
    wleft = w_hat[:, 0:half]
    wright = w_hat[:, half:2 * half]
    mul1 = torch.multiply(hleft, wleft)
    mul2 = torch.multiply(hright, wright)
    mul3 = torch.multiply(hleft, wright)
    mul4 = torch.multiply(hright, wleft)
    sum1 = torch.reduce_sum(mul1, 1) - torch.reduce_sum(mul2, 1)
    sum2 = torch.reduce_sum(mul3, 1) + torch.reduce_sum(mul4, 1)
    hv = torch.pow(sum1, 2) + torch.pow(sum2, 2)
    return hv


# 添加功率限制
def powerlimit(w_hat, snr):
    w_hat = (w_hat/torch.norm(w_hat, axis=1, keep_dims=True)) * \
        torch.sqrt(snr)
    return w_hat


def Rate_func(h, w_hat, snr):
    # 以速率和作为损失函数
    w_hat = powerlimit(w_hat, snr) # 功率归一化
    m = 2 * M
    h1 = h[:, m*0:m*1] # 用户1信道
    h2 = h[:, m*1:m*2] # 用户2信道
    h3 = h[:, m*2:m*3] # 用户3信道
    h4 = h[:, m*3:m*4] # 用户4信道
    what1 = w_hat[:, m*0:m*1] # 用户1预编码
    what2 = w_hat[:, m*1:m*2] # 用户2预编码
    what3 = w_hat[:, m*2:m*3] # 用户3预编码
    what4 = w_hat[:, m*3:m*4] # 用户4预编码
    rate1 = torch.log(
        1 + hmulw(h1, what1) / \
        (hmulw(h1, what2) + hmulw(h1, what3) + hmulw(h1, what4) + 1)
    )
    rate2 = torch.log(
```

```
        1 + hmulw(h2, what2) / \
        (hmulw(h2, what1) + hmulw(h2, what3) + hmulw(h2, what4) + 1)
    )
    rate3 = torch.log(
        1 + hmulw(h3, what3) / \
        (hmulw(h3, what2) + hmulw(h3, what1) + hmulw(h3, what4) + 1)
    )
    rate4 = torch.log(
        1 + hmulw(h4, what4) / \
        (hmulw(h4, what2) + hmulw(h4, what3) + hmulw(h4, what1) + 1)
    )
    rate = rate1 + rate2 + rate3 + rate4
    return -rate
```

第四步，搭建预编码神经网络。

```
# 构建网络
class PNet(nn.Module):
    def __init__(self):
        super().__init__()
        # 构建PNet神经网络
        self.pnot = nn.Sequential(
            nn.BatchNorm1d(),  #归一化层
            nn.Linear(96, 1024, bias=True),  #线性层
            nn.ReLU(inplace=True),  #ReLU激活函数

            nn.BatchNorm1d(),
            nn.Linear(1024, 512, bias=True),
            nn.ReLU(inplace=True),

            nn.BatchNorm1d(),
            nn.Linear(512, 256, bias=True),
            nn.ReLU(inplace=True),

            nn.BatchNorm1d(),
            nn.Linear(256, 128, bias=True),
            nn.ReLU(inplace=True),

            nn.BatchNorm1d(),
            nn.Linear(128, 32, bias=True),
            nn.Tanh(inplace=True),
        )
```

```
# 定义神经网络正向传播逻辑
def forward(self, x):
    out = self.pnet(x)
    return out
```

第五步，设置网络的优化器和学习率，并训练网络。

```
#训练参数设置
#调用GPU
device = torch.device("cuda" if torch.cuda.is_available() else "cpu
    ")
lr_init = 0.01 #学习率
optimizer = torch.optim.Adam(PNet.parameters(), lr_init) #优化器
for batch_idx, (input_h, ) in enumerate(h_imp_train):
    input_h = input_h.to(device)
    pred_w = PNet(input_h) #正向传播
    loss = Rate_func(input_h, pred_w, snr) #计算损失函数
    # 反向求导，网络更新
    optimizer.zero_grad()
    loss.backward()
    optimizer.step()
```

获取程序代码

5.4 本 章 小 结

本章介绍了基于模型参数化的智能 MIMO 检测设计。首先，对传统的 MIMO 检测算法进行了回顾，详细地介绍了每种检测算法的表达式与优缺点。然后，介绍了一种经典的基于黑盒神经网络的 MIMO 检测设计，其应用 DL 来进行 OFDM 系统的信道估计与信号检测。为了解决黑盒神经网络需要大量训练数据和训练时间的问题，介绍了一种基于元学习的智能 MIMO 检测网络，其将 DL 技术与通信领域专家知识进行充分结合，使得网络在检测性能、检测复杂度上均优于现有的方案。最后，给出了基于元学习的检测网络详细的仿真分析，并提供了相应的代码分析。

之后，本章介绍了基于模型参数化的智能 MIMO 预编码设计。首先，对传统的启发式预编码技术与迭代式预编码技术进行了回顾，并介绍了每种预编码技术对应的数学公式与优缺点。然后，介绍了经典的基于黑盒神经网络的预编码设计，对黑盒神经网络的搭建、损失函数的设计进行了详细分析。为了解决黑盒神经网络性能增益与可解释性较差的缺陷，介绍了一种基于可解释神经网络的预编码设计，其利用改进的 MMSE 预编码算法实现一个显式等效 MMSE 预编码映射网

络, 同时采用无监督学习的方式, 使得网络在性能增益、可解释性、网络复杂度等方面具有一定的优势。最后, 给出了基于可解释神经网络的预编码设计详细的仿真分析, 并提供了相应的代码分析。

参 考 文 献

[1]　CHEN X M, NG D W K, YU W, et al. Massive access for 5G and beyond[J]. IEEE Journal on Selected Areas in Communications, 2021, 39(3): 615-637.

[2]　SUN J Y, ZHANG Y Q, XUE J, et al. Learning to search for MIMO detection[J]. IEEE Transactions on Wireless Communications, 2020, 19(11): 7571-7584.

[3]　YE H, LI G Y, JUANG B H. Power of deep learning for channel estimation and signal detection in OFDM systems[J]. IEEE Wireless Communications Letters, 2018, 7(1): 114-117.

[4]　SAMUEL N, DISKIN T, WIESEL A. Learning to detect[J]. IEEE Transactions on Signal Processing, 2019, 67(10): 2554-2564.

[5]　MOHAMMADKARIMI M, MEHRABI M, ARDAKANI M, et al. Deep learning-based sphere decoding[J]. IEEE Transactions on Wireless Communications, 2019, 18(9): 4368-4378.

[6]　FANG L C, XU L, HUANG D D. Low complexity iterative MMSE-PIC detection for medium-size massive MIMO[J]. IEEE Wireless Communications Letters, 2016, 5(1): 108-111.

[7]　KIM H, PARK J, LEE H, et al. Near-ML MIMO detection algorithm with LR-aided fixed-complexity tree searching[J]. IEEE Communications Letters, 2014, 18(12): 2221-2224.

[8]　TOMA O H, EL-HAJJAR M. Element-based lattice reduction aided K-best detector for large-scale MIMO systems[C]//IEEE International Workshop on Signal Processing Advances in Wireless Communications, Edinburgh, 2016: 1-5.

[9]　SHI W, ZHAO C M, XU W. Reduced-state maximum-likelihood detection for OFDM systems with insufficient cyclic prefix[J]. Physical Communication, 2022, 51: 1-11.

[10]　SHI W, ZHAO C M, JIANG M. Reduced complexity interference cancellation for OFDM systems with insufficient cyclic prefix[C]//IEEE International Conference on Wireless Communications and Signal Processing, Xi'an, 2019: 1-6.

[11]　HUO H M, XU J D, SU G G, et al. Intelligent MIMO detection using meta learning [J]. IEEE Wireless Communications Letters, 2022, 11(10): 2205-2209.

[12]　SHI Q J, RAZAVIYAYN M, LUO Z Q, et al. An iteratively weighted MMSE approach to distributed sum-utility maximization for a MIMO interfering broadcast channel[J]. IEEE Transactions on Signal Processing, 2011, 59(9): 4331-4340.

[13] ZHAO X T, LU S Y, SHI Q J, et al. Rethinking WMMSE: Can its complexity scale linearly with the number of BS antennas?[J]. IEEE Transactions on Signal Processing, 2023, 71: 433-446.

[14] ZHANG S Q, XU J D, XU W, et al. Data augmentation empowered neural precoding for multiuser MIMO with MMSE model[J]. IEEE Communications Letters, 2022, 26 (5): 1037-1041.

[15] WEI K, XU J D, XU W, et al. Distributed neural precoding for hybrid mmWave MIMO communications with limited feedback[J]. IEEE Communications Letters, 2022, 26(7): 1568-1572.

[16] LIN T, ZHU Y. Beamforming design for large-scale antenna arrays using deep learning [J]. IEEE Wireless Communications Letters, 2020, 9(1): 103-107.

[17] XIA W C, ZHENG G, ZHU Y X, et al. A deep learning framework for optimization of MISO downlink beamforming[J]. IEEE Transactions on Communications, 2020, 68 (3): 1866-1880.

无线设备指纹的解耦表征学习与智能认证

随着移动通信技术的发展，无线设备的广泛应用为无线设备接入安全认证带来了挑战。基于经典密码学的无线设备接入认证方法的局限性主要体现在两方面：其一，经典密码学算法无法检测密钥是否被篡改或伪造；其二，安全认证在物理层以上进行，并包含海量复杂的计算和交互，因此当设备量增加时会导致严重的延时。物理层认证（physical layer authentication, PLA）是一种具有前景的大规模无线设备认证技术。相比于基于密钥的无线设备接入安全认证，PLA 利用物理层的固有特征进行设备身份认证[1]，具有低延迟、低功耗、低计算开销的优势。其中射频指纹（radio-frequency fingerprint, RFF）为实现 PLA 的关键。一般而言，RFF 指的是一个物理层特征集合，其包含充分可用于识别无线设备的信息。RFF 的质量决定了认证系统的可靠性。类似于人类指纹，RFF 本质上源于设备制造工艺缺陷，属于设备的固有特质因而难以被篡改。

本章聚焦 RFF 提取技术，利用表征学习实现高可区分、信道鲁棒的 RFF 提取，进而实现安全、可靠的无线设备接入安全认证。

6.1 引　　言

历史上，RFF 识别方法主要从设备接收到的无线电信号的开/关瞬变中提取物理层特征。这种方法可以追溯到 Toonstra 和 Kinsner 在 1996 年的工作，他们使用小波分析区分了来自四个不同制造商的七个 VHF FM 发射器[2]，后来，RFF 还引入了其他开/关瞬态特征，包括相位偏移、幅度、功率和离散小波变换（discrete wavelet transform, DWT）系数。但这些基于瞬态特征的 RFF 对器件的位置、传播环境和接收器的精度过于敏感，为了克服这些缺点，研究者们提出了从稳态的接收信号（如前导信号段）中提取更稳定的特征作为 RFF 的想法。其中一个代表性的工作[3] 提出利用接收信号的同步相关性、同相/正交（in phase/quadrature, I/Q）偏移、相位偏移和幅度的联合作为 RFF。随后的一系列工作进一步利用了自动增益控制（automatic gain control, AGC）响应、放大器非线性、采样频率偏移和载波频率偏移作为 RFF，这些特征的引入带来了各种系统复杂性与身份认证准确率之间的权衡。此外，这些特征是人为设计挑选的，依赖于专家知识先验，尽管在某些极其简单的场景下有效，但因为其可区分度及鲁棒性的欠缺，难以泛化至复杂的应用场景中。

另外，经典机器学习技术开始被应用于 RFF 分类问题，如决策树、线性分类器、k-临近算法、支持向量机等。这些基于"浅层"机器学习的 RFF 分类器依赖于专家的特征工程，其有效性在很大程度上取决于输入 RFF 的质量。例如，如果提取的 RFF 与设备身份之间的关系是高度非线性的，那么这些浅层模型通常无法使用这些 RFF 正确分类设备。此外，这些传统的基于机器学习的方法在许多现实环境中表现不佳，究其原因主要在于硬件缺陷的非线性特征难以被有效地建模和提取。

为了克服浅层模型的局限性，DL 被用于无线设备识别/验证以获得更好的性能。其利用 DNN 多层非线性变换的堆叠，可以灵活地学习表征数据中的非线性特征。它既可以看成一个更强大的分类器，也可以看成一个全自动化的线性可分特征提取器与简单的线性分类器的结合。对于 RFF 提取而言，采用 DNN 的主要优势在于其对硬件缺陷所包含非线性特征的提取能力，而这些非线性特征可能包含更多关于设备身份的信息。在此假设下，Merchant 等提出对载波同步后的信号通过深度 CNN 实现 RFF 提取和分类。Yu 等进一步考虑将多个采样率应用于接收信号以进行 RFF 提取[4]。得益于 DL 的非线性特征提取能力，其分类性能相比于浅层方法有显著提高。尽管有一定的性能提升，上述基于 DL 的 RFF 提取方法在现实应用场景中依然面临着挑战。

(1) 无法对未知设备泛化。现有的大多数方法只能将 PLA 视为设备集始终保持静态的闭集识别问题。在实际应用中，系统中的合法设备集合通常按需求随时间变化，而现有的 DL 模型针对闭集识别问题，在面对新注册设备时不可避免地需要重新训练来达到可用性能。然而训练 DNN 本身的计算和时间代价高昂。此外，基于 DL 的 RFF 的可分性在很大程度上取决于其输入信号所包含的信息。然而，典型的预处理方法，如载波同步是针对通信的一般任务而设计的，而非专门用于提取 RFF。根据信息处理不等式，这样的预处理必然会导致信号有关设备身份的重要信息丢失，进而降低其对未知设备的泛化能力。这也同时解释了过去基于 DL 的方法无法扩展至未知设备的原因。

(2) 无法对未知信道泛化。在实际情况中，RFF 提取器的训练集数据采集自真实环境，其中接收信号里除了包含特有的硬件缺陷特征，不可避免地还会受到传播环境的影响。如果仅使用包含某种特定信道的数据集来训练 RFF 提取器，那么所得到的 RFF 提取器将会过拟合该信道类型，进而丧失在其他类型的信道下的泛化能力。

为了应对上述挑战，提升 RFF 的实用价值，本章先对 RFF 的问题进行描述，并将 RFF 识别验证问题通过度量学习建模为开集识别问题。为了避免不恰当预处理导致的信息损失，本章提出基于数据与模型双驱动的开集 RFF 提取的训练框架，使得 RFF 实现对未知设备的泛化。在此基础上，进一步提出解耦表征学习训练算法，使模型对未知信道依然具有泛化能力和可区分性。

6.2　问 题 描 述

6.2.1　射频指纹提取

考虑如图 6.1 所示的基于射频指纹（RFF）提取的物理层安全认证系统，长度为 M 的原始前导波形 $\boldsymbol{s} \in \mathbb{C}^M$ 通过设备 ID 为 y 的发射机，经过无线信道后被接收机接收得到接收信号 $\boldsymbol{x} \in \mathbb{C}^M$，形式上这个过程可以表示为

$$\boldsymbol{x} = f_c\left(f_y(\boldsymbol{s})\right) \tag{6.1}$$

其中，$f_c : \mathbb{C}^M \to \mathbb{C}^M$ 表示无线信道的函数表达；$f_y : \mathbb{C}^M \to \mathbb{C}^M$ 表示发射机的硬件特征作用于信号的影响。基于 RFF 的物理层认证的本质是通过从接收信号中提取的特征向量 $\boldsymbol{z}$，即 RFF，来判断发送信号的设备 ID。考虑包含 N 个样本来自 K 个已知设备的训练集 $\mathscr{F} \triangleq \{(\boldsymbol{x}_i, \boldsymbol{y}_i)_{i=1}^N\}$，其中，$\boldsymbol{y}_i \in \{\boldsymbol{e}_y : y = 1, \cdots, K\}$，$\boldsymbol{e}_y$ 为 K 维的独热（one-hot）向量，仅在第 y 维度为 "1"、其他位置为 "0"，用以表示第 y 个发射机终端。那么，传统的 RFF 分类识别系统可以建模为经典的极大似然估计（maximum likelihood estimation，MLE）问题：

$$\min_{\boldsymbol{W}} \quad \mathcal{L}(\boldsymbol{W}) \triangleq -\frac{1}{N}\sum_{i=1}^N \ln p_{\boldsymbol{W}}(\boldsymbol{y}_i | \boldsymbol{z}_i) \tag{6.2}$$

$$\text{s.t.} \qquad \boldsymbol{z}_i = F(\boldsymbol{x}_i) \tag{6.3}$$

其中，$p_{\boldsymbol{W}}(\boldsymbol{y}|\boldsymbol{z})$ 表示系统识别 $\boldsymbol{z}$ 为 $\boldsymbol{y}$ 的概率，可由 Softmax 函数来实现；$\boldsymbol{W} = \{\{\boldsymbol{w}_j\}_{j=1}^K\}$ 表示其中的可学习参数；$F : \mathbb{C}^M \to \mathbb{R}^m$ 表示 RFF 提取器，用以从接收信号中提取 RFF。不同的 RFF 提取方法主要体现在设计 $F(\cdot)$ 时的区别。对于经典的 RFF 方案而言，$F(\cdot)$ 可以是专家设计的信号处理过程；而对于最新的基于 DL 的方法，$F(\cdot)$ 则可以是数个信号预处理步骤与一个 DNN 的结合来模拟一个非线性的信号处理过程。

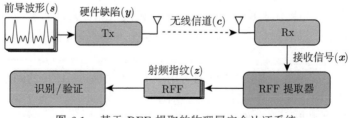

图 6.1　基于 RFF 提取的物理层安全认证系统

6.2.2 开集识别问题

不考虑 RFF 提取器 $F(\cdot)$ 的设计,现有的 RFF 提取方法存在一个普遍问题:无法处理未知的设备终端。现有的 RFF 提取方法建立在最大化已知设备分类性能的基础上,而在现实中,系统设计者无法事先采集所有可能的设备。此外,系统中的合法设备数量通常是动态变化的,随时会有训练集中从未见过的设备注册加入。而如何识别这些从未见过的设备,即开集识别问题 [5]。对应于开集 RFF 识别,最直观的解决方案是,每当新设备进入系统时重新训练分类器。虽然这种方法在理论上是合理的,但在实际部署中将产生巨大的系统资源(如时间、算力、能源等)开销。作为替代方案,需要寻求一种实用、低成本的解决方案,尽可能避免模型的再训练。

为此,本节提出一种基于度量学习的开集 RFF 识别解决方案。与需要重新训练分类器的现有方法相比,本节的方案可以在不需要重新训练的情况下推广到未知设备。具体而言,系统在通过 RFF 提取器 $F(\cdot)$ 提取得到 RFF 后,利用 RFF 之间的相似性来实现身份验证。对于任意两个射频指纹 z_i 和 z_j,若彼此高度相似,则认为它们来自同一设备,反之,则认为它们来自不同设备。在数学上,这一过程表述如下:

$$\begin{cases} D\left(z_i, z_j\right) \leqslant T & \Rightarrow & y_i = y_j \\ D\left(z_i, z_j\right) > T & \Rightarrow & y_i \neq y_j \end{cases} \tag{6.4}$$

其中,T 表示验证阈值,通过训练集估计或者通过经验设计。整个过程没有分类器的参与。为了方便后续基于 Softmax 损失函数的学习,本书采用余弦距离作为距离测度:

$$D\left(z_i, z_j\right) = 1 - \frac{z_i^{\mathrm{T}} z_j}{\| z_i \| \| z_j \|} \tag{6.5}$$

要想仅通过距离的比较实现指纹的验证,需要 RFF 具有极高的可分性,来自同一设备的 RFF 需要足够聚拢,而来自不同设备的 RFF 需要足够分离。如何设计和训练 $F(\cdot)$ 以实现这个目标将在下一章进行介绍。

6.2.3 评价指标

与生物特征识别系统类似,这里使用接收器工作特性(receiver operating characteristic,ROC)曲线、ROC 曲线下面积(area under the curve,AUC)和相等错误率(equal error rate,EER)作为指标来评估提取的 RFF 的质量。ROC 曲线是通过绘制不同阈值 T 下的真阳性率(true positive rate,TPR)与假阳性率(false positive rate,FPR)的对比来获得的。给定 TP、TN、FP 和 FN,

TPR 和 FPR 分别定义为

$$\text{TPR} = \frac{\text{TP}}{\text{TP} + \text{FN}}, \quad \text{FPR} = \frac{\text{FN}}{\text{FP} + \text{TN}} \tag{6.6}$$

TPR 也称为检测率, 其定义为, 在测试的所有正样本中有多少被正确预测的正样本 (类内)。这里, 正样本是指来自同一设备的信号对 (类似地, 负样本是指来自不同设备的信号对)。FPR 也称为误报率, 是正确负样本 (类间) 占总负样本的百分比。ROC 曲线描述了 TPR 和 FPR 之间的权衡。EER 是指 FNR (假阴率) 和 FPR 相等的点; 其中 FNR = 1−TPR。

较高的 AUC 和较低的 EER 意味着 ROC 曲线更趋近左上角, 可认为是"完美分类"。这意味着同时实现了更少的 FN 和更少的 FP, 也意味着 RFF 的区分度更高。

6.3   基于数据与模型双驱动的开集射频指纹提取

本节对所提出的基于神经网络的广义载波同步 (neural synchronization, NS) 预处理模块的 RFF 提取框架进行阐述。基于 NS 预处理模块的开集 RFF 提取框架示意图如图 6.2 所示, 该框架结合了基于模型的信号处理先验的优势和 DNN 的数据驱动学习能力。本节先从经典的载波同步出发, 阐释经典数据预处理在 RFF 提取任务上的局限性, 进而引出本节提出的 NS 模块。

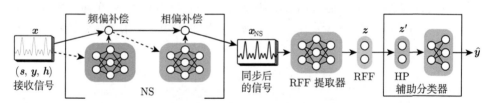

图 6.2   基于 NS 预处理模块的开集 RFF 提取框架示意图

6.3.1   基于数据与模型驱动的预处理模块设计

在过去的 RFF 提取研究中, 经典载波同步 (traditional carrier synchronization, TS) 是接收信号预处理的必要模块。一般而言, 低成本振荡器导致的频偏 (frequency offset, FO) 与相偏 (phase offset, PO) 会影响通信的质量, 而 TS 主要用于补偿接收信号的频偏和相偏。具体地, TS 首先通过 MLE 得到相偏与频偏:

$$\{\omega_{\text{TS}}, \phi_{\text{TS}}\} = \arg \max_{\omega, \phi} \quad p(\boldsymbol{x} | \omega, \phi) \tag{6.7}$$

其中，ω 和 ϕ 分别表示频偏与相偏；$\boldsymbol{x}$ 表示接收信号。在具体应用中，式 (6.7) 的频偏和相偏估计可以实现为 [6]

$$\{\omega_{\mathrm{TS}}, \phi_{\mathrm{TS}}\} = \arg\min_{\omega, \phi} \sum_{t=1}^{M} \parallel \boldsymbol{x}(t) - \boldsymbol{s}(t) \exp\{\mathrm{j}2\pi(\omega t - \phi)\} \parallel^2 \qquad (6.8)$$

其中，$\boldsymbol{s}$ 表示长度为 M 的原始前导信号；$\boldsymbol{s}(t)$ 和 $\boldsymbol{x}(t)$ 分别表示 $\boldsymbol{s}$ 和 $\boldsymbol{x}$ 的第 t 个分量。当估计得到 ω_{TS} 和 ϕ_{TS} 后，补偿接收信号的频偏与相偏如下：

$$\boldsymbol{x}_{\mathrm{TS}}(t) = \boldsymbol{x}(t) \exp\{-\mathrm{j}2\pi(\omega_{\mathrm{TS}}t - \phi_{\mathrm{TS}})\} \qquad (6.9)$$

在过去，TS 广泛应用于各种通信系统，其有效性毋庸置疑。但对于 RFF 提取任务而言，TS 中被补偿的频偏与相偏皆可能包含对设备身份认证有用的信息。简单地补偿接收信号中的偏移可能导致设备身份信息的丢失进而影响 RFF 的可区分性。为了保留原始接收信号中的有效信息，本节开发了一种同步过程的神经网络泛化，可以自动确定如何以数据驱动的方式执行补偿。具体地，本节将基于模型的 TS 与 DNN 结合，在保留信号处理模型先验的同时引入可学习参数提出 NS 模块。如图 6.2 所示，NS 模块包含两个相同结构的深度神经网络 $F_{\theta_\omega}(\cdot)$ 和 $F_{\theta_\phi}(\cdot)$，具体的同步过程如下所述。

(1) 参数化频偏补偿。首先采用 F_{θ_ω} 估计接收信号中的频偏 ω_{NS}：

$$\omega_{\mathrm{NS}} = F_{\theta_\omega}(\boldsymbol{x}) \qquad (6.10)$$

其中，θ_ω 表示频偏估计器的可学习参数，包含 DNN 的权值和偏置等。此外，由于对 ω_{NS} 的补偿不影响设备的识别和验证，因此可以称之为设备无关频偏。给定 θ_ω，对原始信号进行频偏补偿：

$$\boldsymbol{x}_\omega(t) = \boldsymbol{x}(t) \exp\{-\mathrm{j}2\pi\omega_{\mathrm{NS}}t\} \qquad (6.11)$$

(2) 参数化相偏补偿。同理，通过 F_{θ_ϕ} 对信号 $\boldsymbol{x}_\omega(t)$ 进行相偏估计得到设备无关相偏，表示为 ϕ_{NS}：

$$\phi_{\mathrm{NS}} = F_{\theta_\phi}(\boldsymbol{x}_\omega) \qquad (6.12)$$

其中，θ_ϕ 表示相偏估计器 F_{θ_ϕ} 的可学习参数。其后，同步后的信号可以由如下计算得到：

$$\boldsymbol{x}_{\mathrm{NS}}(t) = \boldsymbol{x}_\omega(t) \exp\{\mathrm{j}2\pi\phi_{\mathrm{NS}}\} \qquad (6.13)$$

频偏估计器 $F_{\theta_\omega}(\cdot)$ 与相偏估计器 $F_{\theta_\phi}(\cdot)$ 共同构成 NS 模块，以补偿信号中与设备无关的频偏与相偏。而经过 NS 补偿以后的信号将会进一步输入第三个包含

可学习参数 θ_{RFF} 的深度神经网络 $F_{\theta_{\mathrm{RFF}}}(\cdot)$ 以提取计算 RFF：

$$z = F_{\theta_{\mathrm{RFF}}}(x_{\mathrm{NS}}) \tag{6.14}$$

整个"参数化频偏补偿 + 参数化相偏补偿 +RFF 提取"过程可以进一步表示为

$$z = F_{\Theta}(x) \tag{6.15}$$

用 NS-RFF 表示基于 NS 的射频指纹 z。其中，$F_{\Theta}(\cdot)$ 表示基于 NS 数据模型双驱动的 RFF 提取器；$\Theta = \{\theta_{\omega}, \theta_{\phi}, \theta_{\mathrm{RFF}}\}$ 则表示整个 RFF 提取器中所包含的可学习参数，具体的学习目标函数将在后续给出。

6.3.2　模型结构设计

在通信标准如 IEEE 802.15.4 中，前导信号由多个相同符号组成，因此接收信号中存在着明显的周期性。而 CNN 可以有效提取信号中的周期特征。此外，相比于一维卷积，二维卷积可以实现跨周期的特征提取。因此本节所有的 DNN 均为同一二维卷积神经网络结构，并表示为 BCNN（basic CNN）。NS 结构示意图如图 6.3 所示。BCNN 主要包含两个组成部分：信号转图像层及多层卷积网络。

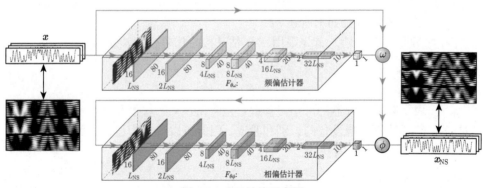

图 6.3　NS 结构示意图

(1) 信号转图像层：主要将原始一维信号转化为二维图像以方便后续处理。数学上，给定输入信号 $x \in \mathbb{C}^M$，转化后的图像表示如下：

$$I_{1,i,j} = \mathcal{R}\{R_{i,j}\}, \qquad I_{2,i,j} = \mathfrak{I}\{R_{i,j}\} \tag{6.16}$$

$$R = \begin{bmatrix} x(1) & x(2) & \cdots & x(S-1) & x(S) \\ x(S+1) & x(S+2) & \cdots & x(2S-1) & x(2S) \\ \vdots & \vdots & & \vdots & \vdots \\ x(M-S+1) & x(M-S+2) & \cdots & x(M-1) & x(M) \end{bmatrix} \tag{6.17}$$

其中，$\boldsymbol{R} \in \mathbb{C}^{\frac{M}{S} \times S}$；$\mathcal{R}\{\cdot\}$ 和 $\mathfrak{I}\{\cdot\}$ 分别表示输入的实部和虚部；$\boldsymbol{x}(t)$ 表示接收信号 $\boldsymbol{x}$ 的第 t 个分量。输出图像像素 $\boldsymbol{I}_{c,i,j}, c \in \{1,2\}$ 的两个通道对应接收信号分量的实部和虚部。为了使得输出图像保留周期特征，设置图像宽度为 S 使得图像每一行对应于信号中的半个符号，即 IEEE 802.15.4 标准中的 16 个 chips。因此，在图像中的同一行像素均来自同一个符号，间隔一行像素来自不同符号。

（2）多层卷积网络：利用信号的图像表征式 (6.17)，可以通过二维卷积操作来提取信号中的周期内与周期间的特征。数学上，给定信号图像 $\boldsymbol{I} \in \mathbb{R}^{C_I \times H_I \times W_I}$ 与卷积核 $\boldsymbol{K} \in \mathbb{R}^{C_K \times H_K \times W_K}$，二维卷积操作定义为

$$(\boldsymbol{I} * \boldsymbol{K})_{i,j} = \sum_{i_h=1}^{H_K} \sum_{i_w=1}^{W_K} \sum_{i_c=1}^{C_K} \boldsymbol{K}_{i_c,i_h,i_w} \boldsymbol{I}_{i_c,i+i_h-1,j+i_w-1} \tag{6.18}$$

本书采用 3×3 的小卷积核来构造 CNN。其中 3×3 是卷积核用于提取图像中的二维相关性的最小尺寸。通过堆叠 3×3 卷积核，可以用更少的参数量实现相同的有效感受野。借鉴现有的经典 DL 框架，本书采用批归一化（BN）层和 LeakyReLU 激活层作为卷积操作之后的激活算子。其中 BN 用于稳定和加速训练，而 LeakyReLU 为网络提供非线性。卷积操作、BN 与 LeakyReLU 三个计算过程共同构成一个卷积神经网络层，表示为 g_{n_g}，其中 n_g 表示层的索引。通过重复堆叠卷积神经网络层得到 $N_g - 1$ 层的多层卷积神经网络 $g = g_1 \circ g_2 \circ \cdots \circ g_{N_g-1}$，进而从信号图像 $\boldsymbol{I}$ 中提取出高级特征。全连接层在所有卷积层之后，用于得到对应维度的输出如 ω、ϕ 或 $\boldsymbol{z}$ 等。而 CNN 的层数取决于输入图像的尺寸，以输入大小为 16×80 为例（即 $S = 80$），当通过 6 个卷积层后，第 6 层的输出小于 3×3 即停止卷积。模型的复杂度由每层的卷积核个数决定，且由超参数 L 控制。详细参数配置见表 6.1。

表 6.1 BCNN 结构参数

超参数：图像宽 S、复杂度 L		
输入：接收信号 $\boldsymbol{x} \in \mathbb{C}^M \to$ 图像 $\boldsymbol{I} \in \mathbb{R}^{2 \times \frac{M}{S} \times S}$		
多层卷积网络		
层	参数	激活函数
i	卷积核：$2^{i-1}L \times 3 \times 3$	BN + LeakyReLU$_{(0.2)}$
	步幅：$2 - (i \mod 2)$	
	填充：1	
持续应用卷积层直至特征图小于卷积核		
输出：用全连接（FC）层输出至指定维度		

为了更直观地体现 NS 模块的好处，本书在图 6.4 中可视化了原始接收信号、TS 及 NS 预处理后的信号。由图可见，TS 对信号进行对齐时同时丢失不同设备

间的明显可区分性特征；而与之相对地，本节提出的 NS 模块可以做到在一定程度上对齐的同时保留足够的差异信息用于后续的 RFF 提取。

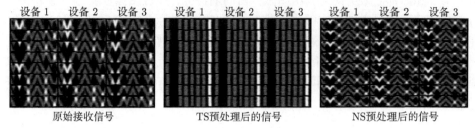

图 6.4　不同预处理方式的信号可视化

6.3.3　目标函数与模型训练

接下来，本节考虑如何利用所采集的数据集 $\{(\boldsymbol{x}_i, \boldsymbol{y}_i)_{i=1}^N\}$ 来训练 RFF 提取器 $F_{\Theta}(\cdot)$。所期望的目标函数可以使模型最大限度地区分来自不同设备的 RFF。为了实现这一目标，需要对基于 Softmax 的交叉熵损失函数进行改造，使其优化过程等价于提升 RFF 的可区分度。

(1) 原始 Softmax 的局限性。经典的闭集 RFF 分类器通过优化目标函数式 (6.2) 来实现 RFF 提取器 $F_{\Theta}(\cdot)$ 的训练，其中的条件概率分布 $p_{\boldsymbol{W}}(\boldsymbol{y}|\boldsymbol{z})$ 通过 Softmax 函数定义如下：

$$p_{\boldsymbol{W}}(\boldsymbol{y}|\boldsymbol{z}) = \frac{\exp\{\boldsymbol{w}_y^{\mathrm{T}}\boldsymbol{z}\}}{\sum\limits_j \exp\{\boldsymbol{w}_j^{\mathrm{T}}\boldsymbol{z}\}} \tag{6.19}$$

其中，$\boldsymbol{z}$ 表示 RFF；$\boldsymbol{W} = \{\{\boldsymbol{w}_j\}_{j=1}^K\}$ 为 Softmax 线性分类器的可学习参数，在优化式 (6.2)的同时进行学习。

然而上述的经典分类器学习在 RFF 提取的应用中存在局限性，即最大化分类性能并不意味着 RFF 的高可区分性。其原因可以由如下命题阐释。

性质 6.1　对于任意 $\boldsymbol{z}$ 满足 $\boldsymbol{w}_i^{\mathrm{T}}\boldsymbol{z} > \boldsymbol{w}_j^{\mathrm{T}}\boldsymbol{z}$，其中 $\forall j \neq i$，以及任意 $\lambda > 1$，有

$$\frac{\exp\{\lambda \boldsymbol{w}_i^{\mathrm{T}}\boldsymbol{z}\}}{\sum\limits_j \exp\{\lambda \boldsymbol{w}_j^{\mathrm{T}}\boldsymbol{z}\}} \geqslant \frac{\exp\{\boldsymbol{w}_i^{\mathrm{T}}\boldsymbol{z}\}}{\sum\limits_j \exp\{\boldsymbol{w}_j^{\mathrm{T}}\boldsymbol{z}\}} \tag{6.20}$$

证明　不等式两边同时除以 $\exp\{\lambda \boldsymbol{w}_i^{\mathrm{T}}\boldsymbol{z}\}$ 可得

$$\frac{1}{\sum\limits_j \exp\{\lambda(\boldsymbol{w}_j^{\mathrm{T}}\boldsymbol{z} - \boldsymbol{w}_i^{\mathrm{T}}\boldsymbol{z})\}} \geqslant \frac{1}{\sum\limits_j \exp\{\boldsymbol{w}_j^{\mathrm{T}}\boldsymbol{z} - \boldsymbol{w}_i^{\mathrm{T}}\boldsymbol{z}\}}$$

其中，$\lambda > 1$；$\sum\limits_{j} \exp\{\cdot\}$ 单调递增；同时对于任意 $j \neq i$，有 $\boldsymbol{w}_j^{\mathrm{T}}\boldsymbol{z} - \boldsymbol{w}_i^{\mathrm{T}}\boldsymbol{z} < 0$，因此不等式成立。

由上述命题可知，经典分类器的学习可以通过改变 RFF 的模来优化目标函数。具体地，增加分类分数高的 RFF 的模或者降低分类分数低的 RFF 的模均可实现这一目的。因此，尽管式 (6.2) 的学习可以提高闭集分类性能，但无法对 RFF 特征空间的可分性进行有效优化，因而难以应用于基于距离比较的开集识别情形。

(2) 超球面投影 (hypersphere projection，HP)。为了克服上述 Softmax 分类中存在的问题，本节引入人脸识别研究 [7] 中的 HP 用以学习高可分性 RFF。所提出模型得到的 RFF 从原本的欧几里得空间投影至以原点为球心、半径为 δ 的超球面上：

$$\boldsymbol{z}' = \delta \frac{\boldsymbol{z}}{\|\boldsymbol{z}\|} \tag{6.21}$$

更进一步地，替换式 (6.2) 中的 $p_{\boldsymbol{W}}(\boldsymbol{y}|\boldsymbol{z})$ 为

$$q_{\boldsymbol{W}}(y|\boldsymbol{z}) = \frac{\exp\{\boldsymbol{w}_y'^{\mathrm{T}}\boldsymbol{z}'\}}{\sum\limits_{j} \exp\{\boldsymbol{w}_j'^{\mathrm{T}}\boldsymbol{z}'\}} \tag{6.22}$$

其中

$$\boldsymbol{w}' = \frac{\boldsymbol{w}}{\|\boldsymbol{w}\|} \tag{6.23}$$

由于在式 (6.22) 中，$\boldsymbol{w}'$ 与 $\boldsymbol{z}'$ 的模固定，最大化该条件概率等价于最小化 $\boldsymbol{w}'$ 与 $\boldsymbol{z}'$ 之间的余弦距离，进而使得属于同一设备的 RFF 相互聚拢，来自不同设备的 RFF 相互分离。换句话说，RFF 的 HP 使得模型的优化等价于优化特征空间中 RFF 的可分性。因此，给定基于 NS 的 RFF 提取器 $F_{\Theta}(\cdot)$ 以及式 (6.22) 中的辅助分类器 $q_{\boldsymbol{W}}(\boldsymbol{y}|\boldsymbol{z})$，式 (6.2) 中的 MLE 可以重新定义为

$$\min_{\Theta, \boldsymbol{W}} \quad \mathcal{L}(\Theta, \boldsymbol{W}) = -\frac{1}{N} \sum_{i=1}^{N} \ln q_{\boldsymbol{W}}\left(\boldsymbol{y}_i | F_{\Theta}(\boldsymbol{x}_i)\right) \tag{6.24}$$

由于 $-\mathcal{L}(\Theta, \boldsymbol{W})$ 本质上是 RFF 与设备身份的互信息 $I(\boldsymbol{z}; \boldsymbol{y})$ 的变分下界 [8]，因此，优化问题 (6.24) 即可保证 NS 预处理在补偿输入信号时尽可能不丢失设备相关信息。NS-RFF 训练算法见算法 6.1。在实际应用中，训练中的辅助分类器仅提供监督学习信号迫使 RFF 提取器提高区分度。因此，一旦训练完成，辅助分类器将被舍弃，仅保留训练后的 RFF 提取器。

算法 6.1　NS-RFF 训练算法

输入: 训练数据集 $\{(r_i, y_i)\}_{i=1}^{N}$; 复杂度参数 L_{NS} 和 L_{RFF}, 学习率 η, 超球面半径 δ

输出: $\Theta^* = \{\theta_\omega^*, \theta_\phi^*, \theta_{\text{RFF}}^*\}$

1. 重复
2. 当 $i = 1, 2, \cdots, N$ 时:
3. 　计算 $z_i = F_\Theta(r_i)$, $q_W(y_i|z_i)$
4. 结束内循环
5. 计算 $\mathcal{L} = -\dfrac{1}{N}\sum_{i=1}^{N}\log q_W(y_i|z_i)$
6. $\theta_\omega \leftarrow \theta_\omega - \eta\nabla_{\theta_\omega}\mathcal{L}$, $\theta_\phi \leftarrow \theta_\phi - \eta\nabla_{\theta_\phi}\mathcal{L}$
7. $\theta_{\text{RFF}} \leftarrow \theta_{\text{RFF}} - \eta\nabla_{\theta_{\text{RFF}}}\mathcal{L}$, $W \leftarrow W - \eta\nabla_W\mathcal{L}$
8. 直至收敛

6.3.4　实验分析

本节进行一系列实验以评估模型的有效性, 对本章提出的 NS-RFF 与传统预处理得到的 RFF (记为 TS-RFF) 以及纯数据驱动方法 (记为 DL-RFF) 进行性能比较。

1. 实验设置

数据集: 本节使用 USRP N210 作为接收器, 并以 IEEE 802.15.4 作为物理层传输标准, 用 54 个 TI CC2530 ZigBee 终端设备收集数据。ZigBee 终端设备以 19 dBm 的最大功率传输, 距离接收器不到 1 m。实验系统在 2.4 GHz 频段下工作, USRP 的采样率为 10 M sample/s。每个前导码信号包含 1280 个采样点, 同时是数据集的维度, 能量归一化为一个单位。由于所有数据集均在真实的演示测试平台中采集, 因此接收信号不可避免地存在一定水平的噪声 (SNR ≈ 30 dB)。数据集分割示意图如图 6.5 所示, 实验所采用的数据集由 9 个采样块组成。采样块 1~5 采集自同一天, 因此不存在设备老化问题。这里设备老化指的是设备性能随时间推移的下降; 采样块 6~9 在 18 个月不间断工作后采样, 因此存在设备老化问题。其中采样块 6、7 采集自同一天, 而采样块 8、9 采集自另一天。延长的数据采集间隔可确保数据的独立性, 有助于验证所提出的 NS-RFF 的泛化能力和鲁棒性。将整个数据集分为七个部分进行全面比较。除了训练集, 按照分类难度从易到难的顺序列出了六个测试集:

(1) 闭集测试集: 已知设备, 无设备老化, 所有采集环境与训练集相同。

(2) 开集测试集 1: 未知设备, 无设备老化, 所有采集环境与训练集相同。

(3) 开集测试集 2: 已知设备, 有设备老化, 采集自 18 个月后。

(4) 开集测试集 4: 未知设备, 有设备老化, 采集自 18 个月后。

(5) 开集测试集 2、3: 已知设备, 包含两种设备老化程度, 采集自 18 个月后。

(6) 开集测试集 4、5：未知设备，包含两种设备老化程度，采集自 18 个月后。

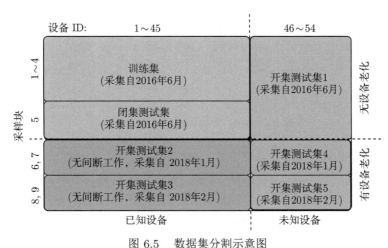

图 6.5 数据集分割示意图

其中，闭集测试集是最简单的已知设备测试集，其信道条件类似于训练集的。而开集测试集 4、5 是最具挑战性的测试集，包含未知设备，同时包含两种设备老化程度。

2. 实验结果分析

不同基线方法的 ROC 对比如表 6.2 所示，本节实验考虑三种基线模型，分别为模型驱动（TS）、数据驱动（DL）或本章所提出的数据模型双驱动（NS）。

表 6.2 不同基线方法的 ROC 对比

类型	方法	开集测试集 2		开集测试集 2、3		开集测试集 4		开集测试集 4、5	
		AUC	EER	AUC	EER	AUC	EER	AUC	EER
模型驱动	Yu 等 [4]	0.5345	0.4828	0.5374	0.4807	0.5234	0.4822	0.5259	0.4820
模型驱动	TS + BCNN†	0.6717	0.3818	0.6699	0.3824	0.6619	0.3911	0.6653	0.3890
模型驱动	TS + BCNN† (HP†)	0.6078	0.4215	0.6072	0.4204	0.6085	0.4172	0.6136	0.4150
数据驱动	BCNN†	0.9837	0.0593	0.9837	0.0593	0.9669	0.0794	0.9590	0.0986
数据驱动	BCNN† (HP†)	0.9933	0.0329	0.9915	0.0376	0.9649	0.0850	0.9555	0.1068
数据 & 模型	NS† + BCNN†	0.9912	0.0400	0.9908	0.0418	0.9916	0.0487	0.9808	0.0739
数据 & 模型	NS† + BCNN† (HP†)	**0.9990**	**0.0120**	**0.9976**	**0.0212**	**0.9984**	**0.0197**	**0.9923**	**0.0456**

† 本章提出的模型。

(1) 距离分布可视化：图 6.6 为 RFF 类内、类间距离分布图。由图可知，模型驱动方法由于信息的丢失，不同设备的类内、类间距离无法分离，因此无法仅通过比较 RFF 间的距离实现识别和验证。而舍弃模型驱动预处理后的纯数据驱动方法在可分性上有一定的提升，但依旧不如本章所提出的 NS-RFF。

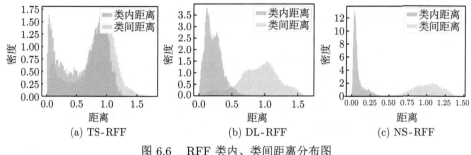

图 6.6　RFF 类内、类间距离分布图

(2) 端对端学习的优势。总体而言，端对端学习方法（BCNN、NS+BCNN）显著优于模型预处理方法（Yu 等[4]、TS+ BCNN），且在所有测试集下均有显著差距。这验证了本节的假设：传统基于模型的预处理方法 TS 确实会导致接收信号中设备身份信息的丢失。如图 6.7(b)~(d) 所示，在包含设备老化的情形下，传统预处理方法 TS 的性能只比随机猜测的略好。这表明这些基于 TS 的方法可能确实更多地依赖于信道的区别而非信号中硬件缺陷来区分设备，而这种对信道区别的依赖并不能通过后续 DNN 的学习来解决。

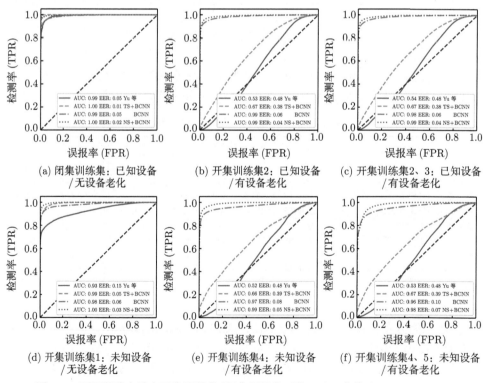

图 6.7　不同基线方法在开集训练集/闭集训练集下的 ROC 曲线 (SNR ≈ 30 dB)

(3) 信号处理先验的作用。为了进一步探究所提出的 NS 模块的有效性，本节比较了两种端到端方法的性能，即 BCNN（直接从原始信号中学习 RFF）和 NS+BCNN （使用 NS 模块预处理信号后再提取 RFF）。如图 6.7 中的 ROC 曲线和表 6.2 中的 EER 值所示，带有 NS 预处理模块的 BCNN 的性能明显优于单纯的 BCNN。在同时包含未知设备和有设备老化场景中，如图 6.7(e)、(f) 所示，具有 NS 模块的方法与纯 DL 方法的差距被进一步拉大。另外，本节进一步探究对比了不同模型复杂度下 BCNN+HP 与 NS+BCNN+HP 的表现，如图 6.8 所示，在所有的训练集中，相比于 BCNN+HP，NS+BCNN+HP 可以用更少的参数量实现相似或者更优的性能。以上结果均验证了 NS 模块中所包含的信号处理归纳偏差在 RFF 学习中的有效性。

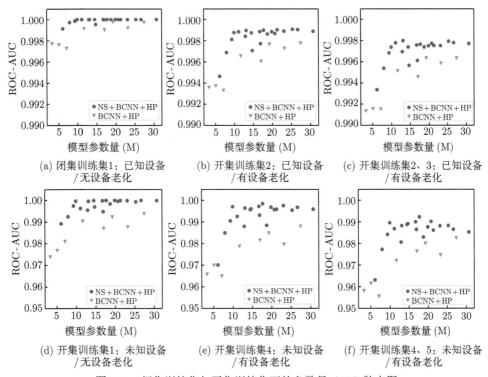

图 6.8　闭集训练集与开集训练集下的参数量-AUC 散点图

(4) 超球面投影的有效性。对比表 6.3 中带有 HP 与没有 HP 基线方法的性能可知，HP 可以显著提高所提出方法（NS-RFF）的性能，但同时它还会降低经典预处理（TS）方法和纯数据驱动（DL）方法的性能。推测其原因，HP 促进训练集中不同设备 RFF 的分离，当从训练集中学习到的 RFF 不能泛化到测试集时，这种促进反而导致了过拟合。换句话说，只有那些能够提取高度可泛化 RFF 的提取方法才能与 HP 相适配。这个现象也间接证明了 NS 模块中使用的信号处理先验确实有助于学习更好的泛化到未见数据的高质量 RFF。

表 6.3   基线模型与所提出的 NS-RFF

类型	模型设计 (图 6.2)			参数量
	预处理	射频指纹提取器	辅助分类器	
模型驱动	TS	Yu 等 [4]	Softmax	63 M
		BCNN†	Softmax	12 M
			Softmax + HP† ($\delta = 10$)	12 M
数据驱动	N/A	BCNN†	Softmax	12 M
			Softmax + HP† ($\delta = 10$)	12 M
数据 & 模型驱动	NS†	BCNN†	Softmax	12 M
			Softmax + HP† ($\delta = 10$)	12 M

† 本章提出的模型。

6.3.5   代码分析

所提出的 NS-RFF 基于 PyTorch 和作者团队开发的工具箱 MarvelToolbox① 实现，且已开源②。本节给出 NS 模块的具体代码实现，其步骤如下。

第一步，首先导入所需的依赖库。

```
# 导入所需的依赖库
import math
import torch
import torch.nn as nn
import torch.nn.functional as F
from marveltoolbox.utils import TorchComplex as tc
```

第二步，构造 BCNN 模型。

```
class BCNN(nn.Module):
    """
    构造BCNN模型
    """
    def __init__(self, in_channels=2, out_dim=1, L=4):
        super().__init__()
        self.d = L
```

---

① https://github.com/xrj-com/marveltoolbox。

② https://github.com/xrj-com/NS-RFF。

```python
self.main_module = nn.Sequential(
    # 输入图像大小 (2x16x80)
    nn.Conv2d(in_channels=in_channels,
              out_channels=self.d,
              kernel_size=(3, 3), stride=1, padding=(1, 1)),
    nn.BatchNorm2d(self.d),
    nn.LeakyReLU(0.2),

    # 中间层图像大小 (dx16x80)
    nn.Conv2d(in_channels=self.d,
              out_channels=self.d*2,
              kernel_size=(3, 3), stride=1, padding=(1, 1)),
    nn.BatchNorm2d(self.d*2),
    nn.LeakyReLU(0.2),

    # 中间层图像大小 (2dx16x80)
    nn.Conv2d(in_channels=self.d*2,
              out_channels=self.d*4,
              kernel_size=(3, 3), stride=2, padding=(1, 1)),
    nn.BatchNorm2d(self.d*4),
    nn.LeakyReLU(0.2),

    # 中间层图像大小 (4dx8x40)
    nn.Conv2d(in_channels=self.d*4,
              out_channels=self.d*8,
              kernel_size=(3, 3), stride=1, padding=(1, 1)),
    nn.BatchNorm2d(self.d*8),
    nn.LeakyReLU(0.2),

    # 中间层图像大小 (8dx8x40)
    nn.Conv2d(in_channels=self.d*8,
              out_channels=self.d*16,
              kernel_size=(3, 3), stride=2, padding=(1, 1)),
    nn.BatchNorm2d(self.d*16),
    nn.LeakyReLU(0.2),

    # 中间层图像大小 (16dx4x20)
    nn.Conv2d(in_channels=self.d*16,
              out_channels=self.d*32,
              kernel_size=(3, 3), stride=2, padding=(1, 1)),
```

```
        nn.BatchNorm2d(self.d*32),
        nn.LeakyReLU(0.2),

        # 中间层图像大小 (32dx2x10)
        nn.Conv2d(in_channels=self.d*32,
                  out_channels=out_dim,
                  kernel_size=(2, 10), stride=1, padding=(0, 0))
                  ,
    )

# 定义神经网络前向传播逻辑
def forward(self, input, labels=None):
    out = self.features(input)
    return out

# 定义特征提取器
def features(self, input):
    # 输入数据大小: (N, 1280, 2)
    # 输出数据大小: (N, )
    N, _, T, _ = input.shape
    input_img = input.view(N, 1, T, 2).permute(0, 3, 1, 2).
        flatten().view(N, -1, 16, 80)
    out = self.main_module(input_img).view(N, -1)
    return out
```

第三步，实现频偏和相偏补偿。

```
# 添加频偏补偿
def freq_compensation(
        segment,
        freq,
        PROCESS_SAMPLING_RATE=Process_Sampling_Rate
        ):
    # 输入 segment 的形状: (N, T, 2)
    # 输入 freq 的形状:(N,)
    # 返回值形状: (N, T, 2)
    N, segment_length = segment.shape[0], segment.shape[1]
    n = torch.arange(0, segment_length).view(1, -1, 1).to(segment.
        device).repeat(N, 1, 1)
    freq = freq.view(N, 1, 1).repeat(1, segment_length, 1)/
        PROCESS_SAMPLING_RATE*n*2*pi
    freq = torch.cat([freq * 0, freq], dim=2)
```

```
    exp_freq = tc.exp(freq)
    return tc.prod(segment, exp_freq)

# 添加相偏补偿
def phase_compensation(
        segment,
        phase
    ):
    # 输入segment的形状：(N, T, 2)
    # 输入freq的形状：(N,)
    # 返回值形状：(N, T, 2)
    N, T, _ = segment.shape
    neg_j_phase = torch.cat([phase.view(N, 1)*0, -1*phase.view(N, 1)
        ], dim=1)
    exp_phase = tc.exp(neg_j_phase).view(N, 1, 2).repeat(1, T, 1)
    segment = tc.prod(segment, exp_phase)
    return segment
```

第四步，最后构造 NS 模块。

```
class neural_synchronization(nn.Module):
    """
    定义NS预处理模块
    """
    def __init__(self, L=4):
        super().__init__()
        # 添加频偏和相偏补偿
        self.freq_estimation = BCNN(2, out_dim=1, L=L)
        self.phase_estimation = BCNN(2, out_dim=1, L=L)

    # 定义网络前向传播逻辑
    def forward(self, input):
        N, _, T, _ = input.shape
        freq_offset = self.freq_estimation(input.view(N, 1, T, 2)).
            view(-1)
        out = freq_compensation(input.view(N, T, -1), freq_offset)
        phase_offset = self.phase_estimation(out.view(N, 1, T, 2)).
            view(-1)
        out = phase_compensation(out.view(N, T, -1), phase_offset)
        return out.view(N, 1, T, 2), freq_offset, phase_offset
```

获取程序代码

6.4　基于解耦表征的信道鲁棒射频指纹提取

通过数据与模型驱动的预处理模块 NS 及 HP，前面将 RFF 提取建模为 MLE 问题，实现了对未知设备的泛化，甚至对老化未知设备依然具有较高可区分性。

尽管实现了对未知设备的泛化，基于 MLE 的 RFF 提取依然倾向于过拟合训练数据集中的传播环境。在实际情况中，训练集数据采集自真实环境，其中接收信号里除了包含特有的硬件缺陷特征，不可避免地还会受到传播环境的影响。如果仅使用包含某种特定信道的数据集来训练 RFF 提取器，那么所得到的 RFF 提取器将会过拟合该信道类型，进而丧失在其他类型的信道下的泛化能力，例如在视距（line-of-sight，LoS）信道下训练得到的 RFF 提取器，往往无法泛化至非视距（non-line-of-sight，NLoS）信道。由于时间、人力成本的限制，这种对信道的过拟合甚至难以通过采集更多的信号来覆盖所有信道来缓解。

6.4.1　研究背景介绍

应对信道的过拟合，数据增广（data augmentation，DA）技术是一种常见的解决方案。经典的数据增广通过人为设计的变换作用于现有数据来生成扩充数据集，相当于对模型施加正则化以缓解数据不足导致的过拟合问题。对于 RFF 提取器学习而言，常用的数据增广方式主要依赖于信道模型的假设，如加性高斯白噪声（additive white Gaussian noise，AWGN）信道、用基于高斯的有限冲激响应（finite impulse response，FIR）滤波来模拟的多径信道等。这类数据增广方式易于实现，并可以在一定程度上缓解 RFF 对训练集信道的过拟合。但其用于增广的信道模型依旧依赖于专家的先验信息，当先验信息与真实环境不匹配时同样会导致数据集中有效信息的丢失。

解耦表征（decoupled representation，DR）学习结合了表征学习和生成模型的特点，将观察到的数据投射到低维度空间，并将数据分解成包含特定含义的底层特征，并通过这些底层特征实现后续的数据重构。从监督信号的设计来看，主流解耦表征学习分为两类。

一类为无监督 DR，例如无监督生成模型 [9]，其根据潜在空间上的先验分布假设，来学习输入潜在变量的映射。无监督 DR 方法在无线通信中的应用包括但不限于室内定位、联合信源编码、作为无监督 RFF 识别等。由于这些框架的学习是无监督的，因此潜在空间每个维度中包含的语义信息是不可控和不确定的。

另一类则是自监督 DR，其通过引入特定领域或者特定任务的先验信息，将数据分解为具有一定可控意义的表示。例如，在文献 [10] 中，应用 DR 方法将视频分解为运动物体前景和静态背景来实现视频帧预测；在文献 [11] 中，DR 方法将语音信号分解为说话人身份和与说话人无关的表征；文献 [12] 中的 DR 方法将人脸图像分解为姿态信息和身份信息,同时合成同一身份不同姿态角度的人脸来实现对姿态鲁棒的人脸识别。通过适当的 DR 设计,可以获得对未见过的域具有鲁棒性的 DL 模型,而对于这一点,通常传统的数据增广技术难以实现。

然而,现有的这些 DR 方法是针对特定领域或特定任务设计的,其在扩展到其他领域时有各种限制。例如文献 [12] 中的 DR 方法需要训练数据集同时包含人脸身份和姿态的多视角标签来实现解耦学习,而一般 RFF 的训练集并不包含多视角标签。此外,由于这些 DR 方法基于生成模型,并操纵特征向量空间而不是数据空间来生成数据,因此它们在用于数据增广时仍然存在低质量生成和低效正则化的问题。本章针对 RFF 提取重新设计了 DR 自监督信号,并通过域保持映射实现高质量的信号生成。

本节基于 DR 学习框架,通过对抗学习的方式将信号拆解为信号前景和信号背景。其中信号前景为设备相关 RFF,而信号背景为设备无关信息,包含信道、噪声等。为了充分利用数据集中所蕴含的有效信息,可以通过重新组合训练集中的信号前景与背景,利用原有数据集中所蕴含的有效信息来提供训练正则。在抑制 RFF 对信号背景依赖的同时,尽可能地保留前景信息,从而提取训练集信号中真正对真实信道鲁棒的特征。

6.4.2 解耦表征学习模块设计

在真实环境中采集信号时,由于发射端设备的天线角度和位置的细微差别,即使均采集自简单的 LoS 场景,来自不同设备的信号依然在信道上存在差异。基于这一观察,本节所提出的 DR 学习框架首先学习将接收到的信号分解为两个不相交的部分,即设备相关表征和设备无关表征,然后根据这些表征合成增广信号数据。其中,设备相关表征指的是 RFF,而设备无关表征则表示除 RFF 外信号所包含的信息,例如与传播环境相关的信道、噪声等。这种分解使得算法可以通过交换训练集中不同信号的背景,从而模拟训练集中的设备在各种不同信道环境下的信号传输以实现训练集的增强。

如图 6.9 所示,基于解耦学习的 RFF 提取学习框架主要包括三个模块,即 RFF 提取器 $F(\cdot)$、背景提取器 $Q(\cdot, \boldsymbol{n})$ 和信号生成器 $G(\cdot, \cdot)$,其作用详细描述如下。

(1) **RFF 提取器** $F(\cdot)$:用以提取信号中设备相关的信息。输入接收信号 $\boldsymbol{x}$,然后输出对应的射频指纹 $\boldsymbol{z}$。除了用于提取 RFF,$F(\cdot)$ 还被用于估计背景信号中所包含设备相关的信息量,背景信号的提取见下面。

(2) **背景提取器** $Q(\cdot, \boldsymbol{n})$:用以提取背景信号。这一模块实现的是一个随机映射,对输入信号中的 RFF 信息进行抑制,同时尽可能保留组成信号的设备无关信息。给定输入信号 $\boldsymbol{x}$，背景信号 $\bar{\boldsymbol{x}}$ 提取如下：

$$\bar{\boldsymbol{x}} \sim p_Q(\bar{\boldsymbol{x}}|\boldsymbol{x}) \Longleftrightarrow \bar{\boldsymbol{x}} = Q(\boldsymbol{x}, \boldsymbol{n}), \quad \boldsymbol{n} \sim \mathcal{N}(\boldsymbol{0}, \boldsymbol{I}) \tag{6.25}$$

其中，$\mathcal{N}(\boldsymbol{0}, \boldsymbol{I})$ 表示实值的标准正态分布。类似地，式 (6.25) 中随机性的引入专门是为了混淆输入信号中的设备相关信息。因此，背景信号 $\bar{\boldsymbol{x}}$ 作为 RFF 的互补部分，仅包含设备无关信息，用以捕捉信号中信道、噪声、前导波形等联合影响。

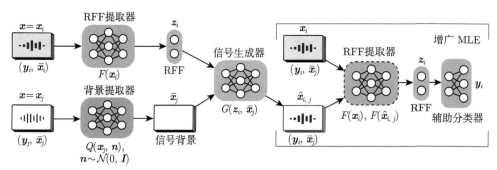

图 6.9　基于解耦学习的 RFF 提取学习框架（F-step）

(3) **信号生成器** $G(\cdot, \cdot)$：用于信号的重构和生成。给定 RFF 和背景信号，合成信号 $\hat{\boldsymbol{x}}$ 生成如下：

$$\hat{\boldsymbol{x}} = G(\boldsymbol{z}, \bar{\boldsymbol{x}}) \tag{6.26}$$

通过这三个模块，本节所提出的 DR 学习框架可以灵活、方便地利用原有数据集本身来生成增广信号，以提高 RFF 提取的鲁棒性。具体地，由于来自不同设备的信道环境不一致，利用所提出的 DR 学习框架可以通过任意交换背景信号以模拟每个设备在其他设备的信道环境下的传输，进而抑制数据集中所包含的信道环境的影响。接下来用 DR-RFF 表示本节所提出 DR 学习框架得到的 RFF。具体的 DR 学习和模块设计将在后面介绍。

6.4.3　射频指纹提取器 $F(\cdot)$ 的目标函数设计

给定训练样本 $(\boldsymbol{x}, \boldsymbol{y}) \in \mathcal{T}$，通过 DR 学习框架得到增广信号 $\hat{\boldsymbol{x}}$，其中 $\hat{\boldsymbol{x}}$ 包含与 $\boldsymbol{x}$ 一致的 RFF，但具有与 $\boldsymbol{x}$ 不同的背景。RFF 提取器 $F(\cdot)$ 的目标是从 $\hat{\boldsymbol{x}}$ 和 $\boldsymbol{x}$ 中提取共有的设备相关信息，同时忽略它们之间信号的背景信息差异。从信息论角度，这一过程可以被建模为最大化所提取的 RFF 和设备身份 $\boldsymbol{y}$ 的互信息：

$$\max_{F} \quad \lambda \mathcal{I}(\boldsymbol{y}; \boldsymbol{z}) + (1 - \lambda)\mathcal{I}(\boldsymbol{y}; \hat{\boldsymbol{z}})$$
$$\text{s.t.} \quad \boldsymbol{z} = F(\boldsymbol{x}), \quad \hat{\boldsymbol{z}} = F(\hat{\boldsymbol{x}}) \tag{6.27}$$

其中，$0 \leqslant \lambda < 1$ 表示超参数，用于平衡原始信号和增广信号的学习效果。式 (6.27) 中的第一项用于测量从原始信号中提取的设备相关信息量，与基于 NS 预处理 RFF 提取的学习目标一致[8]。而式 (6.27) 中的第二项则对应于增广学习目标。它鼓励 RFF 提取器 $F(\cdot)$ 从增广信号中提取与原始信号相同的 RFF，是避免 $F(\cdot)$ 对 $\boldsymbol{x}$ 背景信道过拟合的关键。为了便于应用 DNN 的学习，本节对式 (6.27) 的优化问题进行转化，将其进一步重写为数据驱动的损失函数形式。如图 6.9 所示，从设备 $\boldsymbol{y}_i$ 和 $\boldsymbol{y}_j$ 中抽取任意两个原始信号，使之包含在训练数据集的不同传播环境中，即

$$(\boldsymbol{x}_i, \boldsymbol{y}_i) \in \mathcal{T}, \quad (\boldsymbol{x}_j, \boldsymbol{y}_j) \in \mathcal{T} \tag{6.28}$$

如图 6.9 左侧所示，设备相关表征（RFF）和设备无关表征（背景信号）分别提取如下：

$$\boldsymbol{z}_i = F(\boldsymbol{x}_i) \tag{6.29}$$

$$\overline{\boldsymbol{x}}_j = Q(\boldsymbol{x}_j, \boldsymbol{n}), \quad \boldsymbol{n} \sim \mathcal{N}(\boldsymbol{0}, \boldsymbol{I}) \tag{6.30}$$

通过这两个表征，进一步合成信号 $\hat{\boldsymbol{x}}_{i,j}$ 如下：

$$\hat{\boldsymbol{x}}_{i,j} = G(\boldsymbol{z}_i, \overline{\boldsymbol{x}}_j) \tag{6.31}$$

其中，$\hat{\boldsymbol{x}}_{i,j}$ 表示由设备 $\boldsymbol{y}_i$ 发送的信号，但经历与设备 $\boldsymbol{y}_j$ 同样的信道后，被接收机接收。而模块 $G(\cdot, \cdot)$ 学习的就是如何模拟信号在不同设备中所经历的信道传输。

根据文献 [8] 的推导，式 (6.27) 可以表示为类似式 (6.24) 中的 MLE 问题。式 (6.27) 中的 $F(\cdot)$ 可以重写为

$$\mathcal{L}_F \triangleq \frac{1}{N^2} \sum_{i=1}^{N} \sum_{j=1}^{N} \left[\lambda \ln p_{\boldsymbol{W}}(\boldsymbol{y}_i | F(\boldsymbol{x}_i)) + (1-\lambda) \ln p_{\boldsymbol{W}}(\boldsymbol{y}_i | F(\hat{\boldsymbol{x}}_{i,j})) \right] \tag{6.32}$$

如文献 [8] 所证，$-\mathcal{L}_F$ 实际上是式 (6.27) 的变分下界。值得注意的是，在训练 $F(\cdot)$ 时，由于增广信号 $\hat{\boldsymbol{x}}_{i,j}$ 应当被视为独立增广样本，因此将其从计算图中分离出来。在训练 $F(\cdot)$ 时，反向传播不会追溯至合成阶段。

此外，$F(\cdot)$ 中存在一个必要设计，即 $p_{\boldsymbol{W}}(\boldsymbol{y}|\boldsymbol{z})$ 需要与式 (6.22) 一致，利用 HP 来提高 RFF 的可分性。其原因在于，$F(\cdot)$ 提取的 RFF 应该包含尽可能少的背景信息。这意味着，式 (6.4) 中的 $\boldsymbol{z}_i$ 和 $\boldsymbol{z}_j$ 在余弦距离下应该彼此接近，而 HP 是实现这一结果的关键。

为了更直观地解释所提出的 DR 学习框架的内在机制，图 6.10 可视化了原始信号、背景信号和合成信号的实部。通过将原始信号与背景信号进行比较，可以发

现背景信号的纹理在增广信号中占主导地位。差分信号,即图 6.10 中的 $|\boldsymbol{x}_1-\hat{\boldsymbol{x}}_{2,1}|$ 和 $|\boldsymbol{x}_2-\hat{\boldsymbol{x}}_{1,2}|$,则揭示了嵌入的 RFF 在增广信号中一般是难以察觉的。

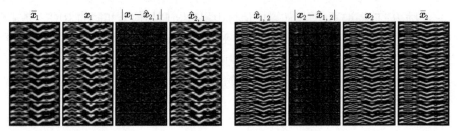

图 6.10　原始信号 ($\boldsymbol{x}_1$ 和 $\boldsymbol{x}_2$)、背景信号 ($\overline{\boldsymbol{x}}_1$ 和 $\overline{\boldsymbol{x}}_2$) 和合成信号 ($\hat{\boldsymbol{x}}_{1,2}$ 和 $\hat{\boldsymbol{x}}_{2,1}$) 的可视化

6.4.4　背景提取器 $Q(\cdot, \boldsymbol{n})$ 的目标函数设计

模块 $Q(\cdot, \boldsymbol{n})$ 的目标是从输入信号 $\boldsymbol{x}$ 中提取背景信号 $\overline{\boldsymbol{x}}$。期望背景信号 $\overline{\boldsymbol{x}}$ 在去除设备相关信息后能够尽可能地保留输入信息。数学上,这个目标可以表述为

$$\max_{Q}\quad \mathcal{I}(\boldsymbol{x};\overline{\boldsymbol{x}}),\quad \text{s.t.}\quad \mathcal{I}(\boldsymbol{y};\overline{\boldsymbol{x}}) < \epsilon \tag{6.33}$$

其中,$\mathcal{I}(\boldsymbol{x};\overline{\boldsymbol{x}})$ 和 $\mathcal{I}(\boldsymbol{y};\overline{\boldsymbol{x}})$ 分别量化了背景信号 $\overline{\boldsymbol{x}}$ 包含原始信号 $\boldsymbol{x}$ 和设备身份 $\boldsymbol{y}$ 的信息量;$\epsilon \geqslant 0$ 表示超参数,用于控制 $\overline{\boldsymbol{x}}$ 中保留的设备相关信息的量。为了便于后续步骤,使用二次惩罚项进一步松弛式 (6.33) 将其转换为无约束问题:

$$\max_{Q}\quad \mathcal{I}(\boldsymbol{x};\overline{\boldsymbol{x}}) - \alpha\big[\mathcal{I}(\boldsymbol{y};\overline{\boldsymbol{x}}) - \epsilon\big]_{+}^{2} \tag{6.34}$$

其中,$\alpha > 0$ 表示惩罚项的权重。当 $\alpha \to \infty$ 时,问题 (6.34) 等价于原问题 (6.33)。这一问题形式可以追溯至信息瓶颈(information bottleneck,IB)问题 [13]。信息瓶颈最初是为随机变量压缩而设计的,它通常被用于寻找模型准确性与表示复杂度之间的最佳折中。在式 (6.33) 中,利用类信息瓶颈建模在"信号重建质量"[即 $\mathcal{I}(\boldsymbol{x};\overline{\boldsymbol{x}})$ 的最大化] 和"消除设备相关信息"(即惩罚项的最小化)之间取得平衡,进而实现信号的解耦。

同样地,为了便于模型训练,需要仅针对训练数据重构学习目标式 (6.34)。本节分别应用信息最大化 [14] 和对抗学习 [15] 技术,将式 (6.34) 中的两个项重写为数据驱动的形式。

(1) **信息最大化**。首先考虑式 (6.34) 中的第一项。由于条件分布 $p(\boldsymbol{x}|\overline{\boldsymbol{x}})$ 难以计算,直接估计 $\mathcal{I}(\boldsymbol{x};\overline{\boldsymbol{x}})$ 的计算代价十分高昂。解决这个问题的一种常见方法是,采用一个可处理的变分分布 $q(\boldsymbol{x}|\overline{\boldsymbol{x}})$ 来代替 $p(\boldsymbol{x}|\overline{\boldsymbol{x}})$。这种替换产生了一个可处理

的变分下界 $\mathcal{I}(\boldsymbol{x}; \overline{\boldsymbol{x}})$，可以用于间接最大化 $\mathcal{I}(\boldsymbol{x}; \overline{\boldsymbol{x}})$。借鉴文献 [14]，采用高斯分布 $q(\boldsymbol{x}|\overline{\boldsymbol{x}}) = \mathcal{N}(\boldsymbol{x}|\overline{\boldsymbol{x}}, \boldsymbol{I})$ 来替换 $p(\boldsymbol{x}|\overline{\boldsymbol{x}})$，所得到的变分下界记为 $-\mathcal{L}_{\mathrm{v}}$，表示如下：

$$
\begin{aligned}
\max_{Q} \mathcal{I}(\boldsymbol{x}; \overline{\boldsymbol{x}}) &= \max_{Q} \quad \{h(\boldsymbol{x}) - h(\boldsymbol{x}|\overline{\boldsymbol{x}})\} \\
&= \max_{Q} \quad \{h(\boldsymbol{x}) + \mathbb{E}_{p(\boldsymbol{x},\overline{\boldsymbol{x}})}[\ln p(\boldsymbol{x}|\overline{\boldsymbol{x}})]\} \\
&\overset{(a)}{\geqslant} \max_{Q} \quad \{h(\boldsymbol{x}) + \mathbb{E}_{p_Q(\overline{\boldsymbol{x}}|\boldsymbol{x})p(\boldsymbol{x})}[\ln \mathcal{N}(\boldsymbol{x}|\overline{\boldsymbol{x}}, \boldsymbol{I})]\} \\
&\overset{(b)}{\propto} \max_{Q} \quad \Big\{\underbrace{-\mathbb{E}_{\boldsymbol{x} \in \mathcal{T}, \boldsymbol{n} \sim \mathcal{N}(\boldsymbol{0},\boldsymbol{I})}\big[\|\boldsymbol{x} - Q(\boldsymbol{x},\boldsymbol{n})\|^2\big]}_{-\mathcal{L}_{\mathrm{v}}} + c\Big\}
\end{aligned} \tag{6.35}
$$

其中，$h(\cdot)$ 表示微分熵；c 表示可以忽略的常数；(a) 源于 Kullback-Leibler 散度的非负性，即

$$
\mathcal{D}_{\mathrm{KL}}\big(p(\boldsymbol{x}|\overline{\boldsymbol{x}})\|q(\boldsymbol{x}|\overline{\boldsymbol{x}})\big) = \mathbb{E}_{p(\boldsymbol{x})}\left[\ln \frac{p(\boldsymbol{x}|\overline{\boldsymbol{x}})}{\mathcal{N}(\boldsymbol{x}|\overline{\boldsymbol{x}}, \boldsymbol{I})}\right] \geqslant 0 \tag{6.36}
$$

而 (b) 表示式 (6.25) 中的重新参数化，并丢弃与 $Q(\cdot, \boldsymbol{n})$ 无关的常数项，因此式 (6.34) 中的第一项的最大化可以转化为 $\mathcal{L}_{\mathrm{v}}$ 的最小化。通过 $\mathcal{L}_{\mathrm{v}}$，式 (6.34) 中的第一项被简化为 MSE 损失式 (6.35)，因此大幅度降低了计算复杂度。

(2) **对抗学习**。惩罚项的作用是抑制任何与设备相关的信息。与第一项类似，惩罚项 $\big[\mathcal{I}(\boldsymbol{y}; \overline{\boldsymbol{x}}) - \epsilon\big]_{+}^{2}$ 无法直接计算。而 MSE 对 RFF 的微小差异并不敏感，因此在式 (6.35) 中所采用的变分方法在这里并不有效，因此，采用对抗学习技术[15] 来实现对惩罚项的估计。如图 6.11 的下半部分所示，将前面的似然函数，即式 (6.32) 中的 $p_{\boldsymbol{W}}(\boldsymbol{y}|F(\cdot))$，作为一个鉴别器来估计后验概率 $p(\boldsymbol{y}|\overline{\boldsymbol{x}})$，如下所示：

$$
\begin{aligned}
\mathcal{I}(\boldsymbol{y}; \overline{\boldsymbol{x}}) &= \mathbb{E}_{p(\overline{\boldsymbol{x}})}\big[\mathcal{D}_{\mathrm{KL}}\big(p(\boldsymbol{y}|\overline{\boldsymbol{x}})\|p(\boldsymbol{y})\big)\big] \\
&\overset{(a)}{\approx} \mathbb{E}_{p(\overline{\boldsymbol{x}})}\big[\mathcal{D}_{\mathrm{KL}}\big(p_{\boldsymbol{W}}(\boldsymbol{y}|F(\overline{\boldsymbol{x}}))\|p(\boldsymbol{y})\big)\big] \\
&\overset{(b)}{=} \mathbb{E}_{\overline{\boldsymbol{x}} \sim p_Q(\overline{\boldsymbol{x}}|\boldsymbol{x}), (\boldsymbol{x}, \boldsymbol{y}) \in \mathcal{T}}\left[\ln \frac{p_{\boldsymbol{W}}(\boldsymbol{y}|F(\overline{\boldsymbol{x}}))}{p(\boldsymbol{y})}\right]
\end{aligned} \tag{6.37}
$$

其中，(a) 表示使用参数化的条件分布 $p_{\boldsymbol{W}}(\boldsymbol{y}|F(\overline{\boldsymbol{x}}))$ 来近似替代原来的 $p(\boldsymbol{y}|\overline{\boldsymbol{x}})$；$(b)$ 表示式 (6.25) 中的重新参数化，即 $\overline{\boldsymbol{x}} = Q(\boldsymbol{x}, \boldsymbol{n})$ 其中 $\boldsymbol{n} \sim \mathcal{N}(\boldsymbol{0}, \boldsymbol{I})$。这里，设备身份 $\boldsymbol{y}$ 的先验分布可以简单设为离散均匀分布，即 $p(\boldsymbol{y} = \boldsymbol{y}_{(i)}) = 1/K, \forall i = 1, \cdots, K$。

更进一步，式 (6.34) 中的惩罚项可以改写为数据驱动形式，如下：

$$
\mathcal{L}_{\mathrm{p}} \triangleq -\left[\mathbb{E}_{\overline{\boldsymbol{x}} \sim p_Q(\overline{\boldsymbol{x}}|\boldsymbol{x}), (\boldsymbol{x}, \boldsymbol{y}) \in \mathcal{T}}\left[\ln \frac{p_{\boldsymbol{W}}(\boldsymbol{y}|F(\overline{\boldsymbol{x}}))}{1/K}\right] - \epsilon\right]_{+}^{2} \tag{6.38}
$$

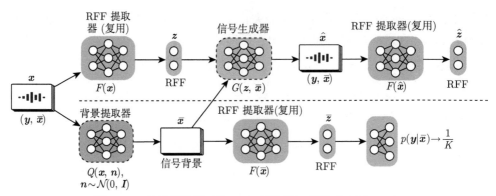

图 6.11　基于解耦学习的 RFF 提取学习框架（Q/G-step）

将式 (6.35) 和式 (6.38) 代入式 (6.34)，$Q(\cdot, \boldsymbol{n})$ 的学习目标函数 $\mathcal{L}_Q$ 定义为

$$\mathcal{L}_Q \triangleq \mathcal{L}_{\mathrm{v}} + \alpha \mathcal{L}_{\mathrm{p}} \tag{6.39}$$

由于 $\mathcal{L}_Q$ 的值依赖于 $F(\cdot)$，可以将 $Q(\cdot, \boldsymbol{n})$ 的学习看成一个具有两个玩家的对抗游戏：$Q(\cdot, \boldsymbol{n})$ 试图生成令 $F(\cdot)$ 混淆的信号，而 $F(\cdot)$ 作为 $Q(\cdot, \boldsymbol{n})$ 的对抗对手，学习识别部分由 $Q(\cdot, \boldsymbol{n})$ 生成的信号。

6.4.5　信号生成器 $G(\cdot, \cdot)$ 的目标函数设计

最后设计信号生成器 $G(\cdot, \cdot)$ 的学习。如图 6.11 的上半部分所示，模块 $G(\cdot, \cdot)$ 接收背景信号 $\bar{\boldsymbol{x}}$ 和相应的 RFF $\boldsymbol{z}$ 作为输入，输出重构原始信号 $\boldsymbol{x}$。其学习设计如下：

$$\max_G \quad \mathcal{I}(\boldsymbol{x}; \hat{\boldsymbol{x}}) + \beta \mathcal{I}(F(\boldsymbol{x}); F(\hat{\boldsymbol{x}})) \tag{6.40}$$

其中，$\hat{\boldsymbol{x}} = G(\boldsymbol{z}, \bar{\boldsymbol{x}})$，$\boldsymbol{z} = F(\boldsymbol{x})$，$\bar{\boldsymbol{x}}$ 从条件分布 $p_Q(\bar{\boldsymbol{x}}|\boldsymbol{x})$ 中采样；$\beta > 0$ 表示超参数，用于平衡两个互信息项。具体而言，最大化 $\mathcal{I}(\boldsymbol{x}; \hat{\boldsymbol{x}})$ 有助于最小化信号重建损失，从而确保合成信号的质量。最大化 $\mathcal{I}(F(\boldsymbol{x}); F(\hat{\boldsymbol{x}}))$ 则是为了确保设备相关信息（即 RFF 信息）成功嵌入合成信号中。

类似于式 (6.35) 中的过程，本节采用变分近似来估计这一项。具体地，将式 (6.40) 中无法直接计算的条件分布用高斯分布近似替代，并忽略与 $G(\cdot, \cdot)$ 无关的项，即可得到 $G(\cdot, \cdot)$ 的数据驱动学习目标，用 $\mathcal{L}_G$ 表示，定义如下：

$$\mathcal{L}_G \triangleq \mathop{\mathbb{E}}_{\bar{\boldsymbol{x}} \sim p_Q(\bar{\boldsymbol{x}}|\boldsymbol{x}), \boldsymbol{x} \in \mathcal{T}} \left[\|\boldsymbol{x} - \hat{\boldsymbol{x}}\|^2 + \beta \|F(\boldsymbol{x}) - F(\hat{\boldsymbol{x}})\|^2 \right] \tag{6.41}$$

6.4.6　学习算法设计

由上面可知，$G(\cdot, \cdot)$ 和 $Q(\cdot, \boldsymbol{n})$ 的学习目标并不相互排斥。给定 RFF $\boldsymbol{z}$，提高信号重建的质量需要 $G(\cdot, \cdot)$ 的另一个输入，即信号背景 $\bar{\boldsymbol{x}}$ 包含尽可能多的原

始信号信息。而这同时是 $Q(\cdot, \boldsymbol{n})$ 学习目标的一部分，即式 (6.39) 中的 $\mathcal{L}_v$。此外，在实验结果中，发现联合训练 $G(\cdot, \cdot)$ 和 $Q(\cdot, \boldsymbol{n})$ 可以使信号的重构误差更小，从而提供更高质量的合成信号。基于以上考虑，本节将 $G(\cdot, \cdot)$ 和 $Q(\cdot, \boldsymbol{n})$ 的学习合并为一个步骤，并称为 Q/G-step。

另外，$F(\cdot)$ 的学习只需要原始信号及生成信号。此外，当作为鉴别器时，$F(\cdot)$ 的训练应当独立于其他模块。因此，本节用独立步骤实现 $F(\cdot)$ 的学习，并称为 F-step。

综上所述，所提出的 DR 学习框架的学习算法由以下两个步骤组成。

Q/G-step。固定 $F(\cdot)$，训练 $Q(\cdot, \boldsymbol{n})$ 和 $G(\cdot, \cdot)$ 来学习分解和重构训练数据集中的接收信号，如图 6.11 所示。通过应用梯度下降算法，$Q(\cdot, \boldsymbol{n})$ 和 $G(\cdot, \cdot)$ 更新如下：

$$Q \leftarrow Q - \eta \nabla_Q (\mathcal{L}_Q + \mathcal{L}_G), \quad G \leftarrow G - \eta \nabla_G (\mathcal{L}_Q + \mathcal{L}_G) \tag{6.42}$$

其中，$\eta > 0$ 表示学习率。

F-step。固定 $G(\cdot, \cdot)$ 和 $Q(\cdot, \boldsymbol{n})$，训练 $F(\cdot)$ 以学习从原始信号和具有不同背景的生成信号中提取相同的 RFF，如图 6.9 所示。类似于式 (6.42)，$F(\cdot)$ 和辅助分类器更新如下：

$$F \leftarrow F - \eta \nabla_F (\mathcal{L}_F), \quad \boldsymbol{W} \leftarrow \boldsymbol{W} - \eta \nabla_{\boldsymbol{W}} (\mathcal{L}_F) \tag{6.43}$$

所提出的 DR 学习框架的训练是通过交替迭代这两个步骤来实现的。算法 6.2 中也描述了相应的训练算法。随着学习的进行，RFF 提取器 $F(\cdot)$ 逐渐被训练为仅提取与设备相关的信息。而背景提取器 $Q(\cdot, n)$ 依赖于 $F(\cdot)$，因此也受益于 $F(\cdot)$ 的改进。$Q(\cdot, n)$ 的改进有助于获取更清晰的背景信号，使得背景信号包含更少的设备相关信息并提供更高质量的分离表示。凭借更高质量的信号表示，信号生成器可以生成更真实的信号，这些信号仅交换背景信息，同时最大限度地减少设备相关信息的泄漏。而生成信号越真实，$F(\cdot)$ 就可以更好地推广到真实世界的未知信道环境中。

模型结构与学习参数：本章所提出的背景提取器 $Q(\cdot, \boldsymbol{n})$ 和信号生成器 $G(\cdot, \cdot)$ 均为 U-net[16]。U-net 是一种特殊类型的 CNN，被广泛应用于医学图像处理和图像分割，具有对称的编解码及多层级的直连捷径，主要用于高保真图像域保持处理和生成。本章所有 DNN 都使用学习率为 $\eta = 0.001$ 和超参数为 $\beta_1 = 0.9$ 和 $\beta_2 = 0.999$ 的 Adam 优化器进行训练。此外，本章所提出方法的超参数在一定的范围内均有效，如 $\lambda \in [0.3, 0.6]$，$\alpha \in [5, 50]$ 和 $\beta \in [5, 50]$。在下面的实验中，本章将超参数设置为 $\lambda = 0.5$、$\alpha = 10$ 和 $\beta = 10$。本章还将式 (6.33) 中信息约束中的超参数设置为 0，即 $\epsilon = 0$。

算法 6.2　基于 DR 学习框架的 RFF 提取训练

输入：训练数据集 $\mathcal{T}$，单批数据量 B，学习率 η，超球面半径 δ，系数 λ、α 和 β

输出：F^*、Q^* 和 G^*

1. 重复
2. # Q/G-step：
3. 从数据集 $\mathcal{T}$ 中采样 $(\boldsymbol{x}_i, \boldsymbol{y}_i)$，并采样随机向量 $\boldsymbol{n}_i \sim \mathcal{N}(\boldsymbol{0}, \boldsymbol{I})$
4. 计算 $\overline{\boldsymbol{x}}_i = Q(\boldsymbol{x}_i, \boldsymbol{n}_i)$, $\boldsymbol{z}_i = F(\boldsymbol{x}_i)$
5. 根据式 (6.35)∼ 式 (6.39) 计算 $\mathcal{L}_Q = \mathcal{L}_v + \lambda\mathcal{L}_p$
6. 计算 $\hat{\boldsymbol{x}}_i = G(\boldsymbol{z}_i, \overline{\boldsymbol{x}}_i)$
7. 根据式 (6.41) 计算 $\mathcal{L}_G$
8. 更新 $Q \leftarrow Q - \eta\nabla_Q(\mathcal{L}_Q + \mathcal{L}_G)$, $G \leftarrow G - \eta\nabla_G(\mathcal{L}_Q + \mathcal{L}_G)$
9. # F-step：
10. 从数据集 $\mathcal{T}$ 中采样 $(\boldsymbol{x}_j, \boldsymbol{y}_j)$，并采样随机向量 $\boldsymbol{n}_j \sim \mathcal{N}(\boldsymbol{0}, \boldsymbol{I})$
11. 计算 $\overline{\boldsymbol{x}}_j = Q(\boldsymbol{x}_j, \boldsymbol{n}_j)$
12. 交换背景信号并生成增广信号 $\hat{\boldsymbol{x}}_{i,j} = G(\boldsymbol{z}_i, \overline{\boldsymbol{x}}_j)$
13. 根据式 (6.32) 计算 $\mathcal{L}_F$
14. 更新 $F \leftarrow F - \eta\nabla_F\mathcal{L}_F$, $\boldsymbol{W} \leftarrow \boldsymbol{W} - \eta\nabla_{\boldsymbol{W}}\mathcal{L}_{\text{RFF}}$
15. 直至收敛

6.4.7　实验分析

本节进行了一系列实验以评估模型的有效性，将本章提出的 DR 学习框架与 MLE，以及三种基于数据增广的 RFF 学习方法进行性能比较。实验中所提出的 DR-RFF 代码已开源[①]。

1. 数据集

本节实验采用与 NS-RFF 实验相同的训练集，并在此基础上扩展了三种未知信道环境，实验数据采集点分布示意图如图 6.12 所示。将在位置 1 从 ZigBee 终端设备发送并在位置 A 接收所经历的信道表示为 TX1-RXA。类似地，在图 6.12 的右侧描绘了 4 个收集位置。值得注意的是，NS-RFF 实验中所使用的 54 台 ZigBee 设备的信号数据均采集自 TX1-RXA。在原有数据的基础上，额外用 5 台设备采集未知信道环境 TX2-RXA、TX3-RXA 和 TX4-RXB 中的信号数据，并以此构造三个开集测试集。其中，训练集和验证集包含 2016 年采集的 TX1-RXA 下的前 45 个 ZigBee 设备的信号，而对于测试集，如下所述。

(1) M1：采集自 TX2-RXA，包含 5 台未知设备，仅包含一种未知的多径衰落信道。

---

① https://github.com/xrj-com/DR-RFF。

(2) M2：采集自 TX2-RXA 和 TX3-RXA，包含 5 台未知设备，包含两种未知的多径衰落信道。

(3) M3：采集自 TX2-RXA、TX3-RXA 和 TX4-RXB，包含 5 台未知设备，包含三种未知的多径衰落信道。

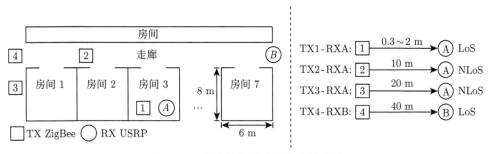

图 6.12　实验数据采集点分布示意图

2. 对比基线

考虑五个类别，总共八个基线方法如下：

(1) 典型的闭集 RFF 分类器，即 Yu 等[4]。

(2) 无数据增广的判别式 RFF 提取器，即前面提出的 ML-RFF[8]。

(3) 人工设计数据增强，即 AWGN 和 FIR。

(4) 基于学习的数据增强，即 PGD 对抗训练。

(5) 本章提出的方法，即 DR-RFF，及其用于消融研究的两种变体。

除了 Yu 等[4] 提出的方法，所有基线方法都是文献 [8] 中提出的判别式 RFF 提取器，但具有不同的数据增广方式。详细参数细节见表 6.4。为了避免偶然性，每个基线模型均重新训练 10 次，并汇报结果的平均值。

表 6.4　**DR-RFF** 与对比基线方法

基线	模型训练	数据增广	式 (6.40) 中的条件分布: $p_{\boldsymbol{W}}(\boldsymbol{y}\|F(\boldsymbol{x}))$		
			RFF 提取器	辅助分类器	参数量
Yu 等 [4]		AWGN (SNR: $5 \sim 30$ dB)		Softmax	
ML-RFF [8]		N/A			
AWGN	MLE	AWGN (SNR: $5 \sim 30$ dB)			
FIR		高斯 FIR 滤波 (9 taps)	BCNN [8]	Softmax + HP [8]	约 7 M
PGD		PGD 攻击 ($l_\infty \leqslant 0.1$)	($L = 18$)	($\delta = 10$)	
DR-RFF†	所提出的 DR 学习框架				
DR-RFF† w/o BS	所提出的 DR 学习框架，无背景交换				
DR-RFF† w/o HP	所提出的 DR 学习框架，无 HP			Softmax	

† 本章提出的方法。

3. 实验结果分析

实验结果如图 6.13 和表 6.5 所示。总体而言，本章提出的 DR 学习框架所得到的 RFF 提取器（DR-RFF）在未知信道环境测试集下，明显优于传统方法（如 Yu 等[4]、ML-RFF、AWGN、FIR) 和对抗训练方法（PGD）。而闭集 RFF 分类器，即 Yu 等[4]，仅比随机猜测的性能略好。这些结果验证了所提出方法提取 RFF 表现出比其他方法提取的 RFF 更强的对不同无线传播场景的鲁棒性。即使在最具挑战性的测试集下，即图 6.13(c) 中的 M3，其中包含三种未知的多径衰落信道统计信息，所提出框架训练的 DR-RFF 仍然可以保留超过 99% 的 AUC。尽管传统方法在已知位置或单一类型的未知信道下表现良好，但当传播条件发生变化时，它们的性能会显著降低，例如，FIR 在 M1 3.17% 平均 EER 劣化到 M3

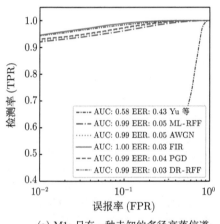

(a) M1: 只有一种未知的多径衰落信道

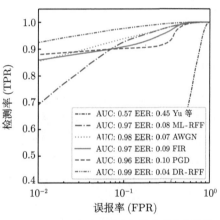

(b) M2: 包含两种未知的多径衰落信道

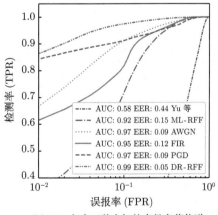

(c) M3: 包含三种未知的多径衰落信道

图 6.13　不同基线方法的平均 ROC 曲线（SNR ≈ 30 dB）

表 6.5   不同基线方法的 ROC 指标对比

基线方法	M1		M2		M3	
	AUC/%	EER/%	AUC/%	EER/%	AUC/%	EER/%
Yu 等 [4]	$58.28_{\pm 1.34}$	$43.38_{\pm 1.91}$	$57.13_{\pm 1.08}$	$44.65_{\pm 1.05}$	$58.07_{\pm 1.08}$	$44.12_{\pm 0.81}$
ML-RFF [8]	$98.77_{\pm 0.40}$	$5.19_{\pm 0.77}$	$97.13_{\pm 0.56}$	$8.38_{\pm 0.77}$	$92.14_{\pm 1.92}$	$15.39_{\pm 1.78}$
AWGN [4]	$99.09_{\pm 0.14}$	$4.65_{\pm 0.41}$	$97.95_{\pm 0.36}$	$7.24_{\pm 0.81}$	$96.69_{\pm 0.35}$	$9.36_{\pm 0.77}$
FIR	$\mathbf{99.63}_{\pm 0.10}$	$\mathbf{3.17}_{\pm 0.50}$	$97.14_{\pm 0.33}$	$9.30_{\pm 0.65}$	$95.18_{\pm 0.24}$	$12.23_{\pm 0.67}$
PGD	$99.21_{\pm 0.27}$	$4.44_{\pm 1.02}$	$96.18_{\pm 0.09}$	$9.78_{\pm 0.21}$	$96.77_{\pm 0.09}$	$8.98_{\pm 0.57}$
DR-RFF†	$99.47_{\pm 0.20}$	$3.44_{\pm 0.67}$	$\mathbf{99.21}_{\pm 0.24}$	$\mathbf{4.12}_{\pm 0.63}$	$\mathbf{99.00}_{\pm 0.17}$	$\mathbf{4.79}_{\pm 0.55}$
DR-RFF† w/o HP	$98.44_{\pm 1.26}$	$5.74_{\pm 2.28}$	$96.63_{\pm 0.81}$	$9.17_{\pm 0.68}$	$96.72_{\pm 0.83}$	$9.34_{\pm 1.26}$
DR-RFF† w/o BS	$95.58_{\pm 2.09}$	$10.43_{\pm 3.92}$	$94.10_{\pm 2.52}$	$12.79_{\pm 3.90}$	$93.58_{\pm 3.36}$	$13.39_{\pm 4.81}$

† 本节提出的模型。

的 12.23% 。这些性能下降是由于训练集中信道统计数据的过度拟合或数据增强与现实场景之间的先验分布不匹配造成的。通过数据驱动的 DR 学习，至少可以在一定程度上缓解这个现象。实验结果证明了所提出的 DR 学习框架在鲁棒 RFF 提取方面的优越性，尤其是对于变化或未知的无线信道。

另外，为了验证所提出的 DR 学习框架中 HP 和背景交换（background shuffling，BS）的必要性，本节比较了所提出的方法 (DR-RFF) 及其 HP (DR-RFF w/o HP) 和背景交换 (DR-RFF w/o BS) 的消融版本。如表 6.5 中的 AUC 和 EER 值所示，可以发现 DR-RFF 均优于这两种消融版本方法。实验结果表明，HP 在所提出的 DR 学习框架中主要用于从 RFF 中排除与设备无关的信息，并强制背景提取器提取与设备无关的信息以重建输入信号，是成功解耦的关键步骤。另外，背景交换对于 DR 学习框架中的训练稳定性同样至关重要。背景交换通过对当前的 RFF 提取器施加强大的正则化，使所提出的框架像对抗训练一样工作。如果没有背景交换，DR-RFF 将退化为使用典型的基于生成模型的数据增广 RFF 提取基线，进而导致不理想的泛化性能。

6.4.8 代码分析

所提出的 DR 学习框架基于 PyTorch 和 MarvelToolbox 实现。本节给出 DR 学习框架部分代码的具体实现，完整代码见开源仓库①。具体步骤如下。

第一步，导入所需的 Python 依赖库、数据集以及各模块。

```python
# 导入所需的Python依赖库、数据集以及各模块
import torch
import torch.nn as nn
import torch.nn.functional as F
import marveltoolbox as mt
```

① https://github.com/xrj-com/DR-RFF。

```
from src.models import *
from src.dataset import *
from src.evaluation import *
from src.Unet import SUNet, SUNetZ
```

第二步，配置超参数。

```
class Confs(mt.BaseConfs):
    def __init__(self, device, L, z_dim,
                    lamda, alpha, beta, epsilon):
        # 配置神经网络超参数
        self.device = device
        self.device_ids = [device]
        self.L = L
        self.z_dim = z_dim
        self.lamda = lamda
        self.alpha = alpha
        self.beta = beta
        self.epsilon = epsilon
        super().__init__()


    def get_dataset(self):
        # 选择数据集来源，决定神经网络大小、训练次数
        self.dataset = "val"
        self.nc = 2
        self.batch_size = 256
        self.class_num = 54
        self.epochs = 50
        self.max_iter = 10

    def get_flag(self):
        # 生成实验flag，用于保存和加载模型
        self.flag = "DR-RFF-nz{}-L{}-lamda{}-alpha{}-beta{}-eps{}".\
            format(
            self.z_dim, self.L, self.lamda,
            self.alpha, self.beta, self.epsilon)

    def get_device(self):
        # 选择GPU或者CPU进行神经网络训练
        self.device = torch.device(
            "cuda:{}".format(self.device) if \
```

```
                    torch.cuda.is_available() else "cpu")
```

第三步，设计基于 DR 学习的 RFF 训练器。

```
class Trainer(mt.BaseTrainer, Confs):
    """
    定义Trainer类，用于定义特化的网络模型的训练逻辑和验证逻辑
    """
    def __init__(
        self, device=0, L=18, z_dim=512,
            lamda=0.5, alpha=10, beta=10, epsilon=0.0):

        Confs.__init__(
            self, device, L, z_dim,
                    lamda, alpha, beta, epsilon)
        mt.BaseTrainer.__init__(self, self)

        # 定义并初始化神经网络和对应优化器
        self.models["F"] = CLF_L2Softmax(in_channels=self.nc,
                                out_channels=self.class_num,
                                d1=self.d1, d2=self.d2,
                                z_dim=self.z_dim).to(self.device)

        self.models["Q"] = SUNet(self.nc, self.nc).to(device)
        self.models["G"] = SUNetZ(self.nc, self.z_dim, self.nc).to(
            device)

        self.optims["F"] = torch.optim.Adam(
            self.models["F"].parameters(), lr=1e-3, betas=(0.9,
            0.990))

        self.optims["Q"] = torch.optim.Adam(
            self.models["Q"].parameters(), lr=1e-3, betas=(0.9,
            0.999))

        self.optims["G"] = torch.optim.Adam(
            self.models["G"].parameters(), lr=1e-3, betas=(0.9,
            0.999))

        # 初始化所需数据集
        self.train_sets["train_y"] = RFdataset(device_ids=range(45),
```

```
                                                        test_ids
                                                          =[1,2,3,4])
        self.train_sets["train_c"] = RFdataset(device_ids=range(45),
                                                        test_ids
                                                          =[1,2,3,4])
        self.eval_sets["val"] = RFdataset(device_ids=range(45),
                                                      test_ids=[5])

        self.eval_sets["M1"] = RFdataset_MP(device_ids=range(5),
                                                      test_ids=[1])
        self.eval_sets["M2"] = RFdataset_MP(device_ids=range(5),
                                                      test_ids=[1,2])
        self.eval_sets["M3"] = RFdataset_MP(device_ids=range(5),
                                                      test_ids
                                                        =[1,2,3])

        self.preprocessing()
        # 初始化性能记录字典
        for key in self.dataloaders.keys():
            self.records[key] = {}
            self.records[key]["acc"] = 0.0
            self.records[key]["auc"] = 0.0
            self.records[key]["auc_list"] = []
            self.records[key]["eer_list"] = []
            self.records[key]["val_loss"] = []

    def data_generator(self, data_key):
        while 1:
            for data in self.dataloaders[data_key]:
                yield data


    def train(self, epoch):
        # 实例化神经网络训练逻辑
        self.logs = {}
        self.models["Q"].train()
        self.models["F"].train()
        self.models["G"].train()
        for i in range(self.max_iter):
            # 输入数据预处理
            data_y = next(self.data_generator("train_y"))
```

```
x1, y1 = data_y[0], data_y[1]
x1, y1 = x1.to(self.device), y1.to(self.device)
N = len(x1)

data_c = next(self.data_generator("train_c"))
x2, y2 = data_c[0], data_c[1]
x2, y2 = x2.to(self.device), y2.to(self.device)

L_Q = torch.zeros(1)
L_G = torch.zeros(1)
kld = torch.zeros(1)
if self.lamda > 0:
    # 对抗训练的Q/G过程
    x1_bag = self.models["Q"](x1)
    scores1_bag = self.models["F"](x1_bag)
    scores1 = self.models["F"](x1, y1)
    logp1 = torch.log_softmax(scores1, dim=1)[range(N),
        y1]
    logp1_bag = torch.log_softmax(scores1_bag, dim=1)
    logp1_bag_y = logp1_bag[range(N), y1]
    py = torch.ones_like(logp1_bag_y) * 1/self.class_num
    logpy = py.log()
    k = self.epsilon
    kld = (logp1_bag_y-logpy).mean()
    kld[kld<k] = kld[kld<k]*0

    mse = F.mse_loss(x1_bag, x1)
    L_Q = self.alpha* kld + mse

    z1 = self.models["F"].features(x1)
    x1_rec = self.models["G"](x1_bag, z1)
    z1_rec = self.models["F"].features(x1_rec)
    if self.beta > 0.0:
        L_G = F.mse_loss(x1_rec, x1) + \
            self.beta * F.mse_loss(z1_rec, z1)
    else:
        L_G = F.mse_loss(x1_rec, x1)
    L = L_Q + L_G
    # 反向求导, 神经网络优化
    self.optims["G"].zero_grad()
```

```
            self.optims["Q"].zero_grad()
            L.backward()
            self.optims["G"].step()
            self.optims["Q"].step()

            # 对抗训练的F过程
            z1 = self.models["F"].features(x1).detach()
            x2_bag = self.models["Q"](x2)
            x12 = self.models["G"](x2_bag, z1)


            scores1_rff = self.models["F"](x1, y1)
            scores2_rff = self.models["F"](x12, y1)

            L_rff = (1-self.lamda) * F.cross_entropy(scores1_rff, y1
                ) +\
                        self.lamda * F.cross_entropy(scores2_rff,
                            y2)
            # 反向求导，神经网络优化
            self.optims["F"].zero_grad()
            L_rff.backward()
            self.optims["F"].step()

            if i % 100 == 0:
                % 输出训练信息
                self.logs["kld"] = kld.item()
                self.logs["L_Q"] = L_Q.item()
                self.logs["L_G"] = L_G.item()
                self.print_logs(epoch, i)
        return 0.0



def eval(self, epoch, eval_model = ["F"], eval_dataset = None,
                            mode=None, is_record=True
                                ):
        # 特化网络评估逻辑
        self.logs = {}
        main_model = "F"
        feature_dict = {}
        label_dict = {}
```

```
distance_dict = {}
correct_dict = {}
if eval_dataset is None:
    eval_dataset = self.dataset
# 初始化记录字典
for model in eval_model:
    self.models[model].eval()
    feature_dict[model] = []
    label_dict[model] = []
    distance_dict[model] = []
    correct_dict[model] = 0.0


with torch.no_grad():
    for data in self.dataloaders[eval_dataset]:
        # 输入数据预处理
        x, y = data[self.data_idx], data[1]
        x, y = x.to(self.device), y.to(self.device)
        N = len(x)
        for model in eval_model:
            features = self.models[model].features(x)
            feature_dict[model].append(features)
            label_dict[model].append(y)
# 记录网络在验证集上的性能
for model in eval_model:
    features = torch.cat(feature_dict[model], dim=0)
    labels = torch.cat(label_dict[model])
    intra_dist, inter_dist = inter_intra_dist(
                features.cpu().detach().numpy(),
                labels.cpu().numpy()
            )
    distance_dict[model] = [intra_dist, inter_dist]


results = roc_plots(
            distance_dict,
            file_name="./plots/{}_{}_roc.png".format(self.
                flag, eval_dataset)
        )
# 判断当前模型是否为最优模型
is_best = False
auc, eer, _ = results[main_model]
```

```
    if auc >= self.records[eval_dataset]["auc"]:
        if eval_dataset == "val":
            is_best = True
        self.records[eval_dataset]["auc"] = auc
# 输出性能指标
self.logs["auc"] = auc
self.logs["data"] = eval_dataset
self.logs["eer"] = eer
self.logs["best auc"] = self.records[eval_dataset]["auc"]

self.print_logs(epoch, 0)
if is_record:
    self.records[eval_dataset]["auc_list"].append(auc)
    self.records[eval_dataset]["eer_list"].append(eer)

return is_best
```

获取程序代码

6.5　本章小结

现有的 RFF 提取技术无法对未知设备和未知信道进行泛化。为了实现 RFF 对未知设备的泛化，本章首先将 RFF 建模为基于度量学习的开集识别问题。在此基础上，本章改进了传统的信号处理技术，将数据驱动与模型驱动相结合提出了 NS 模块，从信号处理模型中引入归纳偏差，以最大化保留原始信号中的设备相关信息，进而提高 RFF 提取方法对未知设备的泛化能力。另外，本章还提出了一种超球面表示，将 MLE 优化问题等价于优化 RFF 间的距离测度，进一步提高 RFF 可分性。实验结果表明，NS-RFF 可以泛化至未知设备，且相比于纯数据驱动模型，可以在更少的参数量下实现更优的性能。

另外，为了实现 RFF 对未知信道的泛化，本章还提出了一种基于 DR 学习的 RFF 提取训练框架，用于提高 RFF 对未知信道环境的鲁棒性和通用性。通常，使用 MLE 训练的 RFF 提取器倾向于过度拟合训练集中的非代表性信道统计特性，进而失去对未知信道的泛化能力。而通过观察，即使训练集中的所有信号都是在相似、简单的传播环境中收集的，它们信道的差异仍然存在。本章提出的 DR 学习框架将信号分为两个不相交的部分：与设备相关的表征（RFF）和与设备无关的表征（信号背景信息）。在所提出的学习框架下，在训练集中打乱信号背景信息，并在不收集额外数据的情况下模拟来自不同类型环境的传输。通过这种方式，RFF 提取器被迫使仅提取信号中对信道鲁棒的特征为 RFF。实验结果表明，所提出的框架显著提高了 RFF 在未知设备和未知多径衰落信道下的可辨别性。

参 考 文 献

[1] DANEV B, ZANETTI D, CAPKUN S. On physical-layer identification of wireless devices[J]. ACM Computing Surveys, 2012, 45(1): 1-29.

[2] TOONSTRA J, KINSNER W. A radio transmitter fingerprinting system ODO-1[C]// Canadian Conference on Electrical and Computer Engineering, Calgary, 1996: 60-63.

[3] BRIK V, BANERJEE S, GRUTESER M, et al. Wireless device identification with radiometric signatures[C]//ACM International Conference on Mobile Computing and Networking, San Francisco, 2008: 116-127.

[4] YU J B, HU A Q, LI G Y, et al. A robust RF fingerprinting approach using multisampling convolutional neural network[J]. IEEE Internet of Things Journal, 2019, 6(4): 6786-6799.

[5] GENG C X, HUANG S J, CHEN S C. Recent advances in open set recognition: A survey[J]. IEEE Transactions on Pattern Analysis and Machine Intelligence, 2021, 43 (10): 3614-3631.

[6] MERCHANT K, REVAY S, STANTCHEV G, et al. Deep learning for RF device fingerprinting in cognitive communication networks[J]. IEEE Journal of Selected Topics in Signal Processing, 2018, 12(1): 160-167.

[7] DENG J K, GUO J, XUE N N, et al. ArcFace: Additive angular margin loss for deep face recognition[C]//IEEE Conference on Computer Vision and Pattern Recognition, Long Beach, 2019: 4685-4694.

[8] XIE R J, XU W, CHEN Y Z, et al. A generalizable model-and-data driven approach for open-set RFF authentication[J]. IEEE Transactions on Information Forensics and Security, 2021, 16: 4435-4450.

[9] KINGMA D P, WELLING M. Auto-encoding variational Bayes[C]//International Conference on Learning Representations, Banff, 2013.

[10] DENTON E, BIRODKAR V. Unsupervised learning of disentangled representations from video[C]//International Conference on Neural Information Processing Systems, Long Beach, 2017: 4417-4426.

[11] CHOU J C, YEH C C, LEE H Y, et al. Multi-target voice conversion without parallel data by adversarially learning disentangled audio representations[EB]. ArXiv:1804.02812v2, 2018.

[12] TRAN L, YIN X, LIU X M. Disentangled representation learning GAN for pose-invariant face recognition[C]//IEEE Conference on Computer Vision and Pattern Recognition, Honolulu, 2017: 1283-1292.

[13] TISHBY N, PEREIRA F C, BIALEK W. The information bottleneck method[EB]. ArXiv: Physics10004057v1, 2000.

[14] BARBER D, AGAKOV F. The IM algorithm: A variational approach to information maximization[C]//International Conference on Neural Information Processing Systems, Whistler, 2003: 201-208.

[15] GOODFELLOW I J, POUGET-ABADIE J, MIRZA M, et al. Generative adversarial nets[C]//International Conference on Neural Information Processing Systems, Montréal, 2014: 2672-2680.

[16] RONNEBERGER O, FISCHER P, BROX T. U-Net: Convolutional networks for biomedical image segmentation[C]//International Conference on Medical Image Computing and Computer-Assisted Intervention, Munich, 2015: 234-241.

## 第 7 章

无线边缘网络智能

随着数据流量的显著增长，基于数据驱动的机器学习方法得到了爆发式的发展，并通过其与无线网络的深度融合，有望支撑第六代（6G）无线网络实现从"万物互联"向"万物智联"的转变，以支撑不断涌现的新兴应用。如何更好地在无线边缘网络部署机器学习算法，并在有限的通信、计算资源和分布式设备的隐私要求的限制下，实现高效的模型协同训练，是未来无线边缘网络智能面临的一个巨大挑战。本章聚焦于机器学习在无线边缘网络中部署的联邦学习算法，对联邦学习场景下的指标设计、无线资源分配等问题展开研究，并进一步探讨其未来的应用场景和研究方向。

7.1 引　　言

为了支撑海量涌现的新兴智能化应用和复杂场景的优化设计，基于数据驱动的机器学习方法是未来 6G 无线网络的一项重要赋能技术[1-3]。传统的集中式机器学习方法需要在集中式参数服务器上收集训练样本，而大量数据的传输会导致严重的传输延迟。并且，标准的集中式机器学习方法收集了用户的隐私数据，无法保证用户隐私性。然而，低延迟和隐私性是许多新兴应用的重要需求，例如无人驾驶飞行器、虚拟现实服务和自动驾驶。此外，由于通信资源有限，无法同时满足众多边缘设备的数据上传需求，进而影响了集中式机器学习的部署。因此，集中式机器学习方法不仅难以满足这类新兴应用的需要，在实际系统部署时也面临着挑战。基于上述考虑，引入分布式学习算法，即无线边缘网络智能，使设备能够通过本地训练协同构建统一的学习模型。联邦学习（federated learning，FL）是当前极具前景的无线边缘网络智能架构[4-6]。在 FL 中，边缘设备仅通过与基站间进行模型参数的交互来协作构建学习模型[7-9]，同时能够保留本地的数据样本，无线通信网络中的 FL 如图 7.1 所示。此外，FL 也可以在没有参数服务器的情况下执行，即通过设备间的交互实现协作学习。由于数据中心无法以用户级别来访问本地数据集，所以 FL 可以增强用户的数据隐私性。

在无线通信网络中，FL 网络具有如下优点：① 交换本地机器学习模型参数而不是大量的训练数据，可以节省能源与无线资源的消耗；② 在本地训练机器学习模型参数，可以有效降低由传输导致的延迟；③ 仅需上传本地学习模型参数，将训练数据保留在用户设备上，有助于提高隐私性；④ 使用不同的学习过程从边缘数据集中训练多个分类器，增加了获得更高学习性能的可能性。FL 可用于解决各种用例中的复杂凸和非凸问题，例如干扰消除、网络控制、资源分配和用户分组。此外，FL 使用户能够协作学习统一的预测模型，同时将收集到的数据存储在本地设备上，用于无线环境分析、用户运动预测和用户识别。基于预测结果，基站可以有效地为设备分配无线资源。

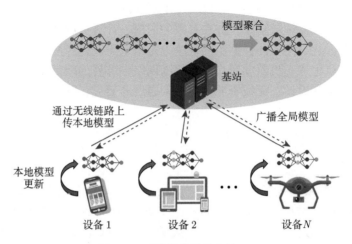

图 7.1　无线通信网络中的 FL

常见的 FL 类型有联邦强化学习（federated reinforcement learning，FRL）、联邦监督学习（federated supervised learning，FSL）、用于 GAN 的 FL（无监督学习）和用于对比学习的 FL（自监督学习）。下面以经典的 FRL 与 FSL 技术为例进行介绍。

在文献 [10] 中，FRL 的目标是使无线设备能够记住自己和其他无线设备所学的内容，适用于多个无线设备在不同环境中做出决策的场景。在 FRL 中，通过无线设备与基站的协作，构建一个学习网络，其流程如下：① 最初，一个边缘设备在自己的环境中通过强化学习（reinforcement learning，RL）获得其私有模型。边缘设备将其私有模型作为共享模型上传到基站。② 然后，无线设备从基站下载共享模型作为 RL 的初始模型。无线设备在新环境中通过 RL 获得自己的私有学习网络。训练完成后，无线设备将其私有学习网络上传到基站。③ 在基站，将私有学习网络整合到共享模型中，从而产生一个新的共享模型。任何其他无线设备都将使用新的共享模型。无线设备还将私有学习网络传输到数据中心以计算共享模型。

　　FSL 技术通过迭代更新基站和无线设备之间的信息来构建统一的学习模型，其中本地私有数据被完全标记。在 FSL 中，设备可以通过局部学习模型参数记住它们所学的内容，而局部学习模型是在其他设备的帮助下通过全局模型聚合构建的。FSL 每次迭代包含三个过程，即无线设备的本地计算、每个无线设备的本地FSL 模型参数传输及基站的全局模型生成和广播，如下所述。① 每个无线设备都需要在本地使用其完全标记的数据集来计算本地模型。② 所有无线设备通过上行链路中的无线信道将本地模型参数传输到中心。③ 基站获得模型参数并将统一的预测学习模型系数传输到所有无线设备中。

　　本章主要研究了将 FL 技术应用于无线网络的关键挑战与贡献。具体而言，目标为提供 FL 算法的全面描述，确定无线通信系统中可以使用 FL 算法解决的关键问题，并指出无线通信中新兴的 FL 应用。

7.2　联邦学习的性能指标和网络要求

7.2.1　性能指标

　　图 7.2 给出了在无线通信网络中实现 FL 的过程。FL 在每个步骤中包含三个过程：每个设备的局部迭代、本地计算的 FL 模型参数的上传，以及控制中心的全局模型聚合和重播。FL 有四个主要的性能指标：延时、能耗、可靠性和大规模连接程度。

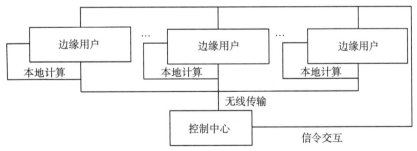

图 7.2　在无线通信网络中实现 FL 的过程

1. 延时

　　根据图 7.3，FL 的延时包括边缘设备的本地迭代延时、上行通信延时、基站聚合延时和下行传输延时。FL 的延时还取决于 FL 收敛所需的迭代次数。考虑到本地迭代延时和上行通信延时之间的权衡，通过对通信与计算的联合优化来最小化延时，对在无线通信网络中实现 FL 至关重要。

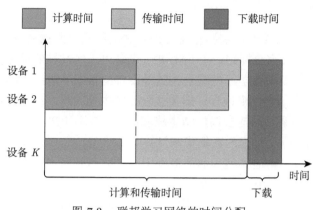

图 7.3　联邦学习网络的时间分配

2. 能耗

每个无线设备的总能量是有限的,传输能耗和本地计算能耗都会影响 FL 过程。设备的本地计算能耗取决于该设备本地计算过程所需的迭代次数,而传输能耗与 FL 实现期间的全局迭代次数有关。

3. 可靠性

终端用户设备必须通过无线链路将其本地的模型参数传输到聚合设备,由于无线资源(如带宽)的有限性和无线链路固有的不可靠性,可能会引入训练错误。特别是,由无线信道的不可靠性和资源的有限性引起的传输错误会影响 FL 迭代的性能和成功率。

4. 大规模连接程度

为了满足 FL 的低延迟要求,必须使用无线通信高效、快速地从众多边缘设备中获取数据。然而,设备数量众多,传统的干扰抵消信道接入方案通常会导致过多的延迟,因此难以用于实际部署。为了克服这一挑战,一种新兴的方法是空中计算[11],它可以利用无线传输的叠加特性快速收集无线数据。尽管空中计算有着一定的优势,但它与现有的数字无线通信系统不兼容。此外,在每轮 FL 参数上传中仅调度部分设备是一个值得研究的替代方案。

7.2.2 网络要求

预计 6G 网络将需要容纳千亿量级的无线设备。因此,设计智能信号和数据处理系统以实现边缘学习便尤为重要。作为一项关键技术,FL 需要满足以下预期的 6G 要求。

(1) 大规模超高可靠低时延通信(massive ultra-reliable low-latency communication, mURLLC)。由于 6G 无线终端用户设备数量的预期增长,第五代(5G)

超高可靠低时延通信指标必须更新为 mURLLC。使用 FL，可以使用多个边缘计算单元协作学习共享网络模型，从而降低服务时延并提供高可靠性。

(2) 可扩展框架。与集中式智能不同，边缘智能（如 FL）是以分布式方式构建的，其中包括许多具有计算和通信能力的边缘服务器。为了在未来的 6G 通信中为大量终端用户设备提供服务，提供可分解和可扩展的架构以允许在多个边缘服务器之间同时进行计算非常重要。这种架构有望在新兴的无线通信服务和应用中发挥重要作用。

(3) 以人为本的服务。与 5G 中的"速率-可靠性-时延"指标不同，6G 预计将涉及以人为中心的服务，需要考虑与用户的物理运动相关的体验质量水平。FL 可以用来预测用户的动作和手势，基站可以利用预测结果来提高用户体验的质量。

7.3　无线联邦学习的资源优化

本书以一个典型的无线联邦学习网络为例，介绍无线联邦学习场景下的资源分配优化设计，在有限通信资源的约束下最优化联邦学习的性能，促进无线联邦学习系统部署到实际的网络中。

7.3.1　系统模型

考虑一个包含一个基站与 U 个用户的蜂窝网络，基站与用户通过协作完成联邦学习任务以进行数据分析和推理，其中用户的集合记作 $\mathcal{U}$。例如，在无线场景下，网络可以执行联邦学习算法来感知无线环境并生成整体无线环境地图。将联邦学习用于此类应用取得了较多关注，这是由于与无线环境相关的数据分布在整个网络中，并且基站可能无法收集所有的数据以实现集中学习算法。联邦学习可以在将所有训练数据保存在每个用户设备上的前提下，使基站和用户能够协作学习共享模型。

在联邦学习算法中，每个用户将使用其收集的训练数据来训练联邦学习模型。例如，对于无线环境地图，每个用户将收集与无线环境相关的数据用以训练联邦学习模型。随后，在每个用户的设备上使用用户自己收集的数据训练的联邦学习模型，即本地联邦学习模型。基站整合本地联邦学习模型并生成共享联邦学习模型，用于改进每个用户的本地联邦学习模型，从而使用户能够协同执行学习任务，而无须训练数据的传输。基站使用用户的本地联邦学习模型生成的联邦学习模型称为全局联邦学习模型。用户到基站的上行链路用于传输与本地联邦学习模型相关的参数，而下行链路用于传输与全局联邦学习模型相关的参数。

1. 机器学习模型

假设每一个用户 i 包含的数据矩阵用 $\boldsymbol{X}_i = [\boldsymbol{x}_{i1}, \cdots, \boldsymbol{x}_{iK_i}]$ 来表示，其中用户 i 收集到的样本数为 K_i，$\boldsymbol{x}_{ik}$ 是联邦学习算法的输入向量。数据 $\boldsymbol{x}_{ik}$ 的大小是由具体的联邦学习任务决定的。本节介绍的方法适用于任何通用联邦学习算法和任务。y_{ik} 为输入 $\boldsymbol{x}_{ik}$ 时模型的输出。为简单起见，在此模型中，考虑一种具有单个输出的联邦学习算法，但它可以很容易地扩展到具有多个输出 [12] 的联邦学习算法的情况。用户 i 的输出数据向量是 $\boldsymbol{y}_i = [y_{i1}, \cdots, y_{iK_i}]$。在该模型中，假设每个用户 i 收集的数据与其他用户不同，即（$\boldsymbol{X}_i \neq \boldsymbol{X}_n, i \neq n, i, n \in \mathcal{U}$）。定义一个向量 $\boldsymbol{w}_i$ 来表征与由 $\boldsymbol{X}_i$ 和 $\boldsymbol{y}_i$ 训练的本地联邦学习模型相关的参数。特别地，$\boldsymbol{w}_i$ 确定了每个用户 i 的本地联邦学习模型。例如，在线性回归学习算法中，$\boldsymbol{x}_{ik}^{\mathrm{T}} \boldsymbol{w}_i$ 表示预测输出，$\boldsymbol{w}_i$ 决定预测的准确性。联邦学习算法的目标函数如下：

$$\min_{\boldsymbol{w}_1, \cdots, \boldsymbol{w}_U} \quad \frac{1}{K} \sum_{i=1}^{U} \sum_{k=1}^{K_i} f(\boldsymbol{w}_i, \boldsymbol{x}_{ik}, y_{ik}) \tag{7.1a}$$

$$\text{s.t.} \quad \boldsymbol{w}_1 = \boldsymbol{w}_2 = \cdots = \boldsymbol{w}_U = \boldsymbol{g}, \ \forall i \in \mathcal{U} \tag{7.1b}$$

其中，$K = \sum\limits_{i=1}^{U} K_i$ 表示用户训练数据的总大小；$\boldsymbol{g}$ 表示由基站生成的全局联邦学习模型；$f(\boldsymbol{w}_i, \boldsymbol{x}_{ik}, y_{ik})$ 表示一个损失函数。损失函数表征了联邦学习算法的预测精度。对于不同的联邦学习算法，损失函数是不同的。例如，对于线性回归联邦学习算法，损失函数为 $f(\boldsymbol{w}_i, \boldsymbol{x}_{ik}, y_{ik}) = \dfrac{1}{2} \left(\boldsymbol{x}_{ik}^{\mathrm{T}} \boldsymbol{w}_i - y_{ik}\right)^2$。约束式 (7.1b) 用于确保收敛，这意味着一旦联邦学习算法收敛，所有用户和基站将共享相同的联邦学习模型来执行学习任务，使得用户和基站能够在没有数据传输的情况下学习最优的全局联邦学习模型。为了解决问题 (7.1a)，基站会将全局联邦学习模型的参数传输给其用户，用于训练本地联邦学习模型。然后，用户将他们的本地联邦学习模型传输给基站，以更新全局联邦学习模型。在联邦学习算法中，每个用户 i 的局部联邦学习模型的 $\boldsymbol{w}_i$ 的更新依赖于联邦学习算法和全局联邦学习模型 $\boldsymbol{g}$，而全局联邦学习模型 $\boldsymbol{g}$ 的更新取决于所有用户的本地联邦学习模型。例如，可以使用梯度下降、随机梯度下降或随机坐标下降 [12] 来更新局部联邦学习模型。全局联邦学习模型 $\boldsymbol{g}$ 的更新由式 (7.2) 给出 [12]：

$$\boldsymbol{g} = \frac{\sum\limits_{i=1}^{U} K_i \boldsymbol{w}_i}{K} \tag{7.2}$$

在训练过程中，每个用户会首先使用自己的训练数据 $\boldsymbol{X}_i$ 和 $\boldsymbol{y}_i$ 来训练本地联邦学习模型 $\boldsymbol{w}_i$，然后，通过无线蜂窝链路传输 $\boldsymbol{w}_i$ 到基站。基站接收到本地联邦学习模型后，将根据式 (7.2) 更新全局联邦学习模型，并将全局联邦学习模型 g 传输给所有用户，以优化本地联邦学习模型。通过上述过程的多次迭代，基站和用户可以找到他们的最佳联邦学习模型并使用它们来最小化式 (7.1a) 中的损失函数。由于所有的本地联邦学习模型都是通过无线链路传输的，而无线信道具有不可靠性，基站接收到的本地联邦学习模型可能包含错误符号，从而影响联邦学习的预测精度。同时，基站依据它从其用户那里接收到的本地联邦学习模型来更新全局联邦学习模型，因此，无线传输延迟将显著影响联邦学习算法的收敛性。因此，必须将联邦学习算法的实现与无线通信设计结合起来考虑，以实现最优性能。

2. 传输模型

假设 OFDMA 技术用于上行链路。用户 i 将本地联邦学习模型的参数传输到基站的上行链路数据速率由式 (7.3) 给出：

$$c_i^{\mathrm{U}}\left(\boldsymbol{r}_i, P_i\right) = \sum_{k=1}^{R} r_{i,k} B^{\mathrm{U}} \log_2 \left(1 + \frac{P_i h_i}{I_k^{\mathrm{U}} + B^{\mathrm{U}} N_0}\right) \tag{7.3}$$

其中，R 表示子载波个数；$\boldsymbol{r}_i = [r_{i,1}, \cdots, r_{i,R}]$ 表示子载波分配向量；$r_{i,k} \in \{0, 1\}$，$\sum_{k=1}^{R} r_{i,k} = 1$，$r_{i,k} = 1$ 表示子载波 k 分配给用户 i，否则 $r_{i,k} = 0$，且每个用户只能占用一个子载波；B^{U} 表示每个子载波的带宽；P_i 表示用户 i 的发射功率；$h_i = r_i d_i^{-\alpha}$ 表示用户 i 和基站之间的信道增益，其中 r_i 表示瑞利衰落信道增益，d_i 表示用户 i 和基站之间的距离，α 表示路径损耗指数；N_0 表示高斯噪声的功率谱密度；I_k^{U} 表示与使用相同子载波的其他基站相关联的用户造成的干扰。由于没有优化与其他基站相关的用户的性能，所以可假设 $I_1^{\mathrm{U}} < I_2^{\mathrm{U}} < \cdots < I_R^{\mathrm{U}}$。

类似地，基站向每个用户 i 发送全局联邦学习模型参数的下行链路数据速率由式 (7.4) 给出：

$$c_i^{\mathrm{D}}\left(B_i^{\mathrm{D}}\right) = B_i^{\mathrm{D}} \log_2 \left(1 + \frac{P_B h_i}{\sum_{j \in \mathcal{B}} P_B h_{ij} + N_0}\right) \tag{7.4}$$

其中，B_i^{D} 表示基站分配给用户 i 用于传输与全局联邦学习模型相关的参数的带宽；P_B 表示基站的发射功率；$\mathcal{B}$ 表示一组对用户 i 造成干扰的基站给定式 (7.3) 中的上行链路数据速率 c_i^{U} 和式 (7.4) 中的下行链路数据速率 c_i^{D}。用户 i 和基站之间在上行链路和下行链路上的传输延迟可以由式 (7.5) 和式 (7.6) 给出：

$$l_i^{\mathrm{U}}\left(\boldsymbol{r}_i, P_i\right) = \frac{Z\left(\boldsymbol{w}_i\right)}{c_i^{\mathrm{U}}\left(\boldsymbol{r}_i, P_i\right)} \tag{7.5}$$

$$l_i^{\mathrm{D}}\left(B_i^{\mathrm{D}}\right) = \frac{Z\left(\boldsymbol{g}\right)}{c_i^{\mathrm{D}}\left(B_i^{\mathrm{D}}\right)} \tag{7.6}$$

其中，$Z\left(\boldsymbol{w}_i\right)$ 表示 $\boldsymbol{w}_i$ 的数据大小；$Z\left(\boldsymbol{g}\right)$ 表示与全局联邦学习模型相关的参数的数据大小。$Z\left(\boldsymbol{w}_i\right)$ 和 $Z\left(\boldsymbol{g}\right)$ 由无线网络实现的联邦学习算法决定。

3. 传输误差

假设采用 M-ary 正交振幅调制（M-ary quadrature amplitude modulation，M-QAM）进行数字调制，这是一种标准的长期演进技术（long term evolution，LTE）调制方法 [13]。使用相干调制的矩形 M-QAM 的误码概率为 [13]

$$\mathrm{p}_i\left(M, \boldsymbol{r}_i, P_i\right) = \frac{4}{\log_2 M} Q\left(\sqrt{\frac{3 P_i h_i \log_2 M}{(M-1)\left(\sum\limits_{k=1}^{R} r_{i,k} I_k^{\mathrm{U}} + B^{\mathrm{U}} N_0\right)}}\right) \tag{7.7}$$

其中，M 表示 QAM 的阶数，$Q\left(x\right) = \frac{1}{\sqrt{2\pi}} \int_x^{\infty} \mathrm{e}^{-\frac{x^2}{2}} \mathrm{d}x$。由于不考虑调制阶数 M 的优化，以下将 $\mathrm{p}_i\left(M, \boldsymbol{r}_i, P_i\right)$ 记做 $\mathrm{p}_i\left(\boldsymbol{r}_i, P_i\right)$。给定向量 $\boldsymbol{w}_i$ 中的元素 w_{ik}，基站从用户 i 接收到的符号 $\tilde{w}_{ik}$ 可以由 $\tilde{w}_{ik}\left(B^{\mathrm{U}}, P_i\right) = w_{ik} + n_{ik}$ 给出，其中

$$\begin{cases} n_{ik} = 0, & \left[1 - \mathrm{p}_i\left(\boldsymbol{r}_i, P_i\right)\right]^{Z(w_{ik})} \\ n_{ik} \in \mathcal{N}\left(\mu_i, \sigma_i\right), & 1 - \left[1 - \mathrm{p}_i\left(\boldsymbol{r}_i, P_i\right)\right]^{Z(w_{ik})} \end{cases} \tag{7.8}$$

表示传输误差，遵循高斯分布，μ_i 和 σ_i 分别是均值和标准差。函数 $Z\left(\boldsymbol{x}\right)$ 计算 $\boldsymbol{x}$ 的数据大小，$Z\left(w_{ik}\right)$ 表示 w_{ik} 的数据大小。由于 w_{ik} 中的误差 n_{ik} 是由加性高斯白噪声引起的，因此可使用高斯模型对 w_{ik} 的传输误差进行建模。注意，由于考虑到 $\boldsymbol{w}_i$ 中的传输错误不会改变 $\boldsymbol{w}_i$ 的数据大小，所以有 $Z\left(\boldsymbol{w}_i\right) = Z\left(\tilde{\boldsymbol{w}}_i\right)$。

4. 能量消耗模型

在该模型中，每个用户的能量消耗由两部分组成：① 本地联邦学习模型传输的能量消耗；② 本地联邦学习模型训练的能量消耗。每个用户 i 的能量消耗由式 (7.9) 给出 [14]：

$$e_i\left(\boldsymbol{r}_i, P_i\right) = \varsigma f^2 Z\left(\boldsymbol{x}_i\right) + P_i l_i^{\mathrm{U}}\left(\boldsymbol{r}_i, P_i\right) \tag{7.9}$$

其中，ς 表示能耗系数，取决于每个用户 i 的设备 [14] 的芯片。在式 (7.9) 中，$\varsigma f^2 Z\left(\boldsymbol{x}_i\right)$ 表示用户 i 在其训练本地联邦学习模型时的能量消耗，$P_i l_i^{\mathrm{U}}\left(\boldsymbol{r}_i, P_i\right)$ 表示本地联邦学习模型从用户 i 传输给基站的能量消耗。由于基站正常可以连续供电，因此在优化问题中未考虑基站的能耗。

7.3.2 优化问题与求解算法

基于上述模型，接下来提出一个问题，即联邦学习算法损失函数的最小化问题。最小化问题包括选择满足联邦学习算法的时延和能量要求的用户，优化每个用户在上下行链路上的发射功率分配和资源分配。损失函数的最小化问题如下：

$$\min_{P_i, r_i, a, B} \quad \frac{1}{K} \sum_{i=1}^{U} \sum_{k=1}^{K_i} f\left(\tilde{g}\left(a\right), x_{ik}, y_{ik}\right) \tag{7.10a}$$

$$\text{s.t.} \quad a_i, r_{i,k} \in \{0,1\}, \quad \forall i \in \mathcal{U} \tag{7.10b}$$

$$\sum_{k=1}^{R} r_{i,k} = 1, \ \forall i \in \mathcal{U} \tag{7.10c}$$

$$\sum_{i=1}^{U} r_{i,k} = 1, \ \forall k \in \mathcal{R} \tag{7.10d}$$

$$\sum_{i \in \mathcal{U}} a_i B_i^{\mathrm{D}} = B, \ \forall i \in \mathcal{U} \tag{7.10e}$$

$$0 \leqslant B_i^{\mathrm{D}} \leqslant B, \ \forall i \in \mathcal{U} \tag{7.10f}$$

$$l_i^{\mathrm{U}}\left(r_i, P_i\right) + l_i^{\mathrm{D}}\left(B_i^{\mathrm{D}}\right) \leqslant \gamma_{\mathrm{T}}, \ \forall i \in \mathcal{U} \tag{7.10g}$$

$$e_i\left(r_i, P_i\right) \leqslant \gamma_{\mathrm{E}}, \ \forall i \in \mathcal{U}, \quad a_i = 1 \tag{7.10h}$$

$$x_i \neq x_n, \ \forall i, n \in \mathcal{U}, \quad i \neq n \tag{7.10i}$$

$$\tilde{g}_t\left(a\right) = \frac{\sum\limits_{i=1}^{U} K_i a_i \tilde{w}_{i,t}\left(r_i, P_i\right)}{K} \tag{7.10j}$$

$$0 \leqslant P_i \leqslant P_{\max}, \quad \forall i \in \mathcal{U} \tag{7.10k}$$

其中，$a = [a_1, \cdots, a_U]$ 表示用户关联索引的向量，$a_i = 1$ 表示用户 i 执行联邦学习算法，否则 $a_i = 0$；$\tilde{g}(a)$ 表示考虑非理想的无线传输下的全局联邦学习模型；$\mathcal{R}$ 表示所有 R 个子载波；$\tilde{g}_t(a)$ 和 $\tilde{w}_{i,t}(r_i, P_i)$ 分别表示在训练过程的时刻 t 的全局联邦学习模型和用户 i 的联邦学习模型；γ_{T} 表示执行联邦学习算法的延迟要求；γ_{E} 表示执行联邦学习算法的能耗要求；B 表示基站在下行链路上的总带宽；$P_{\max}$ 表示每个用户最大的传输功率。式 (7.10c) 表示每个用户只能占用一个子载波进行上行数据传输。式 (7.10e) 和式 (7.10f) 是每个用户的下行带宽分配的约束。式 (7.10g) 是执行联邦学习算法的延迟要求。式 (7.10i) 表示每个用户 i 的训练数据与其他用户不同。式 (7.10k) 是每个用户发射功率的约束。

从式 (7.7) 可以看出，发射功率和资源分配会影响传输可靠性，从而影响局部联邦学习模型和全局联邦学习模型的传输精度。因此，式 (7.10a) 中联邦学习算法的损失函数取决于资源分配和发射功率。此外，式 (7.10g) 表明，要执行联邦学习算法，用户必须满足延迟要求。因此，传输延迟在联邦学习性能中起着关键作用。式 (7.10h) 表示执行联邦学习算法需要满足能量要求。如果一个用户在整个联邦学习迭代过程中没有足够的能量来传输和更新本地联邦学习模型，则基站无法选择该用户参与联邦学习过程。在联邦学习算法的训练过程中，执行联邦学习算法的用户数不能改变。此外，联邦学习算法的实现需要无线网络提供低能耗和低延迟，以及高可靠性的数据传输。并且，随着能够执行联邦学习算法的用户数量增加，联邦学习算法的预测精度也会相应提高。这是因为每个用户都拥有独特的训练数据，可以提高预测的准确性。

问题 (7.10a) 的求解，可以先求解功率的最优表达式并代入到原问题中，再采用匈牙利算法得到最优的资源块（resource block，RB）分配。

7.3.3　实验分析

本节比较了三个基线算法：① 通过随机资源分配优化用户选择的联邦学习算法；② 随机确定用户选择和资源分配的联邦学习算法，可以看成标准联邦学习算法但是不支持无线优化；③ 一种无线优化算法，通过优化用户选择、发射功率，最小化所有用户的误包率，但是忽略联邦学习参数。

图 7.4 是手写数字识别结果，其中左侧表示提出算法的识别结果，右侧数字则是基线算法②的识别结果。每个用户均使用 MNIST 数据集来训练 CNN。在该仿真中，CNN 由 MATLAB 机器学习工具箱生成，每个用户有 2000 个训练数据样本来训练 CNN。结果表明，对于 16 个手写数字的识别，所提出的算法正确识别了 14 个手写数字，而基线算法②正确识别了 10 个手写数字。因此，所提出的联邦学习算法可以比基线算法②更准确地识别手写数字。这是因为提出的联邦学习算法可以最小化用户的误包率，从而提高联邦学习性能。从图 7.4 可以看出，即

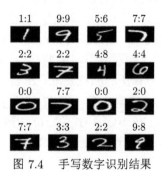

图 7.4　手写数字识别结果

使 CNN 不是凸的，所提出的联邦学习优化算法依然可以提高联邦学习性能，表明其适用于实际的联邦学习解决方案。

图 7.5 显示了联邦学习的认证准确率随 RB 数量变化的趋势。从图 7.5 中可以发现，随着 RB 数量的增加，所有考虑的联邦学习算法产生的认证准确率都会增大。这是因为随着 RB 数量的增加，可以准确参与到联邦学习算法中的用户数量也相应增加。从该图中还可以看出，与基线算法①～③相比，所提出的联邦学习算法在认证准确率方面可以实现高达 1.4%、3.5% 和 4.1% 的增益。这是因为所提出的联邦学习算法综合考虑了无线场景下的资源分配，联合优化了 RB 分配、发射功率和用户选择，从而最小化了损失函数值。

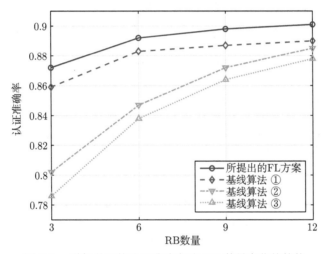

图 7.5 联邦学习的认证准确率随 RB 数量变化的趋势

7.3.4 代码分析

系统仿真考虑手写字分类任务，选取 MNIST 数据集进行模型的训练和测试，数据集下载地址为 http://yann.lecun.com/exdb/mnist/。本节结合代码分析系统模型和优化算法。需要注意的是，展示代码仅为系统主要模块的核心代码。

第一步，参数设置，包括系统场景配置和神经网络设计。

```
numberofneuron = 50; # 网络单元数
drequirement = 0.5;   # 时延要求
erequirement = 0.003; # 能量要求
# 各设备可以获取的训练样本数
datanumber = [100 200 300 400 500 400 300 200 100 200 300 400 500
    600 100 200 300 400 500 100];
averagenumber = 3; # 参与FL的平均用户数
```

```
iteration = 130;  # 每个FL的迭代次数
Id = 0.06*0.000003;  # 下行链路干扰因子
P = 0.01; # 最大功率
usernumber = 9;  # 总共参与FL的用户数
# 根据选取用户的数量设置每个RB上的干扰
kk = 0;
for userno = 6:3:9
    I=[];
    kk = kk+1;
    if userno == 3
        I = ([0.05  0.1 0.14 ]-0.04)*0.000001;
    elseif userno == 6
        I = ([ 0.05 0.07  0.09  0.11  0.13  0.15]-0.04)*0.000001;
    elseif userno == 9
        I = ([0.03 0.06 0.07 0.08  0.1 0.11 0.12 0.14 0.15]-0.04)
            *0.000001;
    elseif userno == 12
        I = ([0.03 0.05 0.06 0.07 0.08 0.09 0.1 0.11 0.12 0.13 0.14
            0.15]-0.04)*0.000001;
end

d = rand(usernumber,1)*500; # 用户和基站间的距离
q = 1-exp(-1.08*(I+10^(-14))/P./d.^(-2)); # 用户的误包率
SINR = P*1*(d(1:usernumber,1).^(-2))./I; # 用户的上行信干噪比
rateu = log2(1+SINR); # 用户的上行数据传输速率
SINRd = (d(1:usernumber,1).^(-2))./Id; # 用户的下行信干噪比
rated = 20*log2(1+SINRd); # 用户的下行数据传输速率

Z = 39760*16/1024/1024; # FL模型数据尺寸，基础单元大小为16bit
delayu = Z./rateu; # 用户的上行时延
delayd = Z./rated; # 用户的下行时延
totaldelay = delayu+delayd;
totalenergy = 10^(-27)*40*10^18*Z+P*delayu; # 用户总的能耗
```

第二步，数据集预处理。

```
# 训练数据的读取
[trainingdata, traingnd] = mnist_parse('train-images-idx3-ubyte', '
    train-labels-idx1-ubyte');
trainingdata = double(reshape(trainingdata, size(trainingdata,1)*
    size(trainingdata,2), []));
trainingdata = double(trainingdata);
```

```
traingnd = double(traingnd);
traingnd(traingnd==0) = 10;
traingnd = dummyvar(traingnd);

# 测试数据的读取
[testdata, testgnd] = mnist_parse('t10k-images-idx3-ubyte', 't10k-
    labels-idx1-ubyte');
testdata = double(reshape(testdata, size(testdata,1)*size(testdata
    ,2), []));
testgnd = double(testgnd);
testgnd(testgnd==0) = 10;
```

第三步，神经网络设计，以用户 1 举例介绍网络及参数设置。

```
net1 = patternnet(numberofneuron); # 用户的模式识别神经网络
net1.divideFcn = '';
net1.inputs{1}.processFcns = {};
net1.outputs{2}.processFcns = {};
net1.trainParam.epochs = 1;
net1.trainParam.showWindow = 0;
input1 = [];
output1 = [];
account1 = 0;
```

第四步，所提算法实现。

```
RBnumber = length(I);
# Munkres算法的边矩阵计算
W = zeros(usernumber,RBnumber);
for i = 1:1:usernumber
    for j = 1:1:RBnumber
        if totaldelay(i,j)<drequirement && totalenergy(i,j)<
            erequirement
            W(i,j) = datanumber(1,i)*(q(i,j)-1);
        end
    end
end
# RB分配优化
[assignment,result] = munkres(W); # 线性指派问题的Munkres算法
# 用户误包率计算
finalq = ones(1,usernumber);
for i = 1:1:usernumber
    if assignment(1,i)>0
```

```
            finalq(1,i) = q(i,assignment(1,i));
       end
end
```

第五步，基线算法实现。基线算法①优化用户选取策略，随机分配 RB。基线算法②随机选取用户和分配 RB。基线算法③忽略 FL 的性能最小化误包率。

```
# 基线算法①
if baseline1 == 1
    # 用户选取优化
    W = zeros(usernumber, RBnumber);
    for i = 1:1:usernumber
        for j = 1:1:RBnumber
            if totaldelay(i, j) < drequirement && totalenergy(i, j)
                < erequirement
                W(i, j) = datanumber(1, i)*(q(i, j)-1);
            end
        end
    end
    [assignment, result] = munkres(W);
    qassignment = zeros(1, usernumber);
    # 随机RB分配
    if RBnumber < usernumber
        qassignment(1, find(assignment > 0)) = randperm(RBnumber,
            RBnumber);
    else
        qassignment(1, find(assignment > 0)) = randperm(RBnumber,
            usernumber);
    end
    finalq = ones(1, usernumber);
    finaldelay = zeros(1, usernumber);
    for i = 1:1:usernumber
            if assignment(1, i) > 0 && totaldelay(i, qassignment(1,
                i)) < drequirement && totalenergy(i, qassignment(1,
                i)) < erequirement
                finalq(1, i) = q(i, qassignment(1, i));
        end
    end
end
# 基线算法②
if baseline2 == 1
```

```
# 随机的RB分配和用户选取
qassignment = zeros(1, usernumber);
assignment = zeros(1, usernumber);
if RBnumber < usernumber
    assignment(1, randperm(usernumber, RBnumber)) = 1;
    qassignment(1, find(assignment > 0)) = randperm(RBnumber,
        RBnumber);
else
    assignment(1, :) = 1;
    qassignment(1, find(assignment > 0)) = randperm(RBnumber,
        usernumber);
end
finalq = ones(1, usernumber);
for i=1:1:usernumber
    if assignment(1, i) > 0 && totaldelay(i,qassignment(1, i)) <
        drequirement && totalenergy(i, qassignment(1, i)) <
        erequirement
        finalq(1, i) = q(i, qassignment(1, i));
    end
end
end
# 基线算法③
if baseline3 == 1
    # 忽略FL的性能最小化误包率
    W = zeros(usernumber, RBnumber);
    for i = 1:1:usernumber
        for j = 1:1:RBnumber
            if totaldelay(i, j) < drequirement && totalenergy <
                erequirement
                W(i, j) = q(i, j);
            end
        end
    end
    [assignment, result] = munkres(W);
    qassignment = zeros(1, usernumber);
    if RBnumber < usernumber
        qassignment(1, find(assignment > 0)) = randperm(RBnumber,
            RBnumber);
    else
        qassignment(1, find(assignment > 0)) = randperm(RBnumber,
```

```
                usernumber);
    end
    finalq = ones(1, usernumber);
    for i = 1:1:usernumber
        if assignment(1,i) > 0 && totaldelay(i, qassignment(1,i)) <
            drequirement && totalenergy(i, qassignment(1,i)) <
            erequirement
            finalq(1, i) = q(i, qassignment(1,i));
        end
    end
end
```

第六步，系统实现，包括神经网络的初始化、训练和测试。

```
w = []; # 隐藏层权重
lw = []; # 输出层权重
b = []; # 隐藏层偏置
ob = []; # 输出层偏置
wglobal = []; # 全局隐藏层权重
lwglobal = []; # 全局输出层权重
bglobal = []; # 全局隐藏层偏置
obglobal = []; # 全局输出层偏置
bb = zeros(iteration,usernumber);
error = zeros(iteration,1);
iterationtime = zeros(iteration,1);
# 用户神经网络初始化
for user = 1:1:usernumber
    Winstrclear = strcat('net',int2str(user));
    eval(['netvaluable','=',Winstrclear,';']);
    netvaluable = init(netvaluable);
    eval([Winstrclear,'=','netvaluable',';']);
end
if length(find(finalq < 1)) > 0
    for i = 1:1:iteration
        for user = 1:1:usernumber
            if  (i == 1 && finalq(1,user) ~= 1) || rand(1) > finalq
                (1,user)
                bb(i,user) = 1;
                x1 = trainingdata(sum(datanumber(1, 1:user-1))
                    +1:sum(datanumber(1, 1:user)),:);
                y1 = traingnd(sum(datanumber(1, 1:user-1))
                    +1:sum(datanumber(1, 1:user)),:);
```

```matlab
                clear netvaluable;
                Winstr1 = strcat('net', int2str(user));
                eval(['netvaluable', '=', Winstr1, ';']);
                if i > 1
                    # 用户局部模型参数更新至全局模型
                    netvaluable.IW{1,1} = wglobal;
                    netvaluable.LW{2,1} = lwglobal;
                    netvaluable.b{1,1} = bglobal;
                    netvaluable.b{2,1} = obglobal;
                end
                # 网络训练
                [netvaluable, tr] = train(netvaluable, x1', y1');
                # 全局FL模型网络初始化
                if i==1
                    wglobal = zeros(size(netvaluable.IW{1, 1}));
                    lwglobal = zeros(size(netvaluable.LW{2, 1}));
                    bglobal = zeros(size(netvaluable.b{1, 1}));
                    obglobal = zeros(size(netvaluable.b{2, 1}));
                end
                # 记录用户局部模型参数
                w(:, :, user) = netvaluable.IW{1, 1};
                lw(:, :, user) = netvaluable.LW{2, 1};
                b(:, :, user) = netvaluable.b{1, 1};
                ob(:, :, user) = netvaluable.b{2, 1};
                eval([Winstr1, '=', 'netvaluable', ';']);
        end
end
# 记录用户局部FL模型
finalb = find(bb(i, :) > 0); # 统计第i次迭代参与FL的用户数
if length(finalb) > 0
    wglobal1 = zeros(size(w(:, :, 1)));
    lwglobal1 = zeros(size(lw(:, :, 1)));
    bglobal1 = zeros(size(b(:, :, 1)));
    obglobal1 = zeros(size(ob(:, :, 1)));
    # 局部模型更新
    for jj = 1:1:length(finalb)
        wglobal1 = wglobal1 + w(:, :, finalb(jj)) *
            datanumber(1, finalb(jj));
        lwglobal1 = lwglobal1 + lw(:, :, finalb(jj)) *
```

```
                        datanumber(1, finalb(jj));
                bglobal1 = bglobal1 + b(:, :, finalb(jj)) *
                        datanumber(1, finalb(jj));
                obglobal1 = obglobal1 + ob(:, :, finalb(jj)) *
                        datanumber(1, finalb(jj));
            end
        # 划 分 数 据 样 本
        wglobal = wglobal1 / sum(datanumber(1, finalb)) ;
        lwglobal = lwglobal1 / sum(datanumber(1, finalb));
        bglobal = bglobal1 / sum(datanumber(1, finalb));
        obglobal = obglobal1 / sum(datanumber(1, finalb));
    end
    # 网 络 推 断
    if length(finalb) > 0
        Winstr1 = strcat('net', int2str(finalb(1)));
        eval(['netvaluable10', '=', Winstr1, ';']);
        netvaluable10.IW{1,1} = wglobal;
        netvaluable10.LW{2,1} = lwglobal;
        netvaluable10.b{1,1} = bglobal;
        netvaluable10.b{2,1} = obglobal;
        # 统 计 错 误
        [nn, mm] = max(netvaluable10(testdata(1:10000, : )));
        oo = mm - testgnd(1:10000, :);
        error(i, 1) = length(find(oo ~= 0)) / 10000;
    else
        error(i, 1) = error(i-1, 1);
    end
    end
end
```

获取程序代码

7.4　联邦学习驱动的应用

机器学习方法可以使用数据分析来估计无线网络的状态，并在线查找优化变量和目标函数之间的联系，从而降低解决无线系统中非凸优化问题的计算复杂度。此外，针对优化问题难以用显式数学表达式描述的难题，机器学习仍然可以有效处理。然而，在实际无线通信系统中，集中学习算法需要基站不断地将其获得的数据上传到集中处理服务器中，这会导致高网络开销和显著延迟。此外，使用集中学习算法进行资源管理或网络控制可能需要多次迭代才能收敛。因此，传统的集中训练机器学习算法可能无法处理未来网络中的资源分配、信号检测和用户行为预测问题。作为一种更实用的替代方案，联邦学习可以使用户或基站以分布式方式管理资源并在本地分析收集的数据。本节简要介绍联邦学习在无线网络中的一些重要应用场景与研究前沿方向 [2]。

7.4.1 驱动联邦学习应用解决无线问题

1. 资源管理

多小区网络的频谱效率和调度优化通常会导致非凸资源分配问题。传统的算法，例如匹配理论，可以用来解决这种非凸的资源分配问题，但是复杂度很高 [15]。因此，需要引入新的联邦学习算法来解决各种资源管理问题，例如多小区网络的分布式功率控制、联合用户关联和波束成形设计、动态用户聚类。对于多小区功率控制，其方案如图 7.6 所示，M 是所有用户的总数，N 是所有基站的总数。FRL使每个基站能够确定功率控制方案和效用值之间的连接，以找到全局最优的资源分配方案。在 FRL 中，连接网络上的基站通过最小化小规模的优化问题在本地处理数据，并在其邻居之间交换本地结果以得出全局解决方案。

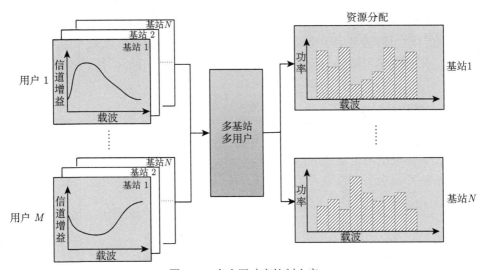

图 7.6 多小区功率控制方案

此外，FRL 可用于动态用户聚类，终端用户通过 RL 单独学习聚类参数，基站根据从所有终端用户接收到的聚类参数构建统一的聚类参数。

2. 用户行为预测

由于用户对服务质量的各种要求，用户行为预测对于优化无线网络性能至关重要。用户行为，例如移动模式，可以使用联邦学习进行预测，其中用户执行本地联邦学习算法，使用私有用户行为数据计算其本地模型，并将获得的模型上传到中心中。然后该中心生成并向所有用户广播聚合的联邦学习参数系数。根据移动性预测，在上行链路中，用户可以动态选择子信道，占用同一子信道的用户可以执行非正交多址（non-orthogonal multiple access，NOMA）或全双工上传他们的模型。相反，在下行链路中，基站可以为多个用户动态分配多个子信道。用户的服务质量可以使用联邦学习进行预测，其中每个基站根据存储的请求数据、设备类型等信息使用联邦学习算法，所有基站将联邦学习模型结果发送到服务器以获得统一的联邦学习模型。

3. 信道估计和信号检测

由于无线通信网络中无线信道的随机特性，当前的主要挑战集中在信道估计和信号检测方面。对于下行系统，联邦学习算法用于信道估计和多用户检测，每个用户执行一个联邦学习方案进行信道估计和信号检测，并将本地获得的联邦学习参数发送到计算统一联邦学习模型的中心中。通过联邦学习进行信道估计，每个用户可以执行相同的信道估计任务，例如，从基站获取 CSI 到无源中继。对于多小区上行链路系统，可以通过从所有基站向服务器迭代传输单个联邦学习模型参数，并将统一的联邦学习模型参数从服务器广播回所有基站来检测多用户信号。此外，联邦学习算法可用于自动设计用户的码本和解码策略，以最大限度地降低误码率，用户将学习结果上传到相应的基站，基站将统一的学习结果转发到服务器中。

7.4.2　可重构智能表面

可重构智能表面（reconfigurable intelligent surface，RIS）的无线通信系统被认为是提高通信网络能效的潜在技术 [16-18]，RIS 辅助无线通信示例如图 7.7 所示。RIS 主要由众多高效硬件组件组成，可以改变输入信号的相位。在基于 RIS

基站

智能反射面　　　用户

图 7.7　RIS 辅助无线通信示例

的无线通信系统中，RIS 通常由基站通过基站和 RIS 之间的回程链路来管理，以确定入射波的特性。因此，可以使用 RIS 针对各种设计目标控制无线环境。如果部署得当，与现有的放大转发（amplify-and-forward，AF）中继相比，RIS 有望降低能耗。然而，由于对 RIS 系数矩阵相位的独特约束，联合优化基站处的主动波束赋形和 RIS 处的无源相位波束赋形是具有挑战性的 [15]。为了处理复杂多变的电磁环境和通信系统中难以用数学方法解决的非线性问题，可以使用联邦学习算法作为一种实用的替代方案。部署联邦学习主要可以解决以下的实际挑战。

(1) 信道估计。在基于 RIS 的系统中，要充分发挥架构的优势，需要节能设计、资源分配、主被动联合波束成形等多种高效技术。然而，当 RIS 不是建立在射频（radio frequency，RF）链或传感器上时，RIS 辅助的系统无法准确估计 CSI。为此，在 RIS 辅助无线通信中使用联邦学习进行信道估计具有重要的实际意义。基于联邦学习的模型训练方法可用于 RIS 辅助的大规模 MIMO 系统。联邦学习方法主要包括三个步骤：数据收集、样本训练和任务预测。第一步，每个用户收集其本地训练数据集，其中导频序列是输入，接收到的信号是输出。第二步，每个用户利用自己的本地数据样本计算更新的模型，基站在接收到所有用户的更新模型后生成一个全局模型。第三步，每个用户通过将接收到的导频数据输入到训练模型中来估计自己的信道。

(2) 分布式联合无源和有源波束成形在 RIS 辅助无线通信系统中，可以控制 RIS 中每个元素的相位，以提高 RIS 辅助无线通信系统的性能。与传统通信相比，重要的是联合优化无源波束成形（RIS 处的相移矩阵）和有源波束成形（多天线发射器处的波束成形）。DL 已被应用于解决复杂的联合被动和主动波束成形，以优化 RIS 组件的反射矩阵。在实践中，可通过 RL 对相移矩阵和基站处发射波束成形进行联合优化。由于使用集中式 RL 的复杂性很高，FRL 可用于解决联合被动和主动波束成形问题，其中所有用户可以单独优化其相移矩阵并通过 RL 优化传输波束成形，基站将统一学习模型传回给所有用户。

(3) 相移预测。由于无线通信信道的随机性，RIS 相移矩阵必须随着无线信道的变化而确定。利用信道衰落的时间相关特性，可以通过联邦学习预测 RIS 的相移矩阵。为了预测相移矩阵，每个用户使用 LSTM 网络来预测未来的 CSI 和使用本地数据集的相移矩阵，而基站聚合从所有用户处接收到的结果。

7.4.3 语义通信

语义通信类似于发生在人脑中的通信，其中传输符号的含义与恢复符号的含义之间的差异是相关的。当系统带宽有限或某些典型通信系统的误码率较高时，这种相关性对于联合编码和解码很有用。部署联邦学习主要可以解决以下语义通信面临的实际挑战。

(1) 信道编码器和解码器设计。使用语义通信技术使设备能够向服务器传输语义信息,而不是传统的比特或符号,可以有效地提高网络带宽利用率。然而,语义通信模型需要来自多个分布式设备的训练数据,这会导致数据传输的通信成本非常高。为了解决这个问题,可以使用基于联邦学习的支持 DL 的语义通信来进行信道编码器和解码器的设计。首先,DL 模型可用于从文本或音频中提取语义信息,且对噪声具有鲁棒性。然后,在联邦学习方法中,最终用户设备和服务器获得实用的 DL 模型,服务器聚合本地训练的模型并将统一模型发送回设备。

(2) 物联网的分布式语义通信。新兴技术,如智能连接、物联网和机器对机器(machine-to-machine,M2M)网络,需要不同端之间的智能通信,此外,物联网中设备众多,这些因素推动了使用联邦学习为物联网网络设计分布式语义通信的应用。与联邦学习的分布式语义通信包括三个步骤:第一步,中心使用 DL 计算语义通信模型。第二步,中心将训练好的 DL 模型传输到每个设备。第三步,每个用户通过接收到的广播信息获取语义特征。然后,每个用户将语义特征上传给基站,基站据此计算语义通信模型。

7.4.4   扩展现实

扩展现实(extended reality,XR)是指真实和虚拟环境中的所有计算机生成图形,包括混合现实(mixed reality,MR)、增强现实(augment reality,AR)和虚拟现实(virtual reality,VR)。在无线通信网络中部署 XR 是实现 XR 应用的必要步骤。由于无缝和沉浸式的要求,引入能够满足如高数据速率和超低延迟等严格的服务质量要求的无线通信技术非常重要。对于无线通信中的 XR 分配,需要将位置和方向信息发送到基站,基站根据接收到的信息为用户构建 360° 图像。联邦学习的引入可以在以下层面辅助 XR 的实现。

(1) 用户运动预测。在无线 XR 网络中,用户身体运动会影响无线资源分配和网络管理。联邦学习可以有效地预测用户的动作,从而应对挑战。基于预测的运动和动作,基站可以改进生成的 XR 图像并优化 XR 用户的无线资源分配。

(2) 资源分配。联邦学习可用于设计自组织方案,以解决 XR 网络的动态资源管理问题。具体来说,联邦学习可用于动态优化无线资源,并基于无线环境构建 XR 图像结构。

7.4.5   非正交多址接入

NOMA 是下一代无线通信网络中最有前途的技术之一。通过在同一时间和频率资源上服务多个用户,与替代的正交多址(orthogonal multiple access,OMA)技术相比,NOMA 可以扩大连接用户的数量,提高用户公平性,提高频谱效率。最近,大量的研究工作集中在 NOMA 的建模、性能分析、信号处理和新兴的 NOMA 应用上,例如异构网络(heterogeneous network,HetNet)、认知无线电网络和毫米波（millimeter wave，mmWave）通信。NOMA 的非正交资源分配特性需要引入新的模型和算法来解决若干挑战，包括用于可扩展多小区 NOMA 设计的联合用户聚类和资源分配、用于大规模 NOMA 网络的高级信道估计和信号检测、基于 NOMA 的移动网络中的动态用户行为预测。由于资源分配的非正交性，NOMA 网络中总是存在小区内干扰，这通常会导致非凸的资源分配问题。用于解决优化 NOMA 网络性能的非凸问题的传统优化方法大多是离线操作，计算复杂度极高，并且依赖于精确的 CSI。大数据分析可用于估计无线网络的状态，并通过机器学习方案在线查找优化变量与目标函数之间的关系，从而最大限度地减小解决 NOMA 中非凸问题的计算复杂度。此外，鉴于多小区 NOMA 需要全局 CSI，集中学习算法可能需要基站不断地将其获得的数据上传到集中处理服务器中，这会导致高网络开销和显著延迟。同时，在 NOMA 中，每个子载波可以被多个用户占用，这导致使用集中学习算法进行资源管理或网络控制时可能需要多次迭代才能收敛。综上所述，传统的集中式机器学习方法难以在实际的 NOMA 系统中部署，而分布式的联邦学习则更加适用。对于 NOMA，联邦学习有两个层面的重要应用：① FRL 可以解决复杂的凸和非凸优化问题，包括资源分配、干扰抑制、用户分组和网络控制；② FSL 可以使边缘用户协同获得统一的学习参数，同时保护他们在设备上获得的数据以进行信道估计和用户检测。以下罗列了几点联邦学习在 NOMA 中的经典应用方向。

(1) NOMA 中的资源管理。通过发射机的叠加编码技术和接收机的串行干扰消除（successive interference cancellation，SIC），与 OMA 相比，NOMA 可以产生更高的频谱效率。此外，NOMA 可以利用用户在功率域的差异，为连接到同一资源的多个用户提供服务。NOMA 的功率域特性可以帮助支持海量的 NOMA 连接并提供一系列优质服务。NOMA 的频谱效率和连通性优化通常会导致非凸资源分配问题，这些问题难以使用传统算法进行优化。因此，需要引入可用于解决许多资源管理挑战的新分布式学习技术，例如多小区 NOMA 的分布式功率控制、联合用户关联和波束赋形设计、动态用户聚类。对于多小区功率控制，FRL 使每个基站能够在功率控制方案和效用函数之间建立连接，以找到最佳功率控制方案。FRL 还可用于研究多天线 NOMA 网络的用户关联和波束成形。此外，FRL 用于 NOMA 中的动态用户聚类，用户通过 RL 单独学习聚类参数，基站根据从所有用户接收到的聚类参数构建统一的聚类参数。

(2) NOMA 中的信号检测和信道估计。由于 NOMA 网络的 SIC 中的错误传播，NOMA 中的信号检测和信道估计是主要挑战。FSL 算法可用于下行 NOMA 网络中的信道估计和多用户检测，其中每个用户执行监督学习算法以进行多用户的信号检测和信道估计，并将其本地联邦学习模型参数发送给基站以生成全局联邦学习模型。FSL 算法可以通过将所有基站的本地学习模型参数迭代传输到服

务器，并将统一的学习模型参数从服务器广播回所有基站来检测多小区上行链路
NOMA 网络中的多用户信号。此外，FSL 算法可用于自动设计码域 NOMA 网络
中基站的码本和用户的解码策略，以最小化误码率，其中用户将学习结果上传到
相应的基站中，后者将统一的学习结果上传到服务器中。

(3) NOMA 中的用户行为预测。由于 NOMA 中用户的服务质量需求异构，
同一组内的设备可能具有不同的信道值和服务质量要求，因此用户行为预测对于
NOMA 网络的实施至关重要。为了预测某些用户行为，例如移动信息，FSL 算法
中的每个用户利用自己的用户行为数据执行监督学习算法来训练学习模型，并将
获得的本地模型通过 NOMA 上传到基站中。基站使用 NOMA 生成并向所有用
户广播统一的学习模型参数。基于移动性模式预测，用户可以在上行动态选择子
信道上传数据，基站在下行动态为多个用户分配多个子信道，占用同一子信道的
多个用户可以进行 NOMA。对于多个基站预测 FSL 算法中用户的服务质量，每
个基站使用基于其存储的数据集和设备类型的监督学习算法。所有基站将学习模
型结果通过 NOMA 传输到服务器中以获得统一的联邦学习模型。

7.5　未来研究方向

7.5.1　研究方向与挑战

联邦学习确保无线网络中的资源分配或行为预测问题可用分布式方式加以解
决。联邦学习在无线网络中的应用有以下五个主要方向和挑战 [2]。

(1) 可扩展性。联邦学习应该是可扩展的，因为增加的计算机或处理器数量
可能会抵消增加的数据量，并为大规模学习网络中的复杂性和内存问题提供解决
方案。对于大规模学习网络，研究与分布式训练相关的问题很重要。

(2) 隐私和安全。在联邦学习中，因为只有本地获得的联邦学习模型传输到中
心中，所以可以保护每个用户的原始数据集。然而，窃听者也有可能对原始数据
进行近似重建，特别是当局部和全局模型系数无法保护时，此外，本地联邦学习
模型可能会泄露隐私信息。在联邦学习中，隐私可以分为两种类型：全局和局部。
每次迭代的模型生成对除了全局隐私中的基站的所有未知设备都是不可见的，并
且每次迭代中的模型聚合对所有未知第三方和本地隐私中的基站都是保密的。

(3) 异步通信。联邦学习涉及无线设备和基站之间的信息交换。同步通信方
法较为简单，但设备中会有落后者，乃至掉队者。异步通信是在异构环境中缓解
落后者带来的巨大延迟的一种有效解决方案。尽管分布式数据中心中的异步服务
器参数能有效处理落后者带来的巨大延迟，但有界延迟的假设在联合方案中依然
是不切实际的。

(4) 非独立同分布（non-independent and identically distributed，Non-IID）设备。当从跨设备的不同分布数据中协作训练共享模型时，在数据建模和分析相关训练过程的收敛趋势方面都会面临诸多挑战。联邦学习的一个关键问题是如何应对异构设置，以及竞争和分布式决策环境。

(5) 通信和计算的联合设计。为了在无线通信网络中部署联邦学习，每个设备都需要通过无线链路传输其多媒体数据或本地训练结果，这通常是不可靠的。此外，有限的无线电资源会降低联邦学习方案的性能。因此，需要考虑通信和计算资源的联合管理以实现高效和有效的联邦学习。

7.5.2 开放问题和未来趋势

尽管联邦学习已经被广泛研究，但关于无线通信和联邦学习仍有几个关键问题需要研究。

(1) 收敛性。通信网络中的无线资源有限，在每个学习步骤中只能激活一小部分用户将其本地模型参数上传到中心中。然而，由于不同用户训练数据样本的多样性，中心希望将所有用户的局部联邦学习模型都纳入其中，以确定最佳的整体全局联邦学习模型。因此，用户上传调度是一个关键问题，会影响联邦学习的性能和收敛时间。许多关于联邦学习收敛的研究都是基于凸损失函数假设的。然而，许多学习问题的损失函数是非凸的，并且在研究具有非凸损失函数的联邦学习的收敛速度方面存在挑战。

(2) 隐私和安全。联邦学习中存在许多与隐私和安全相关的未解决问题，如每个用户的隐私保护、基站的隐私保护，以及整个联邦学习算法的安全性等。关于每个用户和基站的隐私保护，一种有前途的方法是使用差分隐私，它引入了隐私和联邦学习性能之间的权衡。为保证整个联邦学习算法的安全性，除了加密等传统方法，安全多方计算和物理层安全等较新的技术可以为无法应用传统方法的场景（如大规模部署的物联网）提供安全性。

(3) 性能评估。主要挑战之一是研究通信带宽对联邦学习延迟性能的影响。虽然手机的计算资源越来越强大，但无线通信的带宽并没有显著增加，因此，瓶颈已从计算能力转移到通信能力。然而，有限的通信带宽可能会导致较长的通信延迟，从而导致联邦学习的收敛时间较长。因此，通信高效的联邦学习是当前和未来研究的一个重要领域。

(4) 联邦学习用于新兴技术。联邦学习和新兴技术之间的相互作用带来了新的挑战。例如，太赫兹频带中非常高的传播衰减会影响数据传输，进而阻碍模型训练的收敛。此外，在卫星通信中，联邦学习可用于优化卫星的波束和位置；在量子通信中，需要使用联邦学习来优化量子密钥分发的参数。

7.6　本章小结

本章首先介绍了无线边缘网络智能的性能指标和网络要求，并以一个典型的无线联邦学习网络为例，介绍无线联邦学习场景下的资源优化设计。基于联邦学习的分布式架构特点，本章讲述了驱动联邦学习应用解决无线问题，包括资源管理、用户行为预测、信道估计和信号检测。最后，本章指出了无线边缘网络智能研究的研究方向与挑战，需要在收敛性、隐私和安全、性能评估及无线边缘网络智能驱动的新兴技术等方向进行研究。

参 考 文 献

[1] YANG Z H, CHEN M Z, WONG K K, et al. Federated learning for 6G: Applications, challenges, and opportunities[J]. Engineering, 2022, 8: 33-41.

[2] XU W, YANG Z H, NG D W K, et al. Edge learning for B5G networks with distributed signal processing: Semantic communication, edge computing, and wireless sensing[J]. IEEE Journal of Selected Topics in Signal Processing, 2023, 17(1): 9-39.

[3] YAO J C, YANG Z H, XU W, et al. GoMORE: Global model reuse for resource-constrained wireless federated learning[J]. IEEE Wireless Communications Letters, 2023, 12(9): 1543-1547.

[4] AMIRI M M, GÜNDÜZ D. Machine learning at the wireless edge: Distributed stochastic gradient descent over-the-air[J]. IEEE Transactions on Signal Processing, 2020, 68: 2155-2169.

[5] BENNIS M, DEBBAH M, HUANG K B, et al. Guest editorial: Communication technologies for efficient edge learning[J]. IEEE Communications Magazine, 2020, 58(12): 12-13.

[6] GÜNDÜZ D, KURKA D B, JANKOWSKI M, et al. Communicate to learn at the edge[J]. IEEE Communications Magazine, 2020, 58(12): 14-19.

[7] KAIROUZ P, MCMAHAN H B, AVENT B, et al. Advances and open problems in federated learning[J]. Foundations and Trends in Machine Learning, 2021, 14(1-2): 1-210.

[8] YANG Z H, CHEN M Z, SAAD W, et al. Energy efficient federated learning over wireless communication networks[J]. IEEE Transactions on Wireless Communications, 2021, 20(3): 1935-1949.

[9] ZHU G X, DU Y Q, GÜNDÜZ D, et al. One-bit over-the-air aggregation for communication-efficient federated edge learning: Design and convergence analysis[J]. IEEE Transactions on Wireless Communications, 2021, 20(3): 2120-2135.

[10] LIU B Y, WANG L J, LIU M. Lifelong federated reinforcement learning: A learning architecture for navigation in cloud robotic systems[J]. IEEE Robotics and Automation Letters, 2019, 4(4): 4555-4562.

[11] ZHU G X, WANG Y, HUANG K B. Broadband analog aggregation for low-latency federated edge learning[J]. IEEE Transactions on Wireless Communications, 2020, 19 (1): 491-506.

[12] KONEČNÝ J, MCMAHAN H B, RAMAGE D, et al. Federated optimization: Distributed machine learning for on-device intelligence[EB]. ArXiv: 1610.02527v1, 2016.

[13] GOLDSMITH A. Wireless Communications[M]. New York: Cambridge University Press, 2005.

[14] PAN Y J, PAN C H, YANG Z H, et al. Resource allocation for D2D communications underlaying a NOMA-based cellular network[J]. IEEE Wireless Communications Letters, 2018, 7(1): 130-133.

[15] YAO J C, XU J D, XU W, et al. Robust beamforming design for RIS-aided cell-free systems with CSI uncertainties and capacity-limited backhaul[J]. IEEE Transactions on Communications, 2023, 71(8): 4636-4649.

[16] SHI W, XU W, YOU X H, et al. Intelligent reflection enabling technologies for integrated and green Internet-of-Everything beyond 5G: Communication, sensing, and security[J]. IEEE Wireless Communications, 2023, 30(2): 147-154.

[17] SHI W, XU J D, XU W, et al. Secure outage analysis of RIS-assisted communications with discrete phase control[J]. IEEE Transactions on Vehicular Technology, 2023, 72 (4): 5435-5440.

[18] YAO J C, XU J D, XU W, et al. A universal framework of superimposed RIS-phase modulation for MISO communication[J]. IEEE Transactions on Vehicular Technology, 2023, 72(4): 5413-5418.

索　引